Joachim von der Thüsen
Schönheit und Schrecken der Vulkane

Joachim von der Thüsen

Schönheit und Schrecken der Vulkane

Zur Kulturgeschichte des Vulkanismus

Die abschließenden Arbeiten am Manuskript wurden – ebenso wie der Druck – gefördert von der Niederländischen Organisation für wissenschaftliche Forschung (NWO).

Die Deutsche Nationalbibliothek verzeichnet diese Publikation in der Deutschen Nationalbibliografie; detaillierte bibliografische Daten sind im Internet über http://dnb.d-nb.de abrufbar.

Die Herausgabe des Werkes wurde durch die Vereinsmitglieder der WBG ermöglicht.
Redaktion: Caroline Stöss, Mainz
Satz: WMTP GmbH, Birkenau
Gedruckt auf säurefreiem und alterungsbeständigem Papier
Printed in Germany

Besuchen Sie uns im Internet: www.wbg-darmstadt.de

ISBN 978-3-534-20675-9

Inhalt

Einleitung

Der Vulkan ist Teil jener vom Menschen nicht geformten Natur, die man im Europa des 18. Jahrhunderts überall fasziniert zu entdecken beginnt. Zu dem großen Reich des Menschenfremden gehören auch Hochgebirge und Meer, doch im Gegensatz zu diesen kommt dem Vulkan ein größerer Assoziationshorizont zu, der sich aus der Überlieferung speist. Während zum Beispiel das europäische Hochgebirge lange Zeit ohne Bild und Deutung blieb – es erschien amorph und ohne Sinnbezug zum menschlichen Leben –, war der Vulkan nie im gleichen Sinn „stumm". Es gab traditionelle Figuren der Deutung: Der Vulkan war wundersame Erscheinung einer im Verborgenen wirkenden Natur (bei Seneca, Plinius und den Humanisten), er war mythologischer Stoff (Hephaistos, Typhon) oder emblematisches Bild (Eros, Krieg), und er war christliches Motiv (Höllenpforte). Doch erst im 18. Jahrhundert rückt der Vulkan ins Zentrum kultureller Produktion. Die Konfrontation mit dem aktiven Vulkan wird nun zur erwünschten Intensivierung des Italien-Erlebnisses der Reisenden; in bildender Kunst und politischer Rede wird der Vulkanausbruch zu einem wichtigen Modell des Erhabenen; in theologischen und philosophischen Schriften wird der Vulkan zum Prüfstein, ob sich auch hier das Prinzip der gütigen Vorsehung in der Natur noch erweise; und durch Beobachtung und genaue Beschreibung werden Vulkanphänomene zum Objekt wissenschaftlicher Forschung.

Zu keinem Zeitpunkt verliert der Vulkan seinen Schrecken, doch werden Vulkan und Vulkanismus in der Epoche der Aufklärung zunehmend als Teil des Ganzen der Natur gesehen, wobei „Natur" wie kein anderer Begriff der Zeit ein Versprechen der Sinnfülle enthält. Wie unergründlich auch immer die Natur im Vulkan erscheint – man vertraut ihr und den in ihr wirkenden Kräften. Dem leisten die Begegnungen mit aktiven Vulkanen Vorschub. Insbesondere der Vesuv bot mit seinen kleineren und größeren Ausbrüchen das Schauspiel einer feurigen Gewalt, die seit hundert Jahren kein Menschenleben mehr gefordert hatte. Die Möglichkeit der weitgehend gefahrlosen Annäherung an diesen berühmten Berg bot die Gelegenheit, Naturereignisse auch dort noch zu genießen, wo die überkommenen ästhetischen Normen den Genuss eigentlich nicht zuließen. Der Vesuv wurde so zu einem der Übungsfelder für die Ausweitung des Ästhetischen im 18. Jahrhundert: Zu dem klassisch Schönen, das der Reisende in Italien erfuhr, trat die erhabene Schreckensgewalt des aktiven Vulkans.

Es ist eine der ungeklärten Fragen der Kulturgeschichte, ob es der wissenschaftlichen Erkundung einer Naturgewalt bedurfte, um im Betrachter das für das erhabene Erlebnis notwendige Gefühl der Sicherheit entstehen zu lassen. Mit anderen Worten: Ging der Gewissheit, dem Übermächtigen standhalten zu können, der Bewältigungsversuch durch den erkennenden Blick voraus? Tatsächlich gab es seit der Mitte des

17. Jahrhunderts eine Reihe von Aufzeichnungen, in denen die Ausbrüche von Vulkanen in ihren verschiedenen Formen und in ihren sehr unterschiedlichen Folgen genau registriert wurden. Dass diese Beispiele des Observierens den enthusiastischen Beschreibungen von Kratererlebnissen – sie setzen erst nach 1760 ein – zeitlich vorangingen, ist nicht zu bestreiten. Doch ist damit noch nicht alles gesagt. Zum einen beginnt die eigentliche Wissenschaft vom Vulkan mit ihrer Verbindung von Empirie und gesetzmäßigem Denken selber erst um 1760, und zum anderen zeigen einige Werke der bildenden Kunst, dass bereits im 17. Jahrhundert eine Wahrnehmung der Naturgewalt entsteht, die alle Merkmale des Erhabenen trägt. So ist denn auch eher nach dem Gemeinsamen von ästhetischem und naturforschendem Blick zu fragen. In beiden manifestiert sich die menschliche Neugierde, die sich auf das unfasslich Andere richtet, dabei das Auge nicht abwendet und auf diese Weise das „Standhalten einübt“. Bloßes Staunen, um Erkennen bemühtes Beobachten, zeichnerisches Erfassen, erhabene „Erweiterung der Seele“ – sie alle haben ihre Wurzeln in jenem unverwandten und richtungsgewissen Blick, der dem Drang unstillbarer Neugierde folgt.

Ausdruck dieses Zusammenhangs, der sich einfachen Bestimmungen von Priorität und Abhängigkeit nicht fügt, ist die auffallende Verwandtschaft der Redeweisen, in denen Vulkanisches im 18. Jahrhundert erscheint. Poetische Erzählung, Reisebericht und geologische Darstellung sind hier noch kaum geschieden. Erst langsam bildet sich eine eigene geologische Sehweise heraus, deren Berichtformen zwar meist noch naturbeschreibend-literarisch sind, die aber die Merkmale einer zunehmenden Disziplinierung trägt. Was schöne Literatur und Reisebericht – nicht anders als die bildende Kunst – festhalten, ist das Außerordentliche des aktiven Vulkans, seine Ausnahmestellung im Reich der Natur. Von dieser Auffassung entfernt sich die geologische Forschung kontinuierlich. Indem sie misst, vergleicht und klassifiziert, indem sie in verschiedenen Gegenden Europas (erloschene) Vulkane entdeckt, gelangt sie zur Einsicht, dass das Vulkanische keineswegs die große Ausnahme in der Erdgeschichte sein kann. Am Ende des Jahrhunderts ist der Vulkan für manche Geologen bereits Teil einer in unerschütterlicher Gesetzlichkeit sich bewegenden Natur.

Es ist eine eigentümliche historische Konstellation, dass in dem Augenblick, in dem der Vulkan Teil des Erdalltags zu werden beginnt, die politische Rede noch einmal alle Register zieht, um den Ausbruch des Vulkans als das Unerhörte, als den Riss im Weltlauf zu deuten. Die französischen Revolutionäre verwenden zunehmend die Vulkanmetapher für ihre Aktionen, wobei sie bei aller Rhetorik der Vernichtung den Konsens des Zeitalters, dass allen Naturkräften ein verborgen Wohltätiges innewohne, nicht aufkündigen.

Nach allem bisher Gesagten wird begreiflich, dass die Suche nach Repräsentationen des Vulkans im 18. Jahrhundert auf eine Fülle von Material stoßen muss. Zwar sind die Reiseberichte über die Ersteigung der italienischen Vulkane noch nicht ganz so zahlreich wie im 19. Jahrhundert, und auch die Produktion der Gouachen vom ausbrechenden Vesuv zeigt noch nicht die Uferlosigkeit der Zeit nach 1800, doch der Strom der Berichte und Bilder erreicht bereits um 1770 eine erstaunliche Breite. Hier Vollständigkeit erlangen zu wollen, konnte nicht das Ziel der vorliegenden Studie sein. Sie wäre zu einem unlesbar detaillierten Kompendium angeschwollen, das überdies nur enthüllt hätte, dass die meisten publizierten Erlebnisberichte über den Vulkan nichtssagend sind. Es ist das Los des Reisenden, dass sein Vorstellungshorizont von den Schriften der vorher Dagewesenen entscheidend mitgeprägt wird. Viele Reiseberichte ähneln sich bis in ihre Diktion. Da schafft auch die besondere Konstitution vieler Vesuv- und Ätna-Erlebnisse in der zweiten Hälfte des Jahrhunderts keine Abhilfe: Nachdem der Reisende zum Krater aufgestiegen ist, fallen in der Überraschung und „Unbeschreiblichkeit“ des Erlebens zunächst die Texterinnerungen von ihm ab. Anders als das Betrachten der Kunstdenkmäler Italiens, wo die vorhandenen Texte oft willkommen gelehrte Führer sind, wird die Konfrontation mit dem Vulkan zur Erlebnisform, die sich in der Einsamkeit des Angesprochenwerdens vollzieht. Zwar ist diese bedroht durch die „touristische Industrie“, die sich vor allem am Vesuv störend entwickelt, doch wo die Erfahrung des Vulkans als einer erhabenen Kraft gelingt, kommt es zu einer stummen Erschütterung des Reisenden. Dieser Wortlosigkeit nun im schriftlichen Nachspiel zum Ausdruck zu verhelfen, ist ein paradoxes und eigentlich zum Scheitern verurteiltes Unterfangen. Doch gibt es Ausnahmen, in denen das fast Unmögliche gelingt. Von einigen von ihnen wird noch die Rede sein.

Auch in anderer Hinsicht war auszuwählen. Insbesondere das gegen Ende des Jahrhunderts stark anwachsende geologische Schrifttum konnte nur in einigen markanten „vulkanologischen“ Texten behandelt werden. Bei der Auswahl spielte eine Rolle, dass der bedeutendste Kenner des Vesuv, Sir William Hamilton, selber ein großer Förderer des Zusammenwirkens von literarisch-geologischer und künstlerischer Darstellung des Vulkanismus war. An dem in vieler Hinsicht Neuen und Bahnbrechenden in Hamiltons Werk hatten sich die Zeitgenossen mit ihren Texten (und Bildwerken) über den Vulkanismus gleichsam zu bewähren. Die mit Hamilton „ins Gespräch tretenden“ Schriften schienen mir für mein Vorhaben wichtiger als etwa eine vollständige Behandlung der sogenannten Basaltkontroverse, welche die Gelehrten in Deutschland in Atem hielt. Da es mir vor allem um die Einbettung von Stationen der Wissenschaftshistorie in die Kulturgeschichte ging, habe ich den inneren Filiationen der Geologiegeschichte einen bescheideneren Raum gegeben. In diesem Sinn stellt die Studie einen Beitrag zu den aktuellen Bemühungen dar, die sich unter der Bezeichnung „Kulturgeschichte der Natur“ zusammenfassen lassen. Wird Kultur verstanden als das Gesamt der Sinngebungsstrategien einer Zeit, kann von einem kulturell ungeprägten, voraussetzungslos empirischen Zugriff auf das „Rohmaterial Natur“ keine Rede sein. Auch Natur erscheint stets in Deutungsprozessen – eine Einsicht, der sich im 18. Jahrhundert selbst nur wenige verschlossen hätten. Erst im 19. Jahrhundert, in dem auch die Geologie sich professionell formiert, beginnt man diese Wahrheit zu vergessen.

Prolog: Die Neugierde des Plinius

Im 16. Jahrhundert wird die Geschichte vom Tod des Plinius auf folgende Weise erzählt: „Und als Plinius […], der danach verlangte, die Ursache des ständigen Brandes jenes Berges zu erkennen, hinging, um ihn zu betrachten, und sich ihm allzu sehr näherte, war er verwundert, dass ihn sogleich die Flammen überfielen und dass sein Körper zu Asche wurde.“[1] Der Text entstammt einem der sogenannten Prodigienbücher, die den Leser des 16. Jahrhunderts immer wieder zum Erstaunen über monströse Geburten, ungewöhnliche Tiergeschöpfe und wundersame Ereignisse aufforderten.[2] Die Überschrift des Kapitels, in dem sich die Passage findet, heißt: „Wundersamer Tod des Plinius, mit einer kurzen Beschreibung der Ursache der Flammen, welche an verschiedenen Orten der Erde entweichen“ (Abb. 1).

Pierre Boaistuau, der Autor des staunenerregenden Berichts, war freilich nur einer von vielen, die im 16. Jahrhundert das denkwürdige Ende des Plinius memorierten. Auch in anderen Prodigiensammlungen war immer wieder die Rede davon, dass Plinius der Ältere, der Verfasser des berühmtesten naturhistorischen Werkes des Altertums, von großer Neugierde erfasst worden war, den ausbrechenden Vesuv zu studieren, und darauf in den Flammen des Berges umkam.[3] Die Erzählung wurde zum festen Topos, erschien auch in den weniger wunderträchtigen naturgeschichtlichen Werken des 17. Jahrhunderts und wurde schließlich zum unverrückbaren Memorabile der Italienreisenden im 18. Jahrhundert.

Abb. 1: „Der Tod des Plinius“, Holzschnitt aus Boaistuau, *Histoires prodigieuses*, 1560

Vergleicht man die Erzählung mit dem berühmten Brief von Plinius dem Jüngeren, in dem dieser dem befreundeten Tacitus die Ereignisse der Augusttage des Jahres 79 n. Chr. schildert, so werden die eigenmächtigen Veränderungen, die die späteren Autoren vornahmen, schnell deutlich. Boaistuau spricht von einem ständigen Feuerbrand, während der Vesuv vor seinem verheerenden Ausbruch ein friedlich begrünter Berg war, von dessen vulkanischem Charakter im Altertum nur wenige etwas vermuteten. Plinius der Ältere starb auch nicht, weil er sich dem aktiven Vulkan aus unbezähmbarem Wissensdrang genähert hätte. Zwar hatte er zunächst den Plan gefasst, die Aschenwolke vom Meer aus zu beobachten, war jedoch einem Hilfegesuch gefolgt und wollte Menschen aus den Siedlungen am Fuß des Vesuv retten. In Stabiae angelangt, erstieg er denn auch nicht die – hier schon weit entfernten – Hänge des Vesuv, sondern blieb in Meeresnähe: Plinius, ein schwerleibiger Mann, ruhte sich auf dem Anwesen eines Bekannten aus. Er starb am Tag darauf, nachdem der Wind immer mehr Asche herangetragen hatte; offenbar hatte Plinius schon lange an Asthma gelitten. Die Bekannten, um deren Rettung es ging, scheinen dagegen mit dem Leben davongekommen zu sein. Der ausführliche Bericht Plinius' des Jüngeren lautet:

[Mein Onkel] war in Misenum und befehligte persönlich die Flotte. Am vierundzwanzigsten August, etwa um ein Uhr nachmittags, meldet ihm meine Mutter, es zeige sich eine Wolke von ungewöhnlicher Größe und Gestalt. Er hatte ein Sonnenbad genommen, darauf kalt gebadet, liegend etwas gegessen und war eben in seine Studien vertieft. Er verlangt seine Schuhe, ersteigt eine Anhöhe, von wo er diese Wundererscheinung am besten betrachten konnte. Die Wolke erhob sich – für die von weitem Schauenden war es undeutlich, von welchem Berg; dass es der Vesuv war, wurde erst später bekannt –, der Form nach einem Baum, und zwar am ehesten einer Pinie ähnlich. Denn sie wuchs wie auf einem sehr hohen Stamm empor und breitete gewissermaßen Äste aus; wahrscheinlich, weil sie durch einen frischen Luftzug hochgetragen wurde und dann, wenn dieser nachließ – vielleicht auch durch ihr Eigengewicht –, ihren Auftrieb verlor und sich in die Breite verflüchtigte. Bisweilen war sie weiß, bisweilen schmutzig und fleckig, je nachdem sie Erde oder Asche mit sich geführt hatte.

Dies schien ihm, als einem wissensdurstigen Manne, wichtig und wert, näher betrachtet zu werden. Er befiehlt, einen Schnellsegler seefertig zu machen. Mir stellt er frei, mit ihm zu kommen. Ich gab ihm zur Antwort, ich wolle lieber arbeiten; und zufällig hatte er selbst mir etwas zum Schreiben gegeben. Er verließ das Haus; da bekommt er eine Botschaft von Rectina, der Frau des Cascus, die durch die drohende Gefahr erschreckt war – denn ihr Landhaus lag am Fuße des Berges, und sie konnte nur zu Schiff fliehen; er möge sie aus der bösen Lage befreien, lautete die Bitte. Er ändert seinen Plan, und was er als Gelehrter begonnen, dem geht er nun als Held entgegen. Er lässt Vierruderer ausfahren, steigt selbst an Bord, nicht allein um Rectina, sondern vielen andern – die Küste war nämlich ihrer Lieblichkeit wegen stark besucht – Hilfe zu bringen. Er eilt dorthin, woher die andern fliehen, und steuert in geradem Kurs auf die Gefahr zu, so ganz frei von Furcht, dass er alle Veränderungen, alle Phasen dieses Unheils, wie er sie wahrnahm, diktierte und aufzeichnen ließ.

Schon fiel Asche auf die Schiffe – je näher sie herankamen, desto heißer und dichter –, schon fielen auch Bimssteine und schwarze, halbverbrannte und von der Hitze geborstene Steine, schon zeigte sich plötzlich eine Untiefe, und durch den Bergsturz wurden die Ufer unzugänglich. Er zögerte einen Augenblick, ob er umkehren solle, dann sagte er dem Steuermann, der zur Umkehr riet: „Dem Mutigen hilft Gott! Vorwärts zu Pomponianus!" Dieser war in Stabiae, auf der andern Seite des Golfes – denn ein sanft geschwungenes Gestade umfasst das Meer in einem Bogen. Obschon dort die Gefahr noch nicht unmittelbar drohte, war sie doch sichtbar, und wenn sie sich steigerte, sehr nahe; Pomponianus hatte deshalb sein Gepäck auf Schiffe verladen lassen, zur Flucht entschlossen, wenn sich der Gegenwind gelegt hätte. Dieser Wind war für die Fahrt meines Onkels sehr günstig; er umarmt den Ängstlichen, tröstet ihn, muntert ihn auf und lässt sich, um dessen Furcht durch seine eigene Sorglosigkeit zu beheben, ins Bad tragen; nach dem Bad liegt er zu Tisch und speist frohgemut oder, was gleich groß ist, tut, als sei er frohgemut.

Unterdessen leuchteten aus dem Vesuv an verschiedenen Orten sehr breite Feuergarben und hohe Feuersäulen auf, deren Glanz und Helligkeit durch das Dunkel der Nacht noch gesteigert wurde. Mein Onkel sagte zur Beschwichtigung der Angst immer wieder, das seien Herdfeuer, die die Bauern in ihrer Aufregung nicht gelöscht hätten, und verlassene Landhäuser, die jetzt leer daständen und brennten. Dann begab er sich zur Ruhe und schlief wirklich tief ein. Denn sein Atemholen, das bei ihm wegen seiner Körperfülle schwer und mit Schnarchen verbunden war, wurde von denen, die sich vor seiner Tür befanden, gehört. Aber der Hof, durch den man zu seinem Zimmer gelangte, war bereits so hoch mit Asche und Bimssteinen angefüllt, dass ihm bei längerem Verweilen im Schlafgemach der Ausgang verwehrt worden wäre. Man weckt ihn, er steht auf und begibt sich zu Pomponianus und den andern, die wach geblieben waren. Sie beraten gemeinsam, ob sie im Hause bleiben oder sich im Freien aufhalten sollten. Denn infolge häufiger und heftiger Beben begannen die Häuser zu schwanken und schienen, gleichsam aus ihren Fundamenten gehoben, sich bald hierhin, bald dorthin zu bewegen. Unter freiem Himmel andrerseits war das Herabfallen der wenn auch leichten und vom Feuer angefressenen Bimssteine zu fürchten. Man entschloss sich nach einem Vergleich der Gefahren doch zu dieser Lösung. Bei meinem Onkel allerdings trug ein Vernunftgrund über den andern den Sieg davon, bei den übrigen eine Furcht über die andere. Sie legen Kissen auf den Kopf und binden sie mit leinenen Tüchern fest. Dies war ihr Schutz gegen die herabfallenden Steine.

Schon war es anderswo Tag, hier aber Nacht, schwärzer und dichter als alle Nächte; doch erhellten sie viele Fackeln und verschiedene Lichter. Man beschloss, zum Strand zu gehen und aus der Nähe zu schauen, ob das Meer schon einen Versuch gestatte; es war immer noch stürmisch, und der Wind blies aus der Gegenrichtung. Hier legte sich mein Onkel auf ein ausgebreitetes Leintuch, verlangte mehrmals kaltes Wasser und trank. Dann treiben die Flammen und der Vorbote der Flammen, der Schwefelgeruch, die andern in die Flucht, ihn veranlassen sie zum Aufstehen. Gestützt auf zwei junge Sklaven erhob er sich und brach sogleich wieder zusammen, weil ihm, wie ich vermute, durch die zu dicke Luft das Atmen verunmöglicht und die Luftwege verschlossen wurden, die bei ihm von Natur aus schwach und eng und häufig entzündet waren. Als es wieder Tag wurde – es war nach dem, den er zuletzt erlebt hatte, der dritte –, fand man seine Leiche unversehrt, unverletzt und mit den Kleidern, die er zuletzt getragen; sein Aussehen glich eher einem Schlafenden als einem Toten.[4]

Dieser Bericht vom Tod des Plinius ist durch Aufbau und Stil einer der beeindruckendsten Brieftexte des Altertums. Auch die Genauigkeit in der Beschreibung der Ausbruchsphasen hat späteren wissenschaftlichen Untersuchungen standgehalten; Rekonstruktionen des eruptiven Verlaufs anhand der Schichtung des Auswurfmaterials haben den Bericht bestätigt.[5]

Die Briefe Plinius' des Jüngeren waren seit 1502 in gedruckter Form zugänglich. Man kann sich also fragen, warum die Autoren des 16. Jahrhunderts sich nicht genauer an diesen detailreichen historischen Text hielten. Was führte zu der eigenartigen Verkürzung der Erzählung vom Tode des älteren Plinius, wobei nun die ursprüngliche Absicht des Gelehrten – das Naturphänomen näher in Augenschein zu nehmen – für die Tat selbst genommen wurde? Hätte nicht eine um nur wenige historische Elemente erweiterte Erzählung, in der auch die Änderung des Plans und der Rettungsversuch, der im eigenen Tod endete, einen Platz gefunden hätten, eine ebenso charakteristische und staunenswerte Geschichte ergeben? Im Kontext der naturgeschichtlichen Prodigien war dies offenbar nicht der Fall. Denn staunenswert war an der vom Neffen überlieferten Geschichte vor allem der große Gleichmut im Angesicht der näherrückenden Bedrohung. Plinius, von dem man weiß, dass er der Lehre der Stoa zuneigte, war in der Erzählung des Neffen zum moralischen Vorbild geworden – doch gerade diese Eigenschaft war im naturgeschichtlichen Kontext nicht entscheidend. Es ging den Autoren des 16. Jahrhunderts nicht darum, die Reihe der um ihrer *virtus* gepriesenen Römer zu erweitern, sondern darum, den Einen zu zeigen, der sein Leben bis zum letzten Augenblick der Erkundung der Natur geweiht hatte. Plinius, von dem der Neffe berichtet, er habe noch auf dem Schiff seine Beobachtungen diktiert – und von dem es in einem anderen Brief heißt, es sei seine Gewohnheit gewesen, sich sogar während des Essens vorlesen zu lassen und Notizen zu machen[6] –, dieser Plinius war staunenswert um seines unerhörten Wissensdranges willen. So zog sich für die Autoren des 16. Jahrhunderts in der Erzählung vom Tod im Feuer des Vulkans das ganze Wesen dieses großen Neugierigen zu einer unüberbietbar eindeutigen Sinnfigur zusammen. Auch in späterer Zeit war es nicht die moralische Tat der Fahrt zu den Menschen von Stabiae, die es wert gewesen wäre zu memorieren, sondern das ins Extreme gesteigerte Wagnis des Naturstudiums (Abb. 2).

Abb. 2: „Die Naturerforschung: Plinius sucht zu ergründen/muß dadurch sein Leben enden." Kupferstich aus Cesare Ripa, *Iconologia,* in der erweiterten Ausgabe von J. G. Hertel, 1758–60 (Ausschnitt)

Den Autoren der Prodigienbücher geriet aus dem Blick, dass Plinius eigentlich einer der Ihren war – denn Plinius war wie sie vor allem ein Kompilator gewesen. Zu Anfang seiner *Naturalis historia* spricht Plinius davon, dass er 20 000 Fakten aus 100 Schriftstellern zusammengetragen habe.[7] So geht das Wenige, was die *Naturalis historia* immerhin an eigenen Beobachtungen enthält, in der Masse des Übernommenen unter. Selbst die Grundeinstellung der Prodigienverfasser des 16. Jahrhunderts findet sich bei Plinius. Auch ihm geht es um das Entlegene und Staunenerregende. In der *Naturalis historia* heißt es: „Je mehr ich die Natur beobachte, desto weniger bin ich geneigt, irgendeine Aussage über sie für unmöglich zu halten."[8] Gewiss, er äußert hin und wieder Skepsis gegenüber manchen allzu frei fabulierenden Vorlagen, und er räumt auch dem täglich Erfahrbaren Platz ein, doch von irgendeiner Absicht, das

Besondere mit dem überprüfbar Allgemeinen zu vermitteln – wie es zum Beispiel für den in Regeln und Klassen denkenden Aristoteles charakteristisch war –, ist bei Plinius nichts zu spüren. Das „Wundersame" sucht Plinius um seiner selbst willen auf, ob es nun um die Erzählung von Menschen geht, die sich auf einem einzigen riesenhaften Fuß fortbewegen, oder um die Eigenschaft des Diamanten, der sich nur dann spalten lässt, wenn man ihn in das warme Blut eines Ziegenbocks taucht.[9] So kann denn auch bei Plinius von einem „Aufdecken der Geheimnisse der Natur" im Sinn einer Suche nach den Ursachen in der Natur, wie es ihm die Prodigienautoren unterstellen, kaum die Rede sein. Tatsächlich zeigt auch der Brief des Neffen, dass Plinius die Aschenwolke des Vesuv lediglich genauer betrachten wollte. Von einer Ergründung der Ursachen des Phänomens wird nicht gesprochen.

Gleiches gilt für die Darstellung von vulkanischen Phänomenen in der *Naturalis historia*. Geradezu programmatisch setzt Plinius die Wunderformel an den Anfang seines Abschnitts über die Feuerberge: „Aber unter den Wundern der Berge: der Ätna glüht stets bei Nacht und nährt seine Feuer mit genügend Brennstoff für sehr lange Zeit."[10] Die darauf folgende Beschreibung dieses berühmtesten aller Vulkane des Altertums ist nur zwei Sätze lang und wird schnell abgelöst von der Aufzählung weiterer vulkanischer Erscheinungen im Mittelmeerraum (die im geografischen Teil der *Naturalis historia* noch kurz ergänzt werden). In Kampanien entgehen Plinius die vulkanischen Phänomene fast ganz: Die Besonderheiten der Phlegräischen Felder werden nur kurz gestreift, und unerwähnt bleibt, dass der Vesuv in seiner Gipfelregion Spuren eines alten Vulkanismus zeigt. Für Plinius ist der Vesuv mit seinen fruchtbaren Hängen kein schlafender Vulkan, sondern ein Berg wie jeder andere.[11] Nun hatte es zwar seit Menschengedenken keinen Ausbruch des Vesuv gegeben, doch Gelehrte wie Strabon, dessen Schriften Plinius kannte, hatten den Berg immerhin als erloschenen Vulkan gedeutet.[12]

So reflektieren die Erzählungen des 16. Jahrhunderts vom Tod des Plinius – wie unbewusst auch immer – zugleich die Lücke in der *Naturalis historia*. Da dies Werk nur knapp aufzählend und gleichsam aus der Ferne über Vulkanisches berichtet, konnte dem Renaissanceleser die genaue Beschreibung eines Vulkans aus der Nähe als ein von Plinius selbst empfundenes Desiderat erscheinen. Zugleich aber verwies der tödliche Ausgang dessen, was als das „letzte plinische Projekt" gelten konnte, auf das Paradox, dass das Erfassen einer solch unerhörten Naturerscheinung zwar die Annäherung verlangt, dass die Nähe aber den Neugierigen verzehrt.

Wenn in den Prodigienbüchern auch die Monster und erschreckenden Himmelserscheinungen überwiegen, so verzichtet doch kaum einer der Autoren auf die Erwähnung von Erdbeben und Vulkanen. Dabei kommt es zu starken Standardisierungen, auch dann, wenn sich die Verfasser von neuem Erfahrungsmaterial leiten lassen, das sie aus den Berichten von Entdeckungsreisenden beziehen.[13] Wundersam sind Vulkane vor allem deswegen, weil, wie betont wird, derjenige, der sich einem aktiven Vulkan nähert, auf eine verkehrte Welt stößt. Der Aufstieg zur kalten Spitze des Berges führt in seine heißeste Region. Im Aschenregen wird der Tag zur Nacht, während die Nacht taghell wird durch die glühende Lava. Das Feuer des Vulkans ist flüssig wie Wasser.[14] Wirft man Erde in vulkanische Öffnungen, wird das Feuer gelöscht, Wasser dagegen facht das Feuer an.[15] Die lebensbedrohendste Landschaft ist zugleich die fruchtbarste.

Damit benennen die Texte des 16. Jahrhunderts ein wichtiges Strukturmerkmal der Erfahrung, das für die Wahrnehmung des Vulkans auch noch lange nach dem Verschwinden dieser das Paradoxe privilegierenden Schreibtradition bestimmend sein wird. Der Vulkan wird immer wieder als ein Ort der Verkehrung erlebt werden. Das zeigt im 18. Jahrhundert Goethes fasziniertes Erschrecken ebenso wie die Freude des Marquis de Sade am *bouleversement* der Natur. Selbst unser heutiger, noch immer vom aktiven Vulkan gebannter Blick hat mit solch sinnverwirrender Suspendierung der Alltagserfahrung zu tun: Das Anorganische „lebt", das Steinerne wird zum Leichtesten und Flüchtigsten.

Überstieg auch die Wissbegier des 16. Jahrhunderts nicht immer die Stufe des Wunders und gab sich oft mit der Haltung des Erstaunens vor dem kaum zu Deutenden zufrieden, so war damit freilich nicht jede Bewegung der Neugierde stillgestellt. Die menschliche Neugierde mit ihrer Zieloffenheit und Wahrnehmungsmobilität ließ sich im Zeitalter der kontinentalen Entdeckungen nicht mehr an textuell Vorgegebenes fesseln. Sie verließ die Phase des Wunders, in der das alte christliche Verbot der *curiositas* in seiner Radikalität schon nicht mehr gegolten hatte, in der es aber auch noch nicht vollständig entmachtet war.[16] Nun begann eine „nach vorne gerichtete" Geschichte der Wahrnehmung, die ihre Legitimation zwar auch noch aus dem plinischen Modell beziehen konnte – Plinius als der große Wissenshungrige –, die aber gerade das maßlos Kompilatorische der plinischen Schriften als Erfahrungshindernis verwerfen musste.

Es sind nun oft die fernab von den europäischen kulturellen Zentren sich bewegenden „Neugierigen" – Seeleute, Kolonialbeamte, Kaufleute und Missionare –, die ohne den Ballast des immer schon Geschriebenen erste Versuche unternehmen, die rätselhaften Phänomene des Vulkanischen genauer zu erfassen.[17] Oft überwiegen hier der chronikalische Gestus und die bloße Bestandsaufnahme der angerichteten Schäden, doch wie schon der Brief Plinius' des Jüngeren zeigt, kann auch die detaillierte Chronik eines Ausbruchs zu ersten wichtigen Erkenntnissen führen. Es ist die Kombination von eigener Neugierde und der Pflicht zu genauem Berichten, die in der Zeit der Entdeckungen und der ersten Kolonialreiche einer neuen Empirie den Boden bereitet. Besondere Brisanz gewinnen frühneuzeitliche Berichte über Besteigungen von Vulkanen. Ein Beispiel aus der Geschichte der portugiesischen Eroberung der Molukken zeigt etwas von dem neuen Geist, der dafür sorgt, dass die befreite Neugierde dem immer schon Gewussten und zu mythischer Erzählung Geronnenen den Kampf ankündigt. Es ist die Geschichte einer Ermächtigung (Abb. 3).

Der Bericht über die Besteigung des Vulkans von Ternate findet sich in der *Geschichte der Entdeckung und Eroberung Indiens durch die Portugiesen*, einem in schlichter Sprache geschriebenen Werk über die Ruhmestaten portugiesischer Seefahrer und Gouverneure, das 1551–61 erschien.[18] Der Autor, Fernão Lopes de Castanheda, war in den Jahren 1528–38 selbst in Asien gewesen. Allerdings weist in der folgenden Passage nichts darauf hin, dass er die Besteigung selbst miterlebt hat.[19] Im Zentrum dieses und weiterer Kapitel von Castanhedas Werk steht António Galvão, Gouverneur des Archipels seit 1536, der für den Chronisten zum idealen christlichen Statthalter wird, mit der Fähigkeit zur Befriedung der von den Portugiesen eroberten Gebiete (Abb. 4).

Abb. 3: „António Galvão“, zeitgenössischer Holzschnitt

Die Mauren des Landes [= die mohammedanischen Inselbewohner] wollten glauben machen, dass es auf dem höchsten Punkt der Insel zwei große Schlünde gäbe, wobei in dem einen stets Feuer und dem anderen kochend heißes Wasser sei, und dass dieses Wasser gleich einer Lagune wäre, von einem Sandstrand umgeben, wo man Fußspuren von Menschen fände, manche eine Elle und andere zwei Ellen lang. Diese Menschen besäßen eine riesige Größe und übermäßige Kräfte, und sie ernährten sich von wilden Tieren, die es dort gäbe; und es seien diese Menschen, die das Feuer entfachten. Niemand habe bisher gewagt, dorthin zu gehen, weil der Ort sehr steil und kalt sei und weil man dort auf eben diese Menschen stieße. Diese Kunde hätten sie von ihren Vorfahren. Und sie erzählten auch andere staunenerregende Dinge, denen António Galvão einigen Glauben schenkte, da er einige Male von der Festung aus gesehen hatte, wie das Feuer im April, Mai, September und Oktober auf diesem Berg emporschoss [...], und zwar wesentlich stärker, wenn sich der Regen mit dem Wind mischte. Und sobald dieses Feuer emporschoss, gab es eine so schreckliche und fürchterliche Explosion, dass die ganze Insel zitterte und sich sogleich ein dicker schwarzer Rauch erhob, mit großen Feuerzungen, dem Schlund der Hölle ähnlich, von dem berichtet wird. Und Steine springen in die Luft, groß wie Kisten und glühend, die im Umkreis einer Meile niederfallen, so groß ist die Kraft, die sie hervortreibt. Und danach fällt eine große Menge Asche nieder, die ringsum eine beachtliche Fläche bedeckt; und wenn dieses Feuer brennt, gehen die Bewohner der Insel wie auch die der anderen Orte hinaus, wobei sie viel zu erschrocken sind, um hinzusehen, obgleich sie daran gewöhnt sind. Und als António Galvão alle diese Wunder von dem Berg gehört hatte, beschloss er, ihn aus der Nähe zu betrachten, obwohl er auch vernommen hatte, dass weder die Bewohner des Landes noch die Portugiesen, welche die Besteigung versucht hatten, sich dorthin hatten begeben können. Denn er war neugierig auf seltsame Dinge.[20]

Galvão, der dafür gesorgt hat, dass das Fort in sicheren Händen zurückbleibt, macht sich mit zehn Dienern, drei Portugiesen und zwanzig Eingeborenen auf den Weg. Das Ziel der Unternehmung ist den Begleitern zunächst nicht bekannt, und als sie es erfahren, kehren einige von ihnen sofort um. Für die Übriggebliebenen sind die Schwierigkeiten des Aufstiegs groß: Zu bewältigen sind tiefe Geländefurchen, ein unüberwindlich erscheinender Felsvorsprung und ein nur mit Hackmessern zu durchdringender Regenwald.

Und er ging weiter mit ihnen durch einen Wald mit großen Laubbäumen, bis sie zu einem anderen Wald gelangten, dessen Bäume ganz zerknickt und gespalten waren; und der Boden sah aus wie von Schweinen bearbeitet. Und es gab Steine, große und kleine, von denen manche tief ins Erdreich eingeschlagen und andere an der Oberfläche geblieben waren. Dies waren die vom Feuer getriebenen Geschosse, welche die Schäden im Wald verursachten; und der Ort war so erschreckend, fürchterlich und dunkel, weil die Sonne dort nicht hinkam, dass es schien, dass dort die Dämonen wohnten; und tatsächlich waren sie alle von Angst ergriffen. Und als sie ihren Weg fortsetzten, verließen sie das Dickicht und sahen die Sonne, die ihnen Mut zurückgab. Indem sie sich einen Weg durch den dichten Wald mit sehr großen Bäumen bahnten, die vom Feuer geröstet waren und sofort zerbrachen, gelangten sie an einen Ort, der einen Radius von einer Meile hatte und der völlig mit Asche und mit bröckeligem Schutt bedeckt war. Dies alles war Folge des Feuers, und in der Mitte befand sich der Schlund, aus dem das Feuer hervorkam. Die Mauren wollten sich vor Angst nicht weiter aus dem großen Wald herauswagen, ebenso die Portugiesen, als sie dies sahen. Galvão ließ sie dort zurück und ging auf den Feuerschlund zu. Als dies einer aus der Gruppe sah, ein Schwarzer mit Namen Miguel Anjo, erregte er sich über die Diener des António Galvão, weil sie diesem nicht folgten. Und sie überwanden sich, weil sie die Schande fühlten. So liefen die Mauren, die ihren Mut wieder gefunden hatten, ihm nach, und er kam an den Feuerschlund, der groß und rund war und an verschiedenen Stellen Rauch entweichen ließ. Und zum

Abb. 4: „Ternate", Kupferstich aus François Valentyn, *Oud en Nieuw Oost-Indiën*, 1724–1726

Inneren führten einige Stufen aus lebendigen Steinen in eine Wendel hinab, welche das Feuer geschaffen hatte. Dies war so gut geraten, als wenn man einen Kompass benutzt hätte, und einige Portugiesen und Mauren stiegen hinab, weil es dort nicht sehr hoch war und weil sie einige grüne und gelbe Flecken sehen wollten, die auf den Steinen erschienen, wobei sie erkannten, dass es Bitumen war. Dies brachten sie mit, und es wurde wie Öl, nachdem es eine Nacht im Wasser gelegen hatte. Und während sie aufbrachen, um nach der Lagune mit kochendem Wasser zu suchen, die es dort gar nicht gab, erhob sich ein Wind, so dass der Rauch sofort begann, aus dem Schlund hervorzugehen. Und sie brachten sich in Sicherheit, so schnell sie konnten. Und Gott wollte nicht, dass das Feuer emporschösse, weil keiner dies überstanden hätte. Und so kehrten sie alle in die Festung zurück, wo man sie für tot gehalten hatte, und groß war das Erstaunen, sie lebend wieder zu sehen. Und die Mauren hielten es für eine Großtat, dass António Galvão den Mut gehabt hatte, diesen Schlund zu besehen und sich ihm zu nähern. Und sie sahen ihn an, wie auch diejenigen, die mit ihm gegangen waren, wie man etwas Sonderbares ansieht.[21]

Die Erzählung der Bewohner von Ternate verschafft dem Naturgeschehen eine anthropomorphe Dimension: Das Vulkanfeuer gehorcht dem Willen menschenähnlicher Wesen. Es sind riesenhafte Gestalten, wie sie auch aus anderen Vulkansagen bekannt sind.[22] Die mythische Erzählung zielt auf Begreiflichkeit und Begründung, doch bleibt hier einiges unerklärt. So erhält zum Beispiel die heiße Lagune, die vermutlich auf die Beobachtung zurückgeht, dass Wasserdampf an den Eruptionen des Pic de Ternate beteiligt ist, in dem Treiben der Riesenmenschen keine Erläuterung.

Bezeichnend im Kontext von Castanhedas Geschichte der „christlichen Eroberung“ Asiens ist, dass der mohammedanische Glaube, dem die Inselbewohner durch ihren jahrhundertelangen Kontakt mit der arabischen Welt anhängen, offenbar nur eine dünne Schicht bildet, die für ältere Vorstellungen durchlässig bleibt. Nun lassen sich zwar auch für die christlich-europäische Neuzeit genügend vorchristliche Beispiele der Naturimagination beibringen,[23] doch der Bericht des Chronisten Castanheda lässt solche traditionellen Formen des Naturglaubens gegenüber dem Projekt der modernen Welterkundung als hoffnungslos inadäquat erscheinen.

Entschiedener Vertreter dieser neuen Einstellung ist António Galvão. Dabei beginnt auch für ihn alles mit dem Staunen über den wundersamen Feuerberg. Doch während das Staunen der anderen, ähnlich dem Staunen in den Prodigienbüchern, sich im machtlosen Verharren vor der dunklen Gewalt erschöpft, ist für Galvão das Wunder des Vulkans Anreiz zum Überschreiten einer Grenze. Dabei spielt das Paradox eine Rolle, dass die Wahrheit der Erzählung der Inselbewohner durch deren Vorfahren als verbürgt gilt, dass zugleich aber beteuert wird, kein Mensch hätte je diesen Schreckensort aufsuchen können. Welcher Wert kommt dann also der Rede von dem doppelten Schlund zu? Galvão entschließt sich zu einer gefahrvollen Autopsie.

Indem António Galvão den Krater selbst in Augenschein nimmt, zeigt er sich in einer spezifischen Tradition: Die portugiesischen Seefahrer sind zu diesem Zeitpunkt bereits seit über hundert Jahren als überaus geschickte Navigatoren und genaue Geografen tätig. Ihre Kunst der Kartierung und Navigation hat zu einer bis dahin unvorstellbaren Erkundung und Eroberung weit entfernter Inselreiche geführt. Es ist dieses frühkoloniale Projekt, das den Rahmen für die Neugierde Galvãos abgibt. Wahrscheinlich bestand im 16. Jahrhundert zu keinem Zeitpunkt eine politische oder ökonomische Notwendigkeit, den Pic de Ternate zu erkunden, doch die gleichsam innervierten Haltungen des portugiesischen Seefahrers – Mut, Ausdauer und Lust an der Empirie des Fremden – treiben Galvão hinauf und lassen ihn selbst dann weitergehen, wenn die Begleiter angstvoll zurückbleiben. Am Ende steht ein Triumph: der Sieg des forschenden, nichts für unüberwindlich haltenden Geistes über ein älteres Weltverhältnis, das sich mit einem in immergleicher Rede festgelegten Wissen bescheidet. Von diesem älteren Horizont aus gesehen, erscheint der, der das Undenkbare gewagt hat, sich nun genauso weit „draußen" zu befinden wie die staunenerregende Naturerscheinung selbst: Er wird selbst zum Wunder.

Vulkantheologie
Vom schrecklichen zum wohltätigen Feuerberg

Panik und Prozession

Als am Abend des 29. September 1538 die Einwohner von Neapel durch ein donnerndes Geräusch aufgeschreckt werden und als im Verlauf der Nacht ein Regen aus Schlamm auf die Stadt niedergeht, sind Angst und Verwirrung groß. Der Doppelgipfel im Osten der Stadt steht in alter Ruhe da – etwas, was in der Ordnung der Dinge zu liegen scheint, denn das Wissen um den letzten, Jahrhunderte zurückliegenden Ausbruch des Vesuv ist verloren gegangen. Man nennt den gesamten Doppelgipfel Monte Somma, und mit der Ortlosigkeit des Namens „Vesuv" scheint auch das Bewusstsein der Gefahr gewichen. Vielleicht, so meinen manche, sei der Vesuv, von dem die Texte der Alten sprechen, jener Solfatara genannte flache Krater im Westen der Stadt, in dem heißer Schlamm, Schwefel und aufsteigende Gase an die Tätigkeit eines Vulkans erinnern. In der Tat kommt die Bedrohung am Michaelistag des Jahres 1538 aus der unruhigen Landschaft im Westen Neapels, die seit dem 5. Jahrhundert v. Chr. „Campi phlegraei" genannt wird: Brennende Felder. Doch es ist nicht die Solfatara selbst, deren Tiefenkräfte zur plötzlichen Bedrohung werden, sondern etwas Neuartiges, noch nie Gesehenes. Noch weiter westlich, jenseits der Stadt Pozzuoli, hat sich die Erde aufgetan. Drei Tage später wird man feststellen, dass hier ein 140 Meter hoher Berg entstanden ist (Abb. 5). Der kleine Badeort Tripergole ist völlig verschwunden. Die Meeresbucht – der alte Lukriner See – ist fast ganz verschüttet, antike Bauten wie die Villa Ciceros sind begraben. In der zeitgenössischen Beschreibung des Priesters Falconi werden die Ereignisse festgehalten:

Der Ausbruch selbst fiel [auf die] 1. Stunde nach Sonnen Untergang. Wie man mir berichtet hat, so zeigten sich auf dem Platze zwischen den heißen Bädern oder Schwitzzimmern und zwischen Trepergule Feuerflammen, sie kamen zuerst bey den Bädern zum Vorschein, breiteten sich hierauf gegen Trepergule hin, und verweileten alsdenn in dem kleinen Thale, das zwischen dem Monte Barbaro und dem Hügel del Pericolo genannt liegt, und die Straße zum See Avernus und zu den Bädern ausmacht. Hier nahm das Feuer in kurzer Zeit dergestalt überhand, daß die Erde an diesem Platze aufberstete, und eine so große Quantität von Aschen und Bimsensteinen, mit Wasser vermischt empor warf, daß die ganze Gegend davon bedeckt ward; auch zu Neapel fiel einen großen Theil der Nacht hindurch ein heftiger Regen von dieser Asche und Wasser. Den nächsten Morgen [...] dauerte dieser schwarze, kothige Platzregen den ganzen Tag hindurch fort, und bedeckte die Wohnungen der armen Einwohner von Pozzuolo, welche über einen so entsetzlichen Anblick äußerst bestürzt, ihre Häuser verließen: sie flohen vor dem Tode aber mit seinen Schrecken auf ihren Gesichtern: einige mit ihren Kindern in den Armen; einige mit Säcken voll von ihren Gütern; andere führten einen Esel mit ihrer erschrockenen Familie beladen nach Neapel; andere trugen eine Menge von Vögeln allerley

Art, die zur Zeit, da der Ausbruch angefangen hatte, tod herunter gefallen waren; noch andere trugen Fische die sie gefunden hatten, und die in Menge auf dem Strande anzutreffen waren, weil ein beträchtlicher Strich der See am Gestade dazumal war ausgetrocknet worden.[24]

Die Menschen von Pozzuoli waren schon am 28. September aufgeschreckt worden durch etwa zwanzig Erdstöße, die an den Gebäuden Schäden verursacht hatten. Zugleich hatte sich der Boden gehoben – es handelte sich um die auch heute noch wirksame, Bradisismus genannte Hebe- und Senkbewegung des Golfes von Pozzuoli –, so dass der Meeresgrund tatsächlich in einem breiten Streifen frei lag und die Einwohner eine überraschende Beute einsammeln konnten. Was an diesem Tag noch ein undeutliches Spiel der Natur zu sein schien, wandelte sich am Tag darauf zum eindeutig Schreckenerregenden. Wie panisch sich die Flucht vollzog, beschreibt ein weiterer Augenzeuge Jahre später: Er habe Menschen nackt aus der Stadt fliehen sehen, wobei ihm auch Zizula begegnet sei, „die Frau von Meister Geronimo Barbiero, welche die Stadt im Hemd verließ, die Kapuze übergezogen und gespreizt auf ihrem Pferd sitzend wie ein Mann".[25]

Der gelehrte Priester Falconi entschließt sich, nach Pozzuoli aufzubrechen, „um die vielen und bewundernswürdigen Würkungen der Natur zu besehen".[26] So trifft die Bewegung der in Panik Fliehenden auf die im wörtlichen Sinn gegenläufige Bewegung dessen, der sich von dem Ereignis Erkenntnis erhofft. Falconi spricht von „Natur" und gebraucht damit einen Begriff, der den Erschreckten selbst nicht zugänglich ist. Denn sie erfahren das Geschehen nur als dunkles Verhängnis,

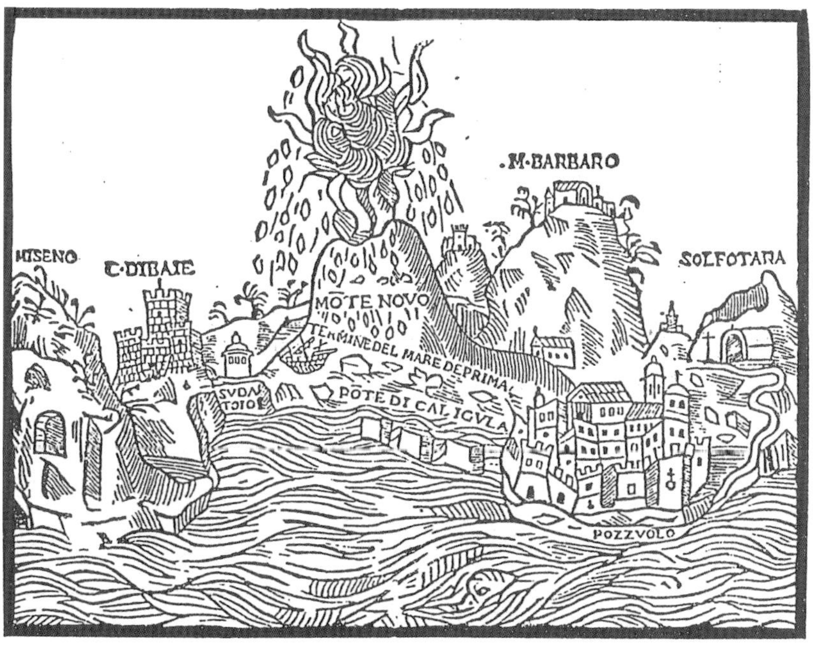

Abb. 5: „Die Entstehung des Monte Nuovo", Holzschnitt aus Marco Antonio delli Falconi, *Dell'Incendio di Pozzuolo nel MDXXXVIII*, 1539

das in ihr Leben eingreift. Der Gelehrte dagegen vertraut auf einen sinnvollen Zusammenhang äußerer Erscheinungen, den er „Natur" nennt und dem er – klassischem und humanistischem Denken folgend – „bewundernswürdige Würkungen" zuschreibt. Die nicht-menschliche Außenwelt ist nicht abgründig dämonisch, sondern staunenerregende Macht. „Natur" ist lebendig, wirkt in Vielfalt, fordert auf zu Studium und Betrachtung. Wo der Gelehrte die vom Schrecken gezeichneten Menschen auf der Flucht erblickt, werden auch sie für kurze Zeit zu seinem Studienobjekt. Für ihn sind die Fliehenden selbst Teil des Naturschauspiels: Sie „sind Natur", da bei ihnen Ausdruck und Handlung vollständig von der Leiblichkeit des Schreckens bestimmt sind. Und so bedarf es gerade seines beobachtenden Blicks, der sich dem Widerstand gegen die eigene kreatürliche Angst verdankt, damit überhaupt etwas von dem Schrecken vermittelt und bewahrt wird. Erst indem der Beobachtende in das von der Angst gezeichnete Gesicht blickt und das Gesehene notiert, wird dem Schrecken zur Sprache verholfen.

Wie wichtig es allerdings ist, dass auch der, den es zum „Besehen" des Naturereignisses treibt, die Bereitschaft zur Angst nicht ganz der Neugierde opfert, zeigt die letzte Phase in der kurzen Entstehungsgeschichte des vulkanischen Berges von Pozzuoli. Nach drei Tagen der heftigsten Eruptionen kehrt eine gewisse Ruhe ein, die Konturen eines Bergkegels sind nun sichtbar, und die ersten näheren Erkundungen beginnen. Menschen, die hinaufsteigen, sehen „kochendes" Wasser im „Becher" des Berges. Es folgen noch einmal heftigere Auswürfe, doch als am siebten Tag außer einer Rauchsäule keine weitere Tätigkeit mehr wahrzunehmen ist, „giengen viele Leute hin, um diese Merkwürdigkeit der Natur zu besehen; einige derselben waren etwa auf die Hälfte des Berges, andere weiter hinauf gestiegen, als sich, ohngefähr 2 Stunden vor Sonnen Untergang abermals ein so plötzlicher und entsetzlicher Ausbruch ereignete, daß von dem häufig aufsteigenden Rauch viele von diesen Leuten erstickten, und einige derselben nie wieder gefunden worden sind. Man hat mir gesagt, daß die Anzahl der Erstickten oder Vermißten sich auf vier und zwanzig belaufe."[27] Bemerkenswert ist, dass es keine anderen Toten bei der Entstehung dieses „Monte Nuovo" gegeben zu haben scheint. Die Einwohner von Tripergole waren geflohen, als sich am 28. September die Erde zum erstenmal gefährlich hob, und auch Pozzuoli war entvölkert, als die Dächer unter der Last des Bimssteins und der schlammigen Asche schließlich nachgaben.[28]

Dass die Folgen für das menschliche Leben nicht schlimmer waren, schrieben die Neapolitaner ihrem christlichen Ritual zu. Am dritten Tag des Ausbruchs, als dessen Intensität anfing nachzulassen, hatten sie das Haupt des heiligen Januarius aus der Stadt in die Kapelle oberhalb der Solfatara getragen – an den Ort, an dem der Bischof Januarius im Jahr 305 auf Befehl von Kaiser Diokletian enthauptet worden war. Der Märtyrer war zum Schutzheiligen der Gegend geworden; seine Reliquien sollten den Naturgewalten Einhalt gebieten.

Auch nach dem ersten Vesuvausbruch der Neuzeit – fast hundert Jahre nach dem Entstehen des Monte Nuovo – erzählten die Chronisten von dem Eingreifen des Heiligen. Der fast bis zum Gipfel bewachsene Monte Somma zeigte im August 1631 erste Anzeichen erneuter Tätigkeit: Rauch stieg auf, und nachts sah man ein Glühen an der Nordseite des Vulkankegels. Vom 10. Dezember an kam es zu Erdstößen, von denen einige auch in Neapel wahrgenommen wurden. Ein unterirdisches Grollen wurde hörbar, und in der Nähe des Berges versiegten die Brunnen. Am 16. Dezember kam es zur Eruption. Sie teilte mit dem Ausbruch von 79 n. Chr. die hohe – „plinische" – Aschenwolke; viele Beobachter berichteten auch von Strömen, die sie als Lava- oder Wassermassen deuteten.[29] Diese gingen am Morgen des 17. Dezember mit ungeheurer Geschwindigkeit nieder, erreichten auf der Südseite des Vulkans die See und vernichteten alles, was ihnen im Wege war. Die Städtchen Torre del Greco und Torre Annunziata und viele kleinere Orte wurden zerstört. Am Ende wurden viertausend Tote und Vermisste gezählt (Abb. 6).

Ein deutscher Reisender berichtete von den bußfertigen Reaktionen der Neapolitaner, welche Gott anflehten, er möge ihre Stadt verschonen:

In der gantzen Stadt war anders nichts als Buss predigen, Betten, Litaney singen, Beichten, communiciren. Alle Gewerb und Kram-Läden waren gesperrt, die Gassen überall voller Processionen, darbey vil tausend Menschen sich geisselten, schwere

Abb. 6: Domenico Gargiulo (genannt Micco Spadaro), *Die Prozession während des Vesuvausbruchs von 1631* (Neapel, Sammlung Carelli). Rechts oben im Bild der auf einer Wolke schwebende hl. Januarius.

höltzerne Creutz trugen, mit außgespannten Armen herumb lieffen, eiserne Ketten an den Hals hängten und also vermeinten, ihre Sünd abzubüssen. Keinen Menschen sahe man frölich, es ist auch alle Musica, Kurtzweil und insonderheit verbotten worden, inner dreyen Tagen bey Lebensstraff zu keinem ohnehrlichen Weibsbild zu gehen, dann es sonsten selbiger Orthen gar gemein ist.

Das Meer-Wasser hat sich in dem Meerhafen verlohren, dass man vermeint, die Schiff werden auss Mangel Wassers auff die Seiten fallen. Ein sonderlich trefflich große Procession, die sonsten im Jahr auch zwey mal geschicht, ist gehalten worden, da alle sowol vornem als gemeine Leut der Stadt mehrentheils mitgangen, und zwar seyn es anfangs zwey Processiones gewesen. Bey der einen ist durch einen Cardinal getragen worden das Haupt S.Januarii (welchen die Neapolitaner, wie obvermeldt, für ihren Patron halten und sagen, dass er umb dess Glaubens Christi willen seye enthauptet worden). Bey der andern Procession hat der ErtzBischoff von der Stadt in einer hüpschen und kostbaren Monstrantz getragen zwey kleine Gläslein mit Blut, so von dem jetzt gedachten Heiligen seyn solle, welches Blut nun so offt dise zwo Processionen geschehen und das Haupt herbey gebracht, wird einsmals wider gantz frisch und gleichsam siedend (wie sie darvon reden) pflegt zu werden; wie ich es dann selbst gesehen, dass es frisch gewesen und gleichsam noch geschaumet, als ob es erst wäre auffgefangen worden, jedoch aber wie es damit zugehet mir verborgen ist.

Wie nun dise beede Processiones einander begegnet, seyn sie miteinander gegen dem brennenden Berg hinauss gegangen und haben ihre Litaney gesungen.[30]

Die Hoffnung auf das „Wunder des flüssigen Blutes“ gehört bis zum heutigen Tag zu den neapolitanischen Bittprozessionen bei Epidemien und drohender Naturgewalt.[31] Aus anderen Berichten über den 16. Dezember 1631 wird deutlich, dass sich plötzlich die Windrichtung änderte und die Aschenwolke nicht länger die Stadt Neapel bedrohte. Dies wurde dem Eingreifen des Heiligen zugeschrieben, der mit seinem Blut „der Hölle Ausgeburt, das Feuer des Vesuv“ gelöscht habe.[32] Sogar ein Wolkenfenster habe sich über dem Stadttor aufgetan, und in diesem Licht inmitten der Verfinsterung hätten manche den Heiligen selbst erblickt.

Christliche Prozessionen und Bittrituale, die in vielen Vulkangegenden der Erde bis heute noch nichts von ihrer Bedeutung verloren haben, verringern das Gefühl völliger Ohnmacht. Was im Augenblick der panischen Flucht als das absolut Andere, als Tremor und schwarze Vernichtung erfahren wird, erscheint in der Bewegung der Prozession als das prinzipiell Deutbare. Wesentlich ist zunächst die Wiederherstellung einer Gemeinschaft, die in der Vereinzelung der Panik stets verloren geht. Ebenso wichtig ist die Umkehrung der Bewegung: Hatte der Fliehende versucht, die Gefahr um jeden Preis hinter sich zu lassen, so wendet er sich nun um und geht gleichsam auf die Quelle der Gefahr zu. Was zuvor nur dumpf wahrgenommen wurde, erscheint jetzt als ein Geschehen, das einen genauen Ort hat und sogar gewisse Konturen erkennen lässt. Der aktivierte Augensinn erlöst aus der Orientierungslosigkeit und macht die Schreckensgewalt zum Objekt. Sie erscheint als etwas, dem der Mensch nicht nur ausgeliefert ist, sondern dem er auch gegenübersteht.

Hinzu kommt die Sprache. Es geht freilich nicht um eine individualisierte Sprache des Erkennens, wie die gelehrten Betrachter des Naturereignisses sie beherrschen. Die Sprache der Gemeinschaft in christlichen Prozessionen ist immer schon vorgeformt: als Gebet und als Gesang. Doch leistet diese vorgegebene Sprache im Zusammenwirken mit der Priesterrede etwas Entscheidendes: Sie verschafft dem unbegriffenen vulkanischen Ereignis eine rudimentäre Deutung. Denn die Eruption erscheint auf diese Weise als das von Gott Gewollte oder zumindest als das von Gott Zugelassene. Geht es nur um das von Gott Zugelassene, so bleibt das Ereignis selbst zwar unerforschlich, bildet aber doch Teil eines Zusammenhangs, auf dessen Sinn, wie verborgen auch immer, vertraut wird. Denn Gott, der durch die Fürbitte des Schutzpatrons bewegt werden kann, dem Geschehen Einhalt zu gebieten, hat auch Gewalt über diesen dunklen Teil der Schöpfung. Ist der Ausbruch dagegen von Gott gewollt, so liegt der Sinn des Naturvorgangs klar zutage: Der Ausbruch ist Strafe für menschliche Sünden. Eine verderbte Gemeinschaft verdient eine Züchtigung schon hier auf Erden. Das biblische Vorbild, das dem Zuhörer geläufig ist, ist die nach Vulkanausbrüchen immer wieder bemühte alttestamentarische Erzählung vom Untergang Sodom und Gomorras.[33]

Es ist deutlich, dass auch die Deutung eines Vulkanausbruchs als Strafe für Sünden dem Schutzpatron eine besondere Rolle zuweist. Er muss Gnade erwirken für die in Verfehlungen verstrickten Menschen, die in seiner Obhut stehen.

Die Koppelung des Vulkanausbruchs an Strafvorstellungen ist in der frühen Neuzeit weit verbreitet. Sie findet sich auch in den Schriften protestantischer Autoren. Je größer der zeitliche und geografische Abstand zu dem Ereignis, desto allgemeiner wird allerdings die Deutung. Dann geht es nicht mehr um eine göttliche Strafaktion gegen eine bestimmte Bevölkerung, sondern um eine göttliche Mahnung, die sich auf das Ende der Zeiten bezieht. Die Eruption ist ein bildlicher Fingerzeig: Wenn dieses Ereignis aus Feuer, Schwefel und Donner, das aus dem Abgrund aufsteigt, dich schon schreckt, um wie viel größer werden die Schrecken der Hölle sein! Der Vulkan wird zum mahnenden Bild der Hölle. Als solches hat er im 17. Jahrhundert freilich schon eine lange Vorgeschichte.

Höllenmahnung

Am Anfang stehen Vergil und die Bibel. In Vergils Erzählung vom Besuch seines Helden Aeneas in der Unterwelt erscheint diese zunächst nicht als Ort der absoluten Verdammung, sondern als Stätte des reduzierten Seins, entsprechend der antiken (und orientalischen) Vorstellung vom Totenreich als Schattenwelt. Doch Vergils Unterwelt ist zugleich ein Konstrukt, das sich aus verschiedenen mythologischen Elementen zusammensetzt, und so erblickt Aeneas hier nicht nur die Elysischen Felder, sondern auch „Plutos wuchtige Burg", von „Phlegethons höllischer Flut" umgeben.[34] In dieser vom Feuerfluss eingeschlossenen Strafhölle erleiden die Toten große Pein. Da Aeneas der Zutritt durch das „Tor des Fluches" verwehrt ist, lässt er sich von seiner Führerin Sibylle von dem Grauen, das im Inneren herrscht, und von dem Abgrund des Tartarus berichten. Durch das Bild des Phlegethon, das auf Platons Beschreibung des Erdinneren zurückgeht,[35] wird der Gedanke eines Tiefenfeuers ins Spiel gebracht. Bei Vergil steht es in einer auffälligen Beziehung zum Beginn der Unterweltfahrt, denn schon als Aeneas durch eine Opferzeremonie die Erlaubnis zum Eintritt in die Totenwelt erhält, hört er ein starkes unterirdisches Donnergrollen. Den Zugang zum unterirdischen Reich bildet eine Spalte am Averner See. Dessen vulkanische Qualität betont die *Aeneis*, wenn sie von den gefährlichen Dämpfen spricht und davon, dass kein Vogel je über den dunklen See geflogen sei.[36] Vergil kannte den Averner See in der Landschaft der Campi phlegraei, deren vulkanischer Charakter im Altertum unstrittig war: Die Solfatara hieß *Forum Vulcani*. Allerdings sollte es – wie zu zeigen sein wird – noch lange dauern, bevor man die Form des Avernus selbst auf die eines erloschenen Kraters zurückführen würde.

Das große Ansehen des Vergil im Mittelalter führte dazu, dass seine Vorstellung von der Burg des Höllenfürsten im feurigen Fluss zur Ausformung der Bildwelt der christlichen Hölle beitrug. Den Grundstock bildeten freilich die biblischen und apokalyptischen Texte. Im Alten Testament, etwa in den Psalmen, ist das Dasein in der Unterwelt zunächst nur ein Existieren in Düsternis und Tiefe, doch bilden sich langsam Strafvorstellungen heraus, bei denen das Feuer eine zentrale Rolle spielt (Jes. 5, 14; Jes. 66, 24). Das Neue Testament setzt dann bereits eine Welt voraus, in der die „Hölle wie auch ihr Feuer [...] für die Hörerinnen und Hörer der Jesusbotschaft geläufige Vorstellungen“ sind.[37] So erscheint im Evangelium des Matthäus die Strafhölle mit ihrem Feuer als etwas Bekanntes (Matth. 5, 21f.; Matth. 25, 41ff.), ebenso wie bei Lukas (Luk. 16) und in der Offenbarung des Johannes. Allerdings wird die genaue Bildlichkeit der Hölle erst in der Folgezeit ausgeformt, zunächst in der sogenannten Offenbarung des Petrus, die um das Jahr 135 entsteht.

Der unbekannte Verfasser dieses Offenbarungsbuches setzt wie alle Apokalyptiker mit der schärfstmöglichen Zweiteilung zwischen Auserwählten und Verworfenen ein: „Betreffs der Erwählten, die Gutes getan haben, sie werden zu mir kommen, indem sie den Tod verzehrenden Feuers nicht sehen werden. Die Bösewichter und die Sünder und die Heuchler aber werden in den Tiefen nicht verschwindender Finsternis stehen, und ihre Strafe ist das Feuer, und Engel bringen ihre Sünden herbei; und bereiten ihnen einen Ort, wo sie für immer bestraft werden, je nach ihrer Versündigung.“[38] Es ist ein reicher Katalog der Strafen, den die Petrus-Apokalypse entfaltet, doch bei aller Variation der Pein bilden das quälende Feuer und die erschreckende Tiefe den Grundtenor. So heißt es von den Männern und Weibern, „welche einen Fehltritt begehen“: Sie „gehen rollend hinunter dahin, wo der Schrecken ist. Und wiederum, indem das bereitete [Feuer] fließt, steigen sie herauf und wieder herab und wiederholen so das Rollen.“ Und diejenigen, die sagten, „‚Wir sind gerecht vor Gott‘, während sie doch nicht nach der

Gerechtigkeit getrachtet haben“, werden blind und stumm, pferchen sich zusammen und „fallen auf Kohlen nie verlöschenden Feuers“.[39]

In den folgenden Jahrhunderten wird die Gestalt der Hölle immer deutlicher festgeschrieben. Anteil daran haben die *Dialoge* des Papstes Gregor I., in denen zum ersten Mal aus christlicher Sicht über die Verbindung von Hölle und Vulkan gesprochen wird. Im Vierten Buch der *Dialoge*, wahrscheinlich in den Jahren 593/94 verfasst, geht es um „Zeugnisse für die vom gegenwärtigen Leben aus möglichen Einblicke in das Jenseits“.[40] Gregor erzählt im 30. Kapitel von der Bestrafung des Königs Theoderich, der den Tod des Papstes Johannes im Gefängnis und die Hinrichtung des Senators Symmachus auf dem Gewissen habe. Ein „Einsiedler von großer Tugend“ auf der Insel Lipari habe seinen erstaunten Besuchern, die von Theoderichs Ableben noch nichts wussten, gesagt: „Und doch ist er tot. Gestern um 3 Uhr nachmittags wurde er, geführt von Papst Johannes und dem Senator Symmachus, ohne Gürtel und Schuhe zum benachbarten Vulkankrater gebracht und hineingestoßen.“ Gregor fügt hinzu, dass die Besucher nach ihrer Rückkehr hören, dass Theoderich an eben jenem Tag gestorben sei, an dem „sein Ende und seine Strafe dem Diener Gottes gezeigt wurden“. Es sei die gerechte Strafe für Theoderich gewesen, von denen ins Feuer geworfen zu werden, die er ungerecht verurteilt habe.[41]

Die Erzählung beruht auf dem älteren Motiv des im Vulkan eingeschlossenen toten Herrschers. In der heidnischen Tradition war dies allerdings nicht mit dem Gedanken der Strafe verbunden. So gab es eine Erzählung über König Artus, der nach seinem Tod friedlich im Ätna saß, ohne Qualen zu erleiden.[42] In der christlich bestimmten mittelalterlichen Sagenwelt gesellt sich dann zu Theoderich eine ganze Reihe von Herrschern, die um eines Vergehens willen in den Ätna verbannt werden. Dazu gehören Karl Martell und die Kaiser Karl der Große, Heinrich II. und Friedrich II. Auch auf die Mainzer Bischöfe Hatto und Johannes II. wartet die Feuerstrafe des Vulkans. Im isländischen Vulkan Hekla muss der dänische Prinz Magnus brennen.[43]

Was in diesen Volkserzählungen tradiert wird, erscheint auch in den Schriften mittelalterlicher Moralisten. So berichtet Caesarius von Heisterbach in seinem *Dialogus de miraculis* (um 1220) von einem Dekan, der vernommen habe, dass König Artus ihn zum „feierlichen Hoftag“ in den „Berg Gyber“ (Ätna) gebeten habe. „Der Dekan, der hörte, dass er zu Arturs Hoftage geladen sei, spottete darob. Bald aber erkrankte er und starb am festgesetzten Tag.“[44] In der darauf folgenden Geschichte erzählt Caesarius „Von der Strafe Bertolfs, des Herzogs von Zähringen“:

> Vor ungefähr drei Jahren kamen einige Leute bei demselben Berg Gyber vorbei und hörten eine gewaltige Stimme diese Worte rufen: Mach Feuer an! Nach kurzem Zwischenraum hörte man denselben Ruf. Als er zum dritten Male schrie: Mach ein großes Feuer an! antwortete einer: Für wen soll ich es anmachen? Und jener: Unser geliebter Freund kommt, der Herzog von Zähringen, der uns treu gedient hat. Jene merkten Tag und Stunde, meldeten in einem Brief dem Kaiser Friedrich, was sie gehört, und fragten an, ob irgendein Herzog von Zähringen in seinem Reich gestorben sei. Und es stellte sich heraus, dass gerade zur selben Zeit Herzog Bertolf von Zäh-

ringen gestorben war. Es war aber dieser ein unmenschlicher Tyrann, der Edle wie Geringe beraubte und vom katholischen Glauben abtrünnig war. Obgleich er ohne Nachkommen war, hatte er doch, vom Laster des Geizes getrieben, viel Geld angehäuft. Als aber sein Tod nahe war, bat er die Freunde, all seine Schätze zu einer Masse zusammenzuschmelzen. Nach dem Grund befragt, sagte er: Ich weiß, dass meine Verwandten sich über meinen Tod freuen und die Schätze unter sich teilen werden. Sind diese aber zu einer Masse geworden, so werden sie sich gegenseitig umbringen.[45]

Insgesamt sind es freilich nur wenige mittelalterliche Autoren, die die direkte Gleichung von Vulkan und Hölle übernehmen, und auch dort, wo dies geschieht, herrscht oft die vorsichtige Formel *dicitur* (es wird gesagt). Kaum einer der großen theologischen Lehrer spricht sich über den Ort der Hölle aus. Erst in der Neuzeit erscheint eine Reihe gelehrter geistlicher Schriften, die den Vulkan als Tor zur Hölle deuten. So verteidigt der Franziskaner Francisco Resta im Jahre 1643 die Ansicht, dass das Feuer vulkanischer Eruptionen in Wahrheit das Feuer der Hölle sei, der Jesuit Giovanni Andrea Massa beschäftigt sich 1708 mit der „Verbindung der Flammen des Ätna mit denen der Hölle", und noch siebzig Jahre später sieht Antonio Vetrani in seinem *Prodromo Vesuviano* Ätna und Vesuv als Schlünde der Hölle.[46] Für die geologisch Nachdenklichen unter den christlich-gelehrten Autoren stellt sich das Problem, dass das von Platon angedeutete und später oft postulierte Zentralfeuer der Erde sich ebendort befinden müsse, wo Bibel und Tradition das Feuer der Hölle angesiedelt hatten.[47] Es entstand die Schwierigkeit, wie ein Übernatürliches und in seiner Intensität jenseits aller Vorstellung Liegendes wie das Feuer der Hölle – so hatte die kirchliche Lehre es seit jeher gesehen – zugleich eine empirische Qualität haben sollte.

Der Jesuitenpater Athanasius Kircher nahm in seinem berühmten Werk über den Aufbau der Erde, *Mundus subterraneus* (1665), seine Zuflucht zu einem Doppelcharakter des Feuers im Erdinneren: Das unzugängliche Höllenfeuer, das in seinen Eigenschaften alle bekannten Feuer übertreffe, sei zugleich das nährende Feuer der Vulkane.[48] Von eindrucksvollen Illustrationen des „großen Leibes" Erde unterstützt, zeigt Kirchers Text die Vulkane als Schlote, die über Feuerkanäle (*pyragogi*) und Feuerkammern (*pyrophylacia*) mit dem Zentralfeuer verbunden sind (Abb. 7). Durch diese Entlastungswege wird nach Kircher die explosive Kraft des Feuers in der Erdmitte gemindert, das sich gleichzeitig seiner Asche entledigen kann. Dem möglichen Einwand, dass die bei ihm so klar erscheinende geologische Tiefengliederung, in die auch Wasserreservoire und -kanäle als „Adern" mit einbezogen waren, der Hölle keinen Ort mehr lasse, begegnete Kircher mit dem Hinweis, dass ja auch das Wasser von zweifacher Art sei: Es sei Element und sei doch zugleich das Wasser des Sakraments, das von Gott in der christlichen Taufe „verbessert" werde:

[A]lso peinigt er auch die Gottlosen durch das wahre und eigentliche Elementarfeuer, doch durch die Größe seiner Macht und eine außergewöhnliche Kraft auf solche Weise erhitzt, dass es mit einer unendlich größeren Heftigkeit als das Elementarfeuer diejenigen peinigt, die der ewigen Verdammnis anheimgefallen sind.[49]

Mottoartig lässt Kirchers Buch schon in der Vorrede die Spannung erkennen, die ein solches Werk durchziehen muss, das den ernsthaften geologischen Entwurf mit einer traditionell christlichen Topografie verbinden will. Die Vorrede zeigt, wie der Autor zu seiner Beschäftigung mit Vulkanen kam. Er hatte 1638 Ätna und Stromboli gesehen, und das kalabrische Erdbeben des gleichen Jahres hatte einen tiefen Eindruck hinterlassen. So hatte er den Entschluss gefasst, den Vesuv, der sieben Jahre zuvor so verheerend ausgebrochen war, zu besteigen. Als Kircher sich auf dem Vesuvgipfel genaueren Beobachtungen und Messungen widmen will, wird er von dem Anblick des Kraterinneren übermannt. Schrecken und Bewunderung lassen ihn ausrufen: „O Tiefe des Reichtums der Weisheit wie der Kenntnis Gottes, wie unergründlich sind Deine Wege!“[50] Es gehört zu den Paradoxien des *Mundus subterraneus*, dass Kirchers kühne Deutung der unsichtbaren Erdtiefe die Wege Gottes gerade ihrer Unergründlichkeit beraubt, dass der Autor aber dennoch auf seiner Vorstellungsohnmacht gegenüber dem göttlichen Wirken beharrt.

Den Aporien der Gleichsetzung von Höllen- und Vulkanfeuer entging eine andere Deutungstradition, deren Anfänge sich ebenfalls in den

Abb. 7: „Pyrophylacia“, aus Athanasius Kircher, *Mundus subterraneus*, 1678

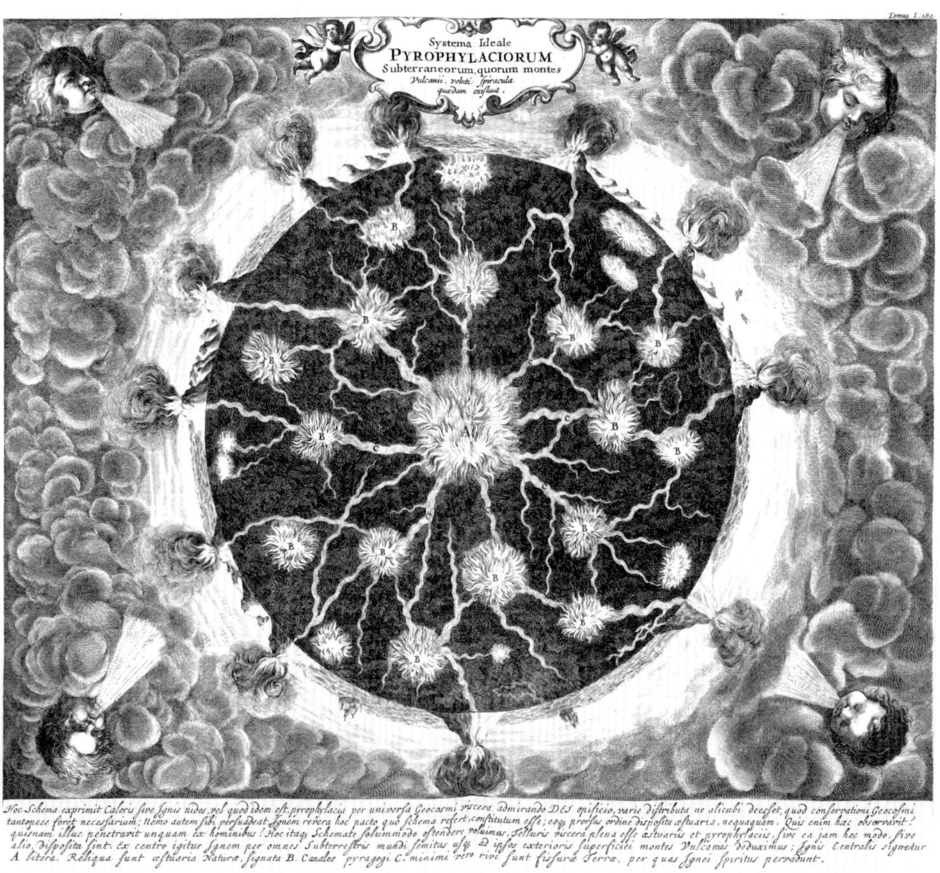

Dialogi des Papstes Gregor finden. Als Gregor erzählt, dass ein Sterbender davon gesprochen habe, dass das Schiff bereit sei, „mit welchem wir nach Sizilien fahren müssen", ruft sein Zuhörer, ein junger Mönch, aus: „Das ist schrecklich, was du da erzählst; aber ich bitte dich, warum erschien der sterbenden Seele ein Schiff und warum sagte der Sterbende, dass er nach Sizilien fahren müsse?" Gregors Antwort ist:

Die Seele bedarf keines Fahrzeuges, jedoch ist es nicht zum Verwundern, wenn dem noch im Leibesleben befindlichen Manne etwas erschien, was er leiblich zu sehen gewohnt war, damit er daraus abnehmen könnte, wohin die Seele geistigerweise kommen sollte. Wenn er aber sagte, dass er nach Sizilien fahre, was kann man da anderes darunter verstehen, als dass auf den Inseln dieses Landes mehr als sonstwo in einem aufsteigenden Feuer die Schlünde der ewigen Pein sich auftun? Leute, die es gesehen haben, erzählen, dass die Öffnungen sich von Tag zu Tag erweitern und größer werden; denn je näher das Weltende kommt und je größer die Zahl derer wird, die dort gewiss dem Feuer überantwortet werden sollen, umso mehr erweitert sich der Ort der Pein. Der allmächtige Gott wollte, dass zur Besserung der in dieser Welt Lebenden diese Erscheinung sich zeige, damit die Ungläubigen, welche nicht an die Höllenqualen glauben, die Orte der Pein sehen, nachdem sie nicht daran glauben wollen, wenn sie davon hören.[51]

Auch für den zur gleichen Zeit lehrenden Gregor von Tours besteht kein Zweifel, dass der Ätna dazu da sei, damit die Sünder sich das „Höllenfeuer vorstellen".[52]

Dass der Vulkan von Gott geschaffen sei, um die sündige Menschheit an das strafende Höllenfeuer zu erinnern, wird danach zur Hauptlinie der christlichen Deutung in Mittelalter und früher Neuzeit. Die Vulkane sind Höllen*bilder*. Das Jenseitige kann im Bild des Irdischen erscheinen – wie ja auch das Paradies im Bild des Gartens –, doch ist es mit dem Irdischen nicht zu identifizieren.

Eine Variante des Gedankens der Ermahnung durch den Vulkan stellt das Höllenschau-Kapitel im Faustbuch dar. Mephostopheles – so die Schreibung des Volksbuchs von 1587 – hat Faust versprochen, ihm alle Dinge über und unter der Erde zu zeigen. In Mephostopheles' Auftrag fliegt Beelzebub mit Faust in den Vulkankrater einer Insel – mit „Schwebel, Pech und Feuerstrahlen" – und gibt vor, dies sei die Hölle. Bezeichnend ist nun, dass dem Doktor Faust dieser Ort glaubhaft vorkommt. Er durchschaut die „Gaukelei" nicht. Für ihn ist das, was die Hölle nur darstellen soll, die Hölle selbst.[53] Dass Faust auf dieses Spiel hereinfällt, ist insofern kaum verwunderlich, als Fausts Welt von vornherein durchlässig ist für das Dämonische und Außerweltliche. Hier gibt es keine grundsätzliche Trennung von Irdischem und Nicht-Irdischem – ebenso wenig wie in der Sagen- und Legendenwelt der vorangegangenen Jahrhunderte.

Wo sich aber die Scheidung von geografisch Konkretem und Außerweltlichem als eine prinzipielle durchsetzt, muss die völlige Gleichsetzung von Vulkan- und Höllenfeuer als eine überlebte Denkform erscheinen. Es sind vor allem die humanistisch Gebildeten unter den Italienreisenden, die darauf bestehen, dass der Vulkan nicht *mehr* sein könne als ein Bild der Hölle. So geht am Ende des 17. Jahrhunderts

John Evelyn auf Distanz zum Volksglauben, wenn er sagt: „[S]ome there are who maintaine it the very Mouth of Hell it selfe, others of Purgatory…“[54] Andere englische Reisende – wie Lithgow und Brydone – wenden sich dezidierter gegen eine „papistisch“ inspirierte Folklore, wonach im Berg Ätna sich das Fegefeuer befinden oder gar die englische Königin Anne Boleyn für die „häretische“ Bekehrung ihres Mannes zum Protestantismus büßen soll.[55]

Für die Reisenden ist es freilich nicht zweifelhaft, wo der Grund für die von ihnen kritisierten Auffassungen liegt: „[C]ertainly it must be acknowledged one of the most horrid spectacles in the world“, sagt John Evelyn über die naheliegende Koppelung von Krater und Höllenpforte.[56] Bei John Raymond heißt es: „The Vorago is so terrifying a spectacle, that if I would paint Hell, this would be the best Patterne.“[57] Damit wird etwas Wesentliches ausgesprochen: Auch dort, wo die Gleichsetzung von Hölle und Vulkan verworfen wird, hat der Vulkan die Funktion der Bildresonanz. Der Mensch bedarf des anschaulichen Bildes für den im Grunde unvorstellbaren Abyssus der Hölle. Zugleich verweist das Wort „Vorago“, das John Raymond verwendet, auf eine spezifische bildliche Vermittlung hin. Denn der Eingang zur Hölle wurde in der Kunst des Mittelalters als monströser Rachen oder Schlund dargestellt. In mittelalterlichen Bildern des Jüngsten Gerichts ist dies deutlich zu sehen, und auch in späterer Zeit blieb diese Vorstellung durch den Ausdruck „der Hölle Rachen“ noch lange in Kirchenlied und Predigt präsent. Da nun aber die frühneuzeitliche Leibmetaphorik der Erde den Vulkankrater gleichfalls zum Schlund (*vorago*) machte, kam es zur Kontamination. Den ikonografischen Übergang von der animalischen zur vulkanischen Höllen-Vorago zeigen Tafelbilder des späten 15. Jahrhunderts an, in denen die Öffnung der Hölle als kraterähnlicher und mit Felszähnen bewehrter Abgrund erscheint, aus dem Flammen emporzüngeln[58] (Abb. 8).

Abb. 8: „Höllensturz“, Altarflügel des Triptychons mit dem Jüngsten Gericht von Hans Memling (Ausschnitt, 1467–71, Muzeum Narodowe, Danzig)

Wie wenig die Reisenden des 17. und 18. Jahrhunderts die alten Höllenmahnungen noch auf sich selbst beziehen, zeigt die Vesuvbeschreibung von Goethes Vater. Er findet es zwar „schade“, dass Neapel „mitsamt seiner ganzen Umgebung auf immer diesem Berg ausgeliefert“ sei, zugleich müsse „man dies aber auch als Segen für dieses Volk ansehen, das in einem irdischen Paradies lebt und gar zu leicht das himmlische vergessen würde, wenn es nicht so nahe bei diesem Höllenschlund lebte“.[59]

Als Johann Caspar Goethe im Jahre 1740 auf dem Vesuv steht, ist das gleichzeitige Nennen von Hölle und Paradies schon nicht mehr neu.

Bereits das 17. Jahrhundert kennt die topische Klammer: Die „Hölle“ des Vesuvkraters befinde sich mitten im „Paradies“ der kampanischen Landschaft. Als im Jahr 1660 der Markgraf Christian Ernst von Bayreuth den Vesuv „mit großer Mühe“ erklommen hat, schaut er „mit Verwunderung in diese Hölle“ hinein. Der Begleiter des Markgrafen und Beschreiber der Reise, der Dichter Sigmund von Birken, fasst zusammen: „Man mag wohl von ihm sagen, wann er etlich Jahre gütig gewesen: Es stehe mitten im Paradeis die Höllenpforte.“[60] Kaum ein Reisender, der in der Folgezeit nicht das Wort von der „Hölle im Paradies“ gebrauchte.

Klassische Texte hatten diesem Kontrast vorgearbeitet, als sie das Nebeneinander von Todesberg und glücklichem Kampanien beschrieben. Neben die Schrecken des Ausbruchs von 79 n. Chr. (und von Eruptionen wie denen von 203 und 512) trat der Blick auf die freundliche Umgebung. Gerade die verschütteten Städte am Vesuv hatten als Orte des sorglosen Lebens inmitten der von Klima, Boden und landschaftlicher Schönheit begünstigten *Campania felix* gegolten.

Als einer der Ersten hatte der im zweiten Jahrhundert v. Chr. lebende Historiker Polybios die kampanische Landschaft mit großer Genauigkeit dargestellt. Besonders die Ebene um Capua hatte er wegen ihrer Fruchtbarkeit und Schönheit gepriesen: Die Meeresnähe sorge für betriebsame Häfen, und die schönsten und bedeutendsten Städte Italiens befänden sich an dieser Küste.[61] Später beschreibt Plinius die Gegend in preisenden Worten: Sie bringe trefflichen Wein hervor und besitze schöne Gestade.[62]

Vom Ruhm der Gegend zeugt noch Martial im Jahr 88 n. Chr., als er in einem Gedicht der Zerstörung Herculaneums und der ausgedehnten Weinhänge des Vesuv gedenkt:

> Hier der Vesuv war eben noch grün vom Schatten der Reben,
> und ein edles Gewächs hatte die Kufen gefüllt.
> Hier sind die Höhen, die Bacchus vor Nysas Hügeln geliebt hat,
> hier ist der Berg, drauf jüngst Satyrn noch Reigen getanzt.
> Hier war der Venus Sitz, ihr lieber selber als Sparta,
> hier die Stätte, berühmt, weil sie nach Herkules hieß.

Da Martial allerdings den Kreis des heiteren, von den Göttern gesegneten Lebens enger zieht als die bis zum Apennin reichende Landschaft der Campania, ist für ihn das Reich des sorglosen Daseins mit dem Ausbruch von 79 völlig zugrunde gegangen:

> All das liegt nun in Flammen und trauriger Asche versunken.
> Ach, dass sie dies vermocht, dauert die Götter nun selbst.[63]

An das alte Lob Kampaniens schließen die im 16. und 17. Jahrhundert verfassten Reiseführer an. Und auch nach dem Wiedererwachen des Vesuv 1631 bleibt der Topos vom glücklichen Kampanien bestehen. Üblich ist es nun, Paradies und Hölle in einem Atemzug zu nennen. Von

1740 an mehren sich die Stimmen, die dem Kontrast als visuelles Erlebnis auf dem Vesuv selbst Ausdruck geben. Der schweifende Blick geht von der staunenerregenden, aber nur schwer zu deutenden elementaren Gewalt hinüber zur Vertrautheit einer Kulturlandschaft. In der Folge sprechen auch die wenigen Besucher des Ätna, denen die äußerst beschwerliche Besteigung gelingt, von dem Erlebnis des Kontrasts, wobei Größendimension und Zeitpunkt – Sonnenaufgang – das Bild von der Erschaffung der Welt heraufbeschwören: Der donnernde Krater gemahnt an die Furchtbarkeit des uranfänglichen Chaos, während das bei dem ersten Licht sichtbar werdende Sizilien die Erde in ihrer Fülle „entstehen" lässt.[64]

Der überforderten Anschauung hilft es wenig, wenn der Betrachtende sich sagt, dass das Gartenähnliche der Landschaft zu seinen Füßen gerade auch ein Produkt des Vulkans ist. Schon in einigen Texten des Altertums, dann aber in vielen Berichten seit der Renaissance, war darauf hingewiesen worden, dass die gepriesene Fruchtbarkeit ihren Ursprung in der Asche von Vulkanen hatte. Bereits Strabon hatte in der Passage, in der er den fast ganz begrünten Vesuv als Vulkan erkannte, vorgeschlagen, „den Grund für die Fruchtbarkeit des Landes rund um den Berg" in dem „Aschenstaub" zu sehen, den der Berg einst ausgestoßen habe. Er verglich den Vorgang mit dem noch stets zu beobachtenden in Sizilien, wo der „Aschenstaub", den „das Feuer des Ätna hoch in die Luft trug, das Land für die Weinrebe geeignet machte, denn er enthält die Substanz, die sowohl die ausgebrannte Erde, wie auch den Boden fett macht, der die Früchte hervorbringt".[65]

Freilich verzichten viele Autoren darauf – und mit ihnen die der meisten Reiseführer –, auf die Tatsache hinzuweisen, dass nur ein Teil der vulkanischen Lockerprodukte jene Fruchtbarkeit hervorbringt und dass gerade die erstarrte Lava mit ihrer enormen Festigkeit große Zeiträume der Erosion braucht, um zur Erdkrume zu werden. So hat das Auge „recht", wenn es sich der allzu schnellen Gleichsetzung von Vulkan und Leben widersetzt: Die alten Laven, die oft gerade Gärten und Felder durchschneiden, behaupten in ihrer Härte und Farbe immer auch das Steinerne des Vulkans, das den Menschen nicht duldet.

Die weise Einrichtung der Schöpfung

Es ist eine der erstaunlichsten Entwicklungen in der Geschichte des religiösen Denkens, dass in der zweiten Hälfte des 17. Jahrhunderts in England eine Theologie auf den Plan tritt – und nach 1700 rasch den Kontinent erobert –, die radikal mit der jahrhundertelang gültigen Naturauffassung des Christentums bricht. Während nach der traditionellen augustinischen Lehre jede Form von glückhafter Beziehung des Menschen zur Natur als sündige Verfehlung angesehen wird, da die äußere Natur den Menschen von seiner wahren Bestimmung abziehe, lädt nach der neuen Lehre der Physikotheologie die Natur gerade zum Studium und zur freudigen Versenkung in ihre Schönheit ein. Gott offenbart sich in der Majestät seiner Schöpfung, die nach einem gütigen und weisen Plan eingerichtet ist. Damit kommt der sinnlich-wahrnehmenden Beziehung des Menschen zu seiner Umgebung ein neuer Wert zu. Für den Menschen entsteht nun geradezu der Auftrag, dem „wise design to admirable ends“[66] überall nachzugehen und den Schöpfungsplan in Naturbeschreibung und Experiment aufzudecken.

Man hat die Physikotheologie als Antwort auf die cartesianische Philosophie gesehen, in deren sich selbst genügender Weltmechanik ein persönlicher Gott keinen Platz mehr hatte.[67] Diese Deutung, die der Physikotheologie eine apologetische Rolle zuweist, ist gewiss nicht falsch; der überall in ihren Schriften zu findende Angriff auf die „Atheisten“, die die Natur nur noch aus deren eigener Gesetzlichkeit heraus zu erklären versuchen, spricht eine deutliche Sprache. Doch ist dies nur ein Aspekt dessen, was umfassender benannt werden kann: als das Projekt der Vergleichzeitigung von Wissenschaft und Theologie. Mit ihrer Deutung der Natur als heilsfremd hatte die alte Theologie die Naturerkundung geradezu verboten. Astronomie, Physik und Chemie gehörten zu den Unternehmungen, die abseits der religiösen Lehre einer eigenen Methodik und Dynamik folgten. Indem die Physikotheologie die wissenschaftliche Erkundung der Natur als Gottes Auftrag für den Menschen deutete, versuchte sie, das preisgegebene Terrain in die – neu gefasste – Beziehung zwischen Gott und Mensch hereinzuholen.

Zugleich gelang es ihr, die Schrecken zu mindern, die von der neuen Astronomie ausgegangen waren. Durch die Entdeckung, dass der Kosmos unendlich sei und möglicherweise ungezählte Sonnensysteme umfasse, war der alten Zentralstellung des Menschen in der Schöpfung der Boden entzogen worden. Der Mensch war von einem Gefühl der Verlorenheit im All überfallen worden, ausgedrückt in dem berühmten Wort Pascals: „Das ewige Schweigen dieser unendlichen Räume schreckt mich.“[68] Die Physikotheologie zeigte nun, wie die Schöpfung auch in ihrer Unermesslichkeit noch auf den Menschen bezogen war. Im Zentrum des Weltganzen stand noch immer das vollkommenste Wesen der Schöpfung. Gerade durch dessen Bewunderung und Erkenntnisfreude sollten sich Schönheit und Zweckmäßigkeit der Schöpfung enthüllen. So würde sich dieses Wesen zugleich bewusst werden, dass es von einer gütigen Vorsehung getragen sei.

Wenn in der Natur nichts ohne wohltätigen Zweck geschah, so hieß das, dass auch ein so furchtbares Geschehen wie der Vulkanausbruch noch einer weisen Absicht unterliegen musste. Eine Reihe von nützlichen Wirkungen der Vulkane lag auf der Hand; die alten Texte hatten auf sie aufmerksam gemacht, und die Italienführer des 17. und frühen 18. Jahrhunderts memorierten sie im Blick auf den Vesuv erneut.[69] Dazu gehörte die Fruchtbarkeit der Vulkanasche, an die nun auch die Physikotheologen erinnerten. Eine zusätzliche Wirkung schrieb man der Erwärmung des Erdbodens am Fuß oder an den Hängen von Vulkanen zu. Auf sie hatte bereits Athanasius Kircher hingewiesen, als er die Qualität des am Vesuv wachsenden Weins auf die Erdwärme zurückführte. Klassischen Texten war zu entnehmen, dass die Schiffsführer sich seit jeher an dem in kurzen Abständen aufflammenden Inselvulkan Strongylus (Stromboli) orientiert hatten. Daraus wurde nun geschlossen, dass Gott die Vulkane als Leuchttürme für eine unbeschwert reisende und handeltreibende Menschheit geschaffen hatte.[70] In einer solchen Argumentation verriet sich zugleich die Zwanghaftigkeit der Physikotheologie, dem Schöpfungsplan überall Nutzen abzugewinnen und selbst noch das historisch Zufällige des Menschenlebens ans Naturgesetzliche zu koppeln.[71]

Auch die kulturgeschichtlich ehrwürdige Auffassung vom Doppelcharakter des Feuers, das sowohl vernichten wie läutern und reinigen kann, wurde herangezogen: In Vulkangebieten komme es zu einer wohltätigen Purifizierung der Luft. Die Miasmen verschwänden aus der Atemluft, wenn ein Vulkan sein Feuer „angezündet" habe. Noch Diderot sollte sich diese Ansicht zu eigen machen und damit der gängigen Meinung folgen, dass die Aktivität eines Vulkans als reiner Feuerbrand anzusehen sei.[72]

Nicht allen Physikotheologen freilich schienen diese Vorzüge wirklich ausreichend, um auch bei den Vulkanen noch von einer gütigen Einrichtung der Welt zu sprechen. Zu furchtbar waren die Erkenntnisse, die das vorhandene Schrifttum von den großen Eruptionen des Vesuv (1631) und des Ätna (1669), aber auch von Vulkanausbrüchen in Mittelamerika und Ostindien enthielt. So zogen sich bekannte Physikotheologen wie Friedrich Christian Lesser und Bernard Nieuwentijt denn auch auf eine etwas unentschiedene Position zurück.[73] Nieuwentijt beschrieb – nach einem langen Referat der Verwüstungen historischer Vulkanausbrüche –, wie das Feuer durch „den großen und mächtigen Bewahrer daran gehindert" werde, in alle Richtungen „auszubrechen" und damit „alles zu vernichten".[74] Der Gewalt des erdinneren Feuers, die Nieuwentijt analog zur Sprengkraft von Pulvermagazinen deutete, sei durch die Vulkanschlote eine Richtung aufgezwungen worden. Für Lesser erwies sich die Güte des Schöpfers lediglich daran, dass Gott die Eruptionsgefahr auf wenige Orte der Erde beschränkt habe. Denn seine Macht habe Gott auch auf eine furchtbarere Weise zeigen können, indem er der Menschheit nirgendwo Schutz vor Vulkanen geboten hätte.[75]

Was diesen Physikotheologen blieb, war wenig mehr als die traditionell-christliche Auffassung, wonach die Feuerberge den Menschen strafen oder ans Ende der Zeiten mahnen und damit zur Besinnung auf einen gottgefälligen Lebenswandel auffordern.[76] Zwar kehrte hiermit das Bild eines furchtbaren und züchtigenden Gottes nicht in seiner ganzen Gewalt zurück, es war aber nicht wirklich außer Kraft gesetzt. Das Problem lag in der eigenartigen Trias „Allmacht, Weisheit und Güte Gottes" und damit in der Spannung zwischen Gottzentrierung und Menschenzentrierung im physikotheologischen Begriff der Schöpfung. Es war deutlich, dass sich an den Vulkanen Gottes Allmacht auf exemplarische Weise bewies, doch seine gütige und weise Vorsehung war hier nicht für alle ebenso offenkundig.

Anders dagegen die Physikotheologen, die der Argumentation des einflussreichen Werks *Physico-Theology* von William Derham folgten. Der züchtigende Gott trat für sie zurück hinter dem milden Bewahrer des Lebens. Exemplarisch ist die folgende Passage aus Derhams Werk, das 1713 erschien und 1730 ins Deutsche übersetzt wurde:

Wir wollen zum Exempel das allerärgste nehmen, von allen obbenannten Sachen, nemlich die unterirdischen feurigen Hölen, und Feuerspeyenden Berge. Wiewohl diese erschrecklich die Erde erschüttern, und abscheuliche Zucht-Ruthen in der Hand Gottes sind für die Sünden-vollen Menschen, die auf der Erden wohnen, und können denselben gar wohl dienen zu einem Sinnbilde und Vorstellung der Hölle: Doch haben sie eben auch ihren vielfältigen und großen Nutzen: Indem sie gleichsam Lufft-Löcher und Feuer-Mauren abgeben müssen in den Ländern, worinnen sie gelegen, vor das Feuer und die Dünste, so sonsten eine schreckliche Verwüstung anrichten würden, wie es denn auch öffters würcklich geschiehet, durch grausame Erschütterung und entsetzliche Erdbeben. Ja: wenn die Meynung von dem Feuer und Wasser mitten in der Erden ihre Richtigkeit hat, so scheinet es, dass diese Öffnungen und Ausgänge höchst nützlich seyn, die Erd-Kugel in Ruhe und Friede zu erhalten: Indem die unterirdische Hitze und Ausdünstungen dadurch Lufft kriegen, die sonsten, wenn sie eingesperret bleiben, gewiss auf der Erde und im Wasser allerhand erschreckliche und gefährliche Bewegungen verursachen würden. Dahero haben wir solche billig vor eine sonderbahre Güte und Gnade der Göttlichen Vorsehung zu achten [...][77]

Dass das Erdinnere Hohlräume enthält und dass in diesen Winde toben, ist eine alte Vorstellung. Archelaos scheint sie zuerst vorgetragen zu haben.[78] Von Aristoteles in seiner *Meteorologie* festgeschrieben und von Seneca ausführlich erörtert, wird sie zur gängigsten Erklärung für die Unruhe der Erdoberfläche.[79] Dass Erdbebenzonen oft mit Vulkanregionen zusammenfallen und dass Vulkanausbrüche von Erdbeben angekündigt und von Tremor-Erscheinungen begleitet werden, war im Mittelmeerraum früh bekannt. Naheliegend war denn auch, dass sie eine gemeinsame Ursache haben müssten. Dabei entstand die Erklärungsschwierigkeit, dass die Winde im Inneren der Erde nicht nur Druck ausüben, sondern auch Hitze produzieren oder transportieren mussten. Der anonyme Verfasser des Vergil zugeschriebenen Gedichts *Aetna* gab dafür die Erklärung, dass die Winde im Erdinneren an brennbaren Materialien vorbeistreichen. Nach dieser Deutung entsteht Feuer in der Erde, das von den Winden an die Oberfläche mitgerissen wird und dort als vulkanischer Brand erscheint. Zu den entzündlichen Stoffen, von denen die Erde große Lager enthalte, werden im Ätna-Gedicht Schwefel, Alaun und Bitumen gerechnet.[80] Diese Ansicht von der gemeinsamen Ursache von Erdbeben und Vulkanen hielt sich bis in die Neuzeit, wobei lediglich die Art der Winde – waren es von außen eintretende Luftströme oder im Inneren entstehende Dämpfe? – und die Reihe der brennbaren Materialien variiert wurden. So fügte Georg Agricola im 16. Jahrhundert den entflammbaren Stoffen Schwefel und Bitumen die Kohle als Ursache von Erdbränden hinzu.[81]

Die Erklärungstradition der Selbstentzündung brennbaren Materials erhält um das Jahr 1700 ihre empirische Unterstützung, als dem französischen Arzt und Apotheker Nicolas Lémery ein „unterirdisches" Experiment gelingt. Einem in die Erde eingegrabenen Gemisch von Eisenfeilspänen und Schwefelpulver setzt er Wasser zu:

[Die Masse] lässt man ohne Feuer zwei bis drei Stunden arbeiten. Das Gemisch beginnt dann zu gären und sich mit erheblicher Wärme auszudehnen; diese Gärung lässt die Masse an verschiedenen Stellen aufreißen, und es entstehen Spalten, aus denen Dämpfe austreten. Bei einer geringeren Menge der Substanz sind diese Dämpfe lediglich warm, aber wenn sie aus einer großen Masse von dreißig bis vierzig Pfund kommen, entzünden sie sich. [...] Dieses eine Experiment scheint mir gänzlich ausreichend zur Erklärung der Weise, wie Gärungen, Erschütterungen und Brände in den Eingeweiden der Erde erregt werden, wie dies im Vesuv, im Ätna und an anderen Orten geschieht: Denn wenn Eisen und Schwefel aufeinandertreffen und sich eng verbinden und ineinander eindringen, muss eine heftige Gärung in Gang gesetzt werden, welche wie in unserer Unternehmung Feuer erzeugen wird.[82]

Damit hatte die Auffassung von der gemeinsamen Ursache von Erdbeben und Vulkan nun auch ihren experimentellen Segen. Den wissenschaftlich belesenen Physikotheologen war „der Vulkan von Lémery" höchst willkommen.

Die, gemessen an den erschreckenden Opferzahlen bei Erdbeben, meist geringere Zahl der Toten bei Vulkanausbrüchen – neben den weit über dreißigtausend Toten des Erdbebens von Lissabon 1755 konnten die etwa viertausend Opfer des Vesuvausbruchs 1631 schon fast als gnädige Bewahrung erscheinen[83] – ist den Physikotheologen, die über die Katastrophen des Zeitalters gut informiert sind, der Beweis für die schützende Hand Gottes: Die göttliche Vorsehung hat dem Menschengeschlecht Vulkane gegeben, welche den gefährlichen Druck des Erdinneren entweichen lassen.[84] In die Bildlichkeit dieses Mechanismus geht nicht nur die ältere Erfahrung von Unglücken mit Pulvermagazinen ein, sondern auch die neue Vorstellung von dem Druck, der in Dampfmaschinen erzeugt wird und der unter bestimmten Umständen, wenn eine Ventilentlastung fehlt, zur Explosion führt.

Als Lissabon am 1. November 1755 von dem verheerenden, das Jahrhundert in Atem haltenden Erdbeben heimgesucht wird, erheben sich viele Stimmen, die auf die Vulkanferne Portugals hinweisen (Abb. 9). Ein Vulkan in der Nähe Lissabons hätte die schlimmsten Verwüstungen verhindern können. Nun war zwar die Vulkanferne Lissabons gar nicht erwiesen, und tatsächlich entdeckte Dolomieu 1778 gerade hier Spuren eines alten Vulkanismus, doch damit hätte er die herrschende Meinung zwei Jahrzehnte zuvor wohl kaum umgestimmt – denn hatte dieser Vulkan nicht gerade seine „Brennstoffe verzehrt", so dass er den Bewohnern nicht mehr zu Hilfe kommen konnte?[85]

Um 1755 herrscht freilich die physikotheologische Naturdeutung nicht mehr unangefochten, und wer zu dieser Zeit sagt, dass ein Vulkan die Gewalt eines Erdbebens verringern kann, meint damit oft schon einen Ausgleich der Kräfte, der der Natur inhärent ist. Die Physikotheologie beginnt insbesondere auf dem europäischen Kontinent einer deistischen Sicht Platz zu machen, die die Grundthese von einer sinnvollen, auf den Menschen bezogenen Schöpfung übernimmt, dies aber nun einem allgemeinen Prinzip der Vorsehung in der Natur selbst zuschreibt. In der Natur geschieht nichts ohne Zweck.[86]

Aus der Flut der europäischen Reaktionen auf das Erdbeben von Lissabon ragen die drei Schriften Kants aus dem Jahr 1756 heraus. Kant begibt sich nur noch am Rande auf eine Suche nach dem metaphysischen Sinn der Naturkatastrophe; seine Hauptaufgabe betrachtet er als die des Naturphilosophen: Bedingungen, Gründe und Verlaufsformen des Ereignisses zu untersuchen, um an ihnen Grundsätzliches über die Wirkungen der Natur darzulegen. Kant erinnert an Lémerys Experimente und daran, dass es „einem Naturforscher etwas Leichtes [sei,] ihre Erscheinungen nachzuahmen". Bei dem Lémery'schen Versuch sehe man „nach Ablauf einiger Stunden [...] einen dicken Dampf aufsteigen, die Erde wird erschüttert, und es brechen Flammen aus dem Grunde hervor". Man könne nicht bezweifeln, dass Eisen und Schwefel „in dem Innern der Erde häufig angetroffen" würden und dass sie durch „das Wasser, das sich durch Spalten und Felsenritzen durchseigert, in Gärung" gebracht werden könnten. Hieraus schließt Kant auf die Verbindung von Vulkan und Erdbeben, und im Anschluss an Derham und Lulofs[87] trägt er seine Überzeugung von der Wohltat der Vulkane vor:

Man hat längst wahrgenommen, daß ein Land von seinen heftigen Erschütterungen befreit worden, wenn in seiner Nachbarschaft ein feuerspeiender Berg ausgebrochen, durch welchen die verschlossenen Dämpfe einen Ausgang gewinnen

Abb. 9: „Das Erdbeben zu Lissabon", zeitgenössischer Kupferstich

können, und man weiß, daß um Neapolis die Erdbeben weit häufiger und fürchterlicher sind, wenn der Vesuv eine lange Zeit ruhig gewesen. Auf diese Weise dient uns öftermals das, was uns in Schrecken setzt, zur Wohltat, und ein feuerspeiender Berg, der sich in den Gebirgen von Portugal eröffnen würde, könnte ein Vorbote werden, daß das Unglück nach und nach sich entfernte.[88]

Waren Kants Erdbebenschriften an entlegener Stelle erschienen,[89] so galt dies nicht für den Artikel „Volcans“ in der französischen *Encyclopédie*, dessen ersten Teil Baron d'Holbach verfasst hatte. In dem Artikel findet sich die gleiche positive Deutung des Vulkans als Ventil für das entzündliche Gemisch im Erdinneren:

Die Vulkane müssen als die Luftlöcher der Erde oder als Kamine betrachtet werden, durch welche die Erde sich der brennenden Stoffe entledigt, die ihren Leib verzehren. [...] Ansonsten würden diese Kräfte auf unserem Erdrund viel schrecklichere Umwälzungen hervorbringen als die, die wir bei den Erdbeben am Werk sehen.[90]

Die Verfasserschaft des Beitrags zeigt, dass die These von der schützenden Funktion des Vulkans nun vollends ins Reich einer sich selbst regulierenden Natur übergegangen ist. Holbach, der Übersetzer deutscher geologischer Schriften und der Verfasser des *Système de la Nature*, macht keine Zugeständnisse mehr an eine planende und eingreifende göttliche Hand.

Am Ende des Jahrhunderts wird die Funktion des Vulkans als „Luftloch des unterirdischen Brennofens“ eine wichtige Stelle in James Huttons – noch einmal deistisch ausgerichteter – geologischer Theorie einnehmen.[91] Hier freilich erhalten, wie noch zu zeigen ist, die Wärme im Erdinneren und das Aufschmelzen von Gesteinen eine weit zentralere Bedeutung für die Erdgeschichte, als dies in den sich ausschließlich an Einzelkatastrophen orientierenden Vorstellungen von der Wohltat der Vulkane bis dahin der Fall war.

Hatten die Physikotheologen die Deutung der Feuerberge als Geißel der sündigen Menschheit noch nicht aufgegeben, so verschwand dieser moralisch-metaphysische Aspekt in der deistischen Erklärung der Vulkane vollständig. Vulkane waren nicht zur Bekehrung der Menschheit da. Erst damit waren die Feuerberge zur eindeutig segensreichen Einrichtung der Natur geworden. Was Physikotheologen und Deisten in ihrer Theorie der Druckentlastung des Erdinneren allerdings verband, war die Tatsache, dass beide das Problem des Katastrophisch-Unbegreiflichen verschoben hatten. Wenn die Vulkane ein Beweis für das Prinzip der menschenfreundlichen Vorsehung in der Natur waren, welche Rolle kam dann den Erdbeben zu? Offensichtlich gab es nicht überall auf der Erde Vulkane, die die ungeheure Kraft im Inneren der Erde abführten, und weil dies so war, wurde die erdinnere Gewalt zum eigentlichen Affront des Vorsehungsgedankens. Als Verursacherin der Erdbeben sorgte die erdinnere Kraft für ein primäres Gefühl der Ungeborgenheit – denn wenn der Boden schwankte und sogar aufriss, verlor alles Leben seinen sicheren Grund. Hinzu kam die geografische Unbestimmtheit: Erdbeben konnten anscheinend überall auftreten. Nicht nur waren die großen

Abb. 10: „Das Erdbeben zu Basel", Holzschnitt des 16. Jahrhunderts

Erdbebenkatastrophen noch in erstaunlicher Ferne zu spüren – das Lissaboner Erdbeben ließ in London die Glocken anschlagen –, auch eine Zuordnung erhöhter Erdbebenwahrscheinlichkeit zu bestimmten Regionen war im 18. Jahrhundert nur begrenzt möglich. Denn wenn, wie in Chroniken zu lesen war, in Basel im Jahre 1356 viele Häuser und Kirchen eingestürzt waren (Abb. 10) und wenn auch Mittelengland 1750 von einem größeren Erdbeben heimgesucht worden war, bestätigte sich, dass gerade die vulkanfernen Orte Schlimmes zu befürchten hatten.[92] Vulkane dagegen hatten einen unverrückbaren und gleichsam zugewiesenen Ort, der – nach herrschender Auffassung – nur in der Grenzzone von Land und Meer liegen konnte.

Die Ermächtigung des Menschen gegenüber der Naturgewalt, die durch die Funktionsbestimmung und topografische Eingrenzung des Vulkanischen erreichbar geworden schien: Hier war sie dem Menschen wieder genommen. Die Energie im Innern der Erde war das eigentlich Unbekannte und Widerständige, das den Gedanken des Gleichgewichts in der Schöpfung bedrohte.

Schaffende Vulkane
Hamilton und die Campi phlegraei

Aufklärungen über den Vesuv

Schon bald nach seiner Ankunft im November 1764 begann William Hamilton, der britische Gesandte in Neapel, mit seinen Vesuv-Erkundungen. Sein Interesse an dem Berg war in den Monaten zuvor geweckt worden, als er, um sich auf den neuen Posten vorzubereiten, in London die Berichte des Vorgängers Gray an das Außenministerium studiert hatte. Denn in Grays Briefen war auffallend häufig von der Tätigkeit des Vulkans die Rede gewesen.[93] An den vierzehntäglich verfassten Rapporten hatte Hamilton etwas feststellen können, was auch für ihn selbst und seine Briefe nach London gelten sollte: Aus dem Königreich beider Sizilien gab es meist wenig zu berichten, was für die britische Politik von Bedeutung gewesen wäre. Der süditalienische Staat, nach innen und außen unbeweglich, war bis zum Revolutionsjahr 1798 nur ein Nebenschauplatz der europäischen Politik. So füllte die Unruhe des Vulkans die Lücke, die die Ereignislosigkeit in den Briefen der Botschafter hinterließ.

Im Frühjahr 1766 muss Hamilton deutlich geworden sein, dass seine Vesuv-Beschreibungen ein größeres und adäquateres Publikum verdienten als den Außenminister und seine Beamten. Zwar verschwand die Vulkankulisse nie ganz aus Hamiltons offiziellen Berichten, doch er begann nun, seine Naturbeobachtungen in längeren Briefen an die Royal Society in London zusammenzufassen. Hamiltons berechtigte Hoffnung war, dass die Briefe in dem gelehrten Kreis vorgelesen und in den international beachteten *Philosophical Transactions* der Gesellschaft gedruckt würden. Die Society hatte seit ihrer Gründung im Jahre 1660 stets die in ferne Länder Reisenden zu „wahrheitsgetreuen Berichten" über die *curiosities of nature* aufgefordert. So hatte man in London einen Augenzeugenbericht von dem großen Ätna-Ausbruch 1669 empfangen, der noch im selben Jahr in den *Transactions* erschien. Dies war Anlass, den italienischen Gelehrten Giovanni Borelli zu bitten, einen wissenschaftlichen Bericht über die gleiche Eruption zu schreiben; das Resultat war eine der scharfsinnigsten Analysen der Vorgänge bei einem großen Flankenausbruch.[94] In den Jahren danach lieferten die Vulkane der Molukken und die neu entstandenen Inseln bei Santorin und bei den Azoren Stoff zu Berichten an die Society.[95] Am häufigsten erschienen jedoch Nachrichten von den größeren und kleineren Eruptionen des Vesuv in den *Transactions*. Hier knüpfte Hamilton an und hatte sofort Erfolg: Bereits nach dem ersten Brief über den Vesuv machte die Gesellschaft den Verfasser zu ihrem Mitglied.

Man hat darauf hingewiesen, dass Hamilton als Spross einer Familie des schottischen Hochadels, wenngleich er als jüngster Sohn selber keinen Adelstitel besaß, auch ohne naturhistorische Verdienste in die Royal

Society hätte aufgenommen werden können. Tatsächlich bestand die Society zur Hälfte aus Mitgliedern der englischen Oberschicht, die auf wissenschaftlichem Gebiet selbst nicht aktiv waren. Umso befriedigender war es für Hamilton, dessen Laufbahn bis dahin noch wenig Glanz gezeigt hatte, sich in dieser illustren Gesellschaft durch eine besondere Leistung Ansehen verschafft zu haben. In den folgenden Jahren sollte sich sein Aufstieg fortsetzen. Hamilton benutzte den Standort Neapel nicht nur, um zum respektierten Kenner des Vesuv zu werden, er gebrauchte auch die Nähe zu den griechisch-römischen Gräbern Kampaniens, um sich als Sammler von antiken Vasen ein weiteres Feld zu erobern. Nachdem 1767 sein erster opulenter Vasenkatalog zu erscheinen begann, wurde er zur unumstrittenen Autorität auf diesem Gebiet – respektiert auch, weil er durch die Stiche bewusst Modelle für die klassizistische Stilerneuerung der angewandten Künste in England vorstellte. Als Hamilton sich 1772 in London aufhielt, stand er auf dem Höhepunkt gesellschaftlicher Anerkennung: Er wurde zum Ritter des Ordens von Bath geschlagen (erst von jetzt an besaß er den Titel „Sir"), die Society of Antiquaries ernannte ihn zu ihrem Mitglied, und das British Museum kaufte seine Sammlung von Altertümern an[96] (Abb. 11).

Es ist vielleicht nicht falsch, in Hamiltons Werdegang – bei aller Privilegierung durch die Herkunft – etwas von jener Selbstermächtigung am Werk zu sehen, die man mit dem Wort *self-fashioning* bezeichnet hat: die bewusste Positionierung der eigenen Person und des eigenen Talents in der frühneuzeitlichen Gesellschaft, mit dem Ziel, gehört zu werden und dauerhaft der Kulturelite anzugehören. Denn es war deutlich, dass Hamilton in Neapel einen Erfahrungswillen und eine Konzentration seiner Aufmerksamkeit an den Tag legte, die weit über das Maß hinausgingen, das den typischen „Virtuoso" seiner Zeit kennzeichnete, den eher genussorientierten „Dilettanten", der – meist begütert und gesellschaftlich unabhängig – seine Mußestunden der Wissenschaft und dem Studium der Kunst widmete. Auch Hamilton war wie so viele geologisch Tätige seiner Zeit ein „Virtuoso", doch ihn hoben eine eigentümliche Getriebenheit und ein geradezu sportlicher Ehrgeiz der Erkundung heraus.[97] Dem widersprach nicht, dass Hamilton seine Aufgabe darin sah, der Menschheit einen Dienst zu erweisen und Bausteine zu dem großen Projekt der Erkenntnis der Natur zu liefern:

Abb. 11: Schabkunstblatt von Henry Hudson nach Joshua Reynolds, *Sir William Hamilton* (1788). Links im Hintergrund der rauchende Vesuv.

> Ich kann kein größeres Vergnügen genießen, als wenn ich meine müßigen Stunden zu etwas anwende, das den Menschen einigermaßen nützlich seyn kann: und mein Schicksal hat mich in ein Land geführt, welches mir ein weites Feld für Beobachtungen eröffnet. (S. 58)[98]

Der dem Projekt der Aufklärung verpflichtete Naturbeobachter konnte gerade durch die geschickte Wahl seines Forums und die Hartnäckigkeit seines Tuns zu dem Experten werden, dem in besonderem Maß gesellschaftliche Achtung zuteil wurde.

In Hamiltons Briefen findet sich die Beschränkung auf die genaue Naturbeschreibung, die die Royal Society von ihren Korrespondenten erwartete. Die Gesellschaft hatte sich zur Regel gemacht, jede Form des Systemstreits zu meiden. Die Zurückhaltung im Theoretischen und die Konzentration auf die Phänomene selbst entsprachen dem Ideal eines unangestrengt-höflichen Gesprächs unter wissbegierigen Virtuosi.[99] Das kam Hamilton entgegen, der die *sistems* verabscheute und einige Jahre später im Hinblick auf die spekulative Vulkantheorie Buffons sagte: „Wenn diese Denker nur zu unserem Vulkan kämen, würden sie entdecken, dass sie von der Sache nichts verstehen." Für Hamilton ging es um „genaue und getreue Beobachtungen der Vorgänge in der Natur, auf einfache und wahrhaftige Weise vermittelt".[100] Beschreibungskunst statt Theorie, „Naturgeschichte" statt „Naturphilosophie" – der Sensualist Hamilton glaubte, dass nur diesseits der abstrakt-systematischen Entwürfe gesicherte Erkenntnis möglich sei.

Der erste Brief an die Royal Society in London, verfasst am 10. Juni 1766, zeigt Hamilton als einen, der „ungeduldig" ist, seine „Wissbegierde in Untersuchung einer so merkwürdigen Wirkung der Natur zu stillen" (S. 6). Mehrfach schon hatte er den Vesuv bestiegen – zwei Jahre später sprach er bereits von 22 Aufstiegen –, und akribisch versuchte er, die Veränderungen der Kontur und des Verhaltens zu erfassen, die eine neue Ausbruchsphase einleiteten. Die ersten Anzeichen erhöhter vulkanischer Tätigkeit hatte er im Herbst und Oktober 1765 bemerkt. Der Rauch aus dem Krater veränderte sich: In sein Weiß mischte sich ein stoßweise austretender schwarzer Rauch, der nachts rötlich beschienen wurde.

> Zu Anfange des Novembers, gieng ich den Berg hinauf: er war damals mit Schnee bedeckt; und ich bemerkte, daß, seitdem ich diesen Platz das letztemal zuvor besucht hatte, ein kleiner Hügel von Schwefel, binnen ohngefähr hundert und zwanzig Schuhen von der Mündung des Vulkans war aufgeworfen worden: er war beynahe sechs Fuß hoch, und eine hellblaue Flamme stieg beständig von dessen Gipfel auf. Indem ich diese Erscheinung untersuchte, hörete ich einen gewaltigen Knall, und sahe eine Säule von schwarzem Rauch, auf welche eine röthlichte Flamme folgte, aus der Mündung des Vulkans, heftig aufschießen: augenblicklich darauf fiel ein Hagel von Steinen, wovon einer, welcher zunächst bey mir niederfiel, mich bewog, ziemlich eilfertig zurück zu eilen [...]. (S. 4–5)

Bemerkenswert ist hier, dass Hamilton versucht, ein Vulkanprodukt in der unmittelbaren Nähe des aktiven Kraters in Ruhe zu erforschen. Die Gelassenheit der Untersuchung steht in deutlichem Kontrast zu der gefahrvollen Umgebung, die plötzlich alle Aufmerksamkeit verlangt. Während das Nebenphänomen des Schwefelhügels mit der Flamme sich durch seine stille Beständigkeit einer eingehenden Betrachtung anbietet, erfordert die Hauptaktivität des Vulkans eine ganz andere Reaktion. Der „gewaltige Knall" lenkt die Sinne auf das explosive Geschehen im Krater, das in seiner Komplexität nur noch blitzartig wahrgenommen werden kann. Der Fluchtimpuls wird allesbeherrschend. Es sind solche Szenen der gefahrvollen Annäherung des Wissbegierigen an sein Objekt, die die gelehrten Adressaten der Briefe Hamiltons in ihren Bann ziehen und sie veranlassen werden, den Verfasser einen „modernen Plinius" zu nennen.[101]

Im Winter 1765/66 erscheint der Rauch zunehmend mit Asche vermischt. Hamilton merkt an, dass die feine Asche den Weinbergen großen Schaden zufüge, wie überhaupt Vulkanasche zwei Jahre lang dem Wachstum eher hinderlich sei, in der Folge aber dem Lande „sehr nützlich". Unmittelbar vor dem Ausbruch des 28. März 1766 nimmt die Rauchsäule die Form eines Pinienbaums an, bei deren Beschreibung Hamilton kurz den Brief des jüngeren Plinius über den Ausbruch 79 n. Chr. memoriert. Als die Lava über den Kraterrand zu fließen beginnt, wird dies von heftigen Schlägen, Tremor-Erscheinungen und einem fast kontinuierlichen Auswurf von Steinen begleitet (S. 6). Hamilton hat bis zu diesem Ereignis mehrmals eine Nacht auf den Berg verbracht. Nun bleibt er noch länger auf dem Vulkan:

> Ich brachte den ganzen Tag und die Nacht des 12ten auf dem Berge zu, und folgte dem Laufe der Lava bis an ihre erste Quelle hin. Auf der Seite des Bergs, ohngefähr eine halbe Meile von der Mündung des Vulkans brach sie wie ein reißender Strohm aus, und war von heftigen Auswürfen begleitet, welche entzündete Materie sehr hoch empor schossen. Der daran stoßende Boden zitterte wie das Holzwerk an einer Wassermühle. Die Hitze der Lava war so groß, daß sie mir nicht gestattete, dem Strohme näher als zehen Fuß weit, zu kommen, und so dick, (ohnerachtet sie flüßig, wie Wasser, zu seyn schien) daß sie dem Eindruck eines langen Stabes, womit ich den Versuch machte, beynahe widerstand. Große Steine, die ich aus allen Kräften hineinwarf, sanken nicht unter, sondern machten nur einen leichten Eindruck, schwammen auf der Oberfläche fort, und wurden in kurzer Zeit außer dem Gesichte geführt: denn, der Dicke der Lava ohnerachtet, floß sie erstaunlich schnell; ich bin überzeugt, die erste Meile weit eben so geschwind, als der Severnstrohm, an dem Falle bey Bristol. Der Strohm der Lava war an seiner Quelle ohngefähr zehen Fuß breit; er ward aber bald noch breiter und zertheilete sich in drey Flüsse: diese Feuerströhme, entzündeten durch ihre Hitze die Schlacken der vorigen Lavas, welche zwischen inne lagen, so daß dieser ganze Fleck des Nachts das Ansehen eines ohnunterbrochenen Feuersees hatte, welcher vier Meilen lang, und an einigen Orten, zwo Meilen breit, war. (S. 10–11)

Auffallend an dieser Passage ist die konsequente Einhaltung des Bildvergleichs. Bei einem so überraschenden Vorgang, der alle vertrauten Wahrnehmungsmuster sprengt, werden Vergleich und Metapher unabdingbar. Keinem anderen Gegenstandsbereich ähnelt diese rasch strömende – und doch zähe – Masse wie dem des Wassers: „ohnerachtet sie flüßig, wie Wasser, zu seyn schien". Wie sehr es hier um den Versuch geht, das Unvertraute anschaulich werden zu lassen, zeigen die beiden ausgeführten Vergleiche aus der englischen Wasserwelt: Der Fluss Severn bei Bristol („at the passage near Bristol“) vermittelt ein Bild von der erstaunlichen Fließgeschwindigkeit der dicken Lava, und das Beben des Bodens an der Stelle, an der die Lava hervortritt, erinnert an das Zittern im Gebälk einer Wassermühle („timbers of a watermill“). Doch es ist die enorme Viskosität der Lava, die sich letztlich mit nichts vergleichen lässt; in ihr gehen die Steine nicht unter, und der hineingestoßene Stab hinterlässt kaum einen Abdruck.

Auch der Gesamteindruck entzieht sich der Beschreibung, und so bildet ein Appell an die Vorstellungskraft des Briefadressaten den Abschluss der zitierten Passage: „Eure Lordschaft möge sich die herrliche Erscheinung dieser ungewöhnlichen Szene vorstellen, die alle Beschreibung hinter sich lässt.“[102] Während viele Einzelheiten der Erscheinung noch über bekannte Phänomene der englischen Alltagswelt vermittelt werden können, bleibt für die Gewalt und Ausdehnung der Gesamterscheinung nur die Aufforderung an die Einbildungskraft. Seinem zweiten Brief an die Royal Society wird Hamilton deswegen eine Sendung beifügen, die ein von hinten zu beleuchtendes Transparentbild des nächtlichen Vesuv enthält, das der Vorstellung zu Hilfe kommen soll.[103]

An die zitierte Stelle schließt sich ein weiterer Vergleich zwischen Lavaform und englischer Flusslandschaft an. Während die Lava zunächst „rein, wie sie aus dem Berge kam“, geflossen sei, habe sich an ihrer Oberfläche hundert Fuß weiter ein „Schaum“ aus „Schlacken, Steine, und dergleichen Materialien“ gebildet. Dieser Schaum mache „sie bey Tage der Themse ähnlich […], so wie ich diese letztere nach einem harten Frost und tiefem Schnee gesehen habe, wenn sie anfieng aufzuthauen, und große Massen von Schnee und Eise mit sich führete“ (S. 12). Da Hamilton davon ausgeht, dass die Oberfläche der Lava sich durch Verunreinigungen verändert habe, scheint ihm die in seinem Vergleich verborgene Einsicht zu entgehen: dass nämlich das Erkalten des Flüssigen an der Luft zum Stau der obersten Schicht und zu deren bizarrer Verformung führt. Hamiltons anschaulicher Vergleich macht allerdings deutlich, dass er einen bestimmten Lavatyp erkannt hat: die scharfkantige Form der Brockenlava (heute auch „Aa-Lava“ genannt). Ihm stellt er in einer Beschreibung mitgesandter Proben vulkanischer Produkte eine andere Grundgestalt der Lava gegenüber: „ein sehr merkwürdiges Stück […], welches gerade wie ein Stück eines versteinerten Ankertaues [*petrified cables*] aussiehet. Es wird mich sehr freuen, wenn diese Kleinigkeiten Sie, Mylord, einen Augenblick lang ergötzen können“ (S. 18). Damit ist der Typ der Stricklava bezeichnet (heute auch unter dem Namen „Pahoehoe-Lava“).

Mit den Proben, die im Februar 1767 nach London abgehen, beginnt eine längere Folge von Sendungen vulkanischen Materials an die Royal Society. Hamilton, der selbst keinen Ehrgeiz auf mineralogischem Gebiet hat, berichtet von dem fehlenden Interesse an Analysen von Vesuvgestein in Neapel und hofft auf eine gründliche chemische Unter-

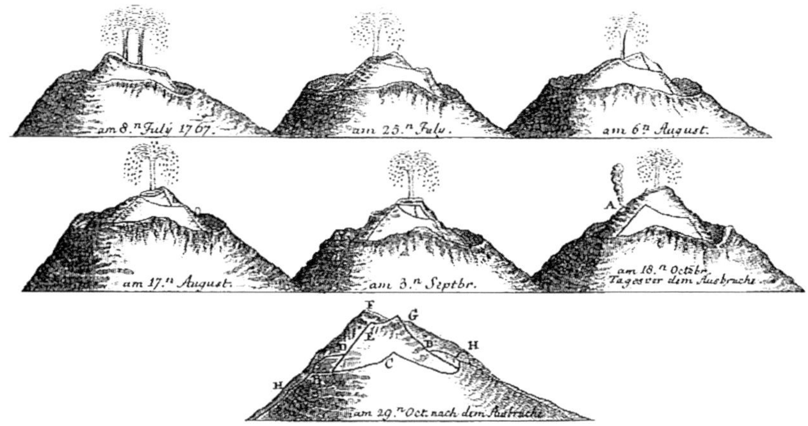

Abb. 12: Veränderungen des Vesuvkraters im Jahre 1767, Kupferstich aus William Hamilton, *Beobachtungen*, 1773 (nach Zeichnungen des Autors)

suchung durch englische Wissenschaftler. Diese Hoffnung sollte trügen, denn die Royal Society sammelte schlicht die Vulkanprodukte aus Hamiltons Sendungen und scheint keine Versuche unternommen zu haben, sie analysieren zu lassen. Auch hierin blieb diese Gesellschaft eine Vereinigung von Virtuosi, für die das undifferenzierte Nebeneinander der Merkwürdigkeiten der Natur eine noch immer adäquate Art der Betrachtung war.[104] So ging der höfliche Wunsch Hamiltons, man möge sich an den vesuvianischen Gesteinen „ergötzen“, auf unerwartet beschränkte Weise in Erfüllung.

Der zweite Brief, mit dem Datum des 29. Dezembers 1767, stellt den ersten der drei großen Ausbrüche des Vesuv im 18. Jahrhundert dar. Der Brief ist besonders reich an Beobachtungen und enthält veranschaulichende Zeichnungen. Vor dem Einsetzen des Paroxysmus in der zweiten Oktoberhälfte war innerhalb des Kraters ein kleiner Berg entstanden, dessen Konturveränderungen Hamilton genau registriert (Abb. 12). Hamilton, der stets über die neuesten Teleskope verfügt, observiert das Anwachsen des Berges von seiner Villa Angelica auf den unteren Vulkanhängen aus und hält die sich verändernden Umrisse in sechs Zeichnungen fest, die er seinem Brief beilegt. Als der innere Berg schließlich mit dem äußeren zusammengewachsen ist und mit diesem nur noch einen Kegel bildet, kommt Hamilton zur Überzeugung, dass der ganze Vesuv auf diese Weise entstanden sein müsse – womit er seine These vom Vulkan als dem sich selbst erschaffenden Berg antizipiert.

Neben den Zeichnungen geht es um Messungen. Hamilton übernimmt das Ergebnis einer trigonometrischen Bestimmung des Antonio Pigonati, der für den inneren Vulkankegel am 15. Oktober eine Höhe von 185 französischen Fuß angibt (= 60 Meter, S. 24). Zur gleichen Zeit macht Pater della Torre, der langjährige „große Beobachter des Vesuvs“, eine Höhenschätzung der glühend herausgeschleuderten Steine (S. 23f.). Andere Messungen, von Hamilton einige Tage später selbst vorgenommen, betreffen den Luftdruck und die Veränderung der Temperatur (S. 35).

Die kontinuierliche Beobachtung von Rauch und Geräuschen lässt Hamilton mehrmals den Ausbruch von Lava, zum Teil sogar mit genauer Bestimmung der Austrittsstelle auf der Flanke des Vulkans, vorhersagen. Dabei wird Hamilton die Wiederkehr einer bestimmten Abfolge im Eruptionsgeschehen des Vesuv deutlich: dass zum Beispiel auf eine explosive Phase mit Steinen, Bimsstein und Asche eine effusive Phase folgt. Hamilton spricht davon, dass die Lava dann „Luft" habe, eine Erkenntnis, die auf moderne Vorstellungen der Magma-Entgasung vorausweist. Überdies betont Hamilton die Bedeutung des Wassers bei Eruptionen:

Außer diesem Krachen, welches sehr häufig war, hörete man ein anhaltendes unterirdisches und heftiges Gepolter, welches dieser Nacht ohngefähr fünf Stunden lang dauerte. Es ist mir eingefallen, daß dieses außerordentliche Getöse etwa daher entstehen möchte, wenn die Lava in den Eingeweiden des Bergs auf einen Vorrath von zusammengeflossenem Regenwasser stieße, wenigstens kann uns ein solcher Kampf zwischen dem Feuer und dem Wasser, die Ursachen eines so entsetzlichen Gerassels und Gezisches sehr begreiflich machen. (S. 33)

Die These von der Verstärkung der Explosivkraft durch plötzliche Mischung mit dem Wasser hat die Zustimmung des vesuverfahrenen della Torre; zugleich findet sie ihre Bestätigung in den Berichten über den Ausbruch 1631, von denen Hamilton mehrere gesammelt hat und die er – wie alle älteren Beobachtungstexte, deren er habhaft werden kann – zunehmend zum Verständnis vulkanischer Vorgänge heranzieht. Eine auf diese Weise verbreiterte Beobachtungsbasis dient ihm auch zur Darstellung der überregionalen Folgen von Ausbrüchen, wenn er zum Beispiel am 22. Oktober die enorme Höhe der pinienförmigen Aschenwolke beschreibt und deren Mächtigkeit an der Reichweite des Aschenfalls abliest (S. 37ff.).

Ein besonderes Faszinosum stellen die Blitze dar, die am 25. Oktober in der schwarzen Säule über dem Vulkan zu sehen sind. Hamiltons Reaktion bewegt sich zwischen ästhetischem Genuss („ich ergötzte mich ungemein an dieser Lufterscheinung", S. 42) und dem Versuch, hier eine Gesetzmäßigkeit zu entdecken. Wiederum sind die älteren Texte hilfreich, die – von Plinius d. J. angefangen – das Phänomen für alle größeren Ausbrüche bestätigen, wobei auch von menschlichen Opfern die Rede ist, die dieses „elektrische Feuer" gefordert habe (S. 43). Hamilton wird später, nach dem Erlebnis eines Kugelblitzes in Neapel, selber Versuche zur Deutung elektrischer Entladungen unternehmen.[105]

Gewappnet mit den gewonnenen Erkenntnissen vermag Hamilton dem König und seinem Hof zu sagen, wann es Zeit ist, die Residenz in Portici zu verlassen und den Palast in Neapel aufzusuchen. Nach einigem Zögern nimmt der König den Rat an. Die Flucht des Königs verstärkt in der neapolitanischen Bevölkerung freilich die Ängste, die durch das „Getöse" im Inneren des Berges und die „heftige[n] Erschütterungen in der Luft", verursacht durch „das Auswerfen des Berges" (S. 32), ausgelöst werden. In der Nacht zum 20. Oktober wird die Bestürzung in der Stadt so groß, dass die „Straßen […] von Proceßionen mit Heiligen“ wimmeln und alle Kirchen geöffnet werden. Hamilton belässt es bei einer knappen Andeutung, denn er will sich „in keine Beschreibung der mannichfaltigen Feyerlichkeiten einlassen, welche in dieser Hauptstadt angestellet wurden, um die Wuth des ungestümen Bergs zu stillen“ (S. 34). Auch dass der „Pöbel […] das Thor des Kardinalerzbischofs“ anzündet, weil dieser „sich weigerte, die Reliquien des heiligen Januars heraus zu bringen“, wird nur mit einem einzigen Satz bedacht (S. 35). Die nüchtern-kommentarlose Zusammenfassung markiert den Abstand zwischen dem furchtlos reagierenden und zu einer stoischen Haltung neigenden Hamilton, der sich der Aufklärung vulkanischer Prozesse verschrieben hat, und einer gläubigen Bevölkerung, die von einem naturblinden Ritual die Abwendung des Unbegreiflichen erwartet. Es ist bezeichnend, dass Hamilton nur in einer Hinsicht der Beschäftigung mit Prozessionen etwas abgewinnen kann: indem er die Chronik der Januarius- und der Agatha-Prozessionen studiert, die Aufschluss über die Daten historischer Eruptionen des Vesuv und Ätna gibt (S. 98f.).

Hamilton liefert nicht nur erste Ansätze zu einer Kunst der Eruptionsprognose, er entwickelt auch Gedanken zur Verhütung der größten Schäden: Es müsste möglich sein, dem Lauf der Lava durch Dämme und Kanäle eine andere Richtung zu geben. In diesem Gedanken fühlt er sich bestätigt, wenn er liest, dass eine entsprechende Technik bereits mit einigem Erfolg bei dem großen Ätna-Ausbruch von 1669 angewandt wurde (S. 13f.) (Abb. 13). Auf gleiche Weise solle der Königspalast von Portici gesichert werden, dem die Lavamassen im Oktober 1767 ja gefährlich nahe gekommen waren. Denn wäre es nicht ein Un-

Abb. 13: „Der Ausbruch des Ätna 1669“, Kupferstich aus Giovanni Alfonso Borelli, *Historia et meteorologia incendii Aetnaei Anni 1669*, 1670

glück, wenn die aus Pompeji und Herculaneum in den Portici-Palast gebrachten antiken Kunstwerke wieder verschüttet würden? Wenn also der Berg im Zyklus seiner Eruptionen gerade die Wohltat wieder zurücknähme, die er durch die unvermutete Konservierung einer Vielfalt an klassischen Lebensspuren einer aufgeklärten Menschheit gewährt hat?

Phlegräische Welt

Mit dem dritten Brief, abgesandt am 4. Oktober 1768 und verfasst in einer Phase relativer Ruhe des Vesuv, weitet sich Hamiltons Blick. Die Zeit der kontinuierlichen Beobachtung eines aktiven Vulkans ist vorbei, und Hamilton beginnt zu vergleichen und zu reflektieren.[106] Der Besuch der erloschenen Vulkane auf Procida und Ischia, Erkenntnisse aus Berichten über die Entstehung des Monte Nuovo und die Erkundung weiterer Phänomene der Phlegräischen Felder führen ihm Vulkane in verschiedenen Zuständen ihrer Entwicklung vor Augen. Vorsichtig verlässt Hamilton den Rahmen der reinen Beschreibung, wenn er im Rückblick auf die Konturveränderungen des Vesuv, die er im Herbst 1767 beobachtet und gezeichnet hatte, und nach dem Studium des Epomeo auf Ischia erklärt, dass ihm eine Grundthese zum Aufbau der Vulkane vorschwebe:

> Ueberhaupt wäre ich geneigt irgend ein Lehrgebäude aufzuführen, so sollte es dieses seyn: „daß Berge aus Vulkanen, und nicht Vulkane aus Bergen entstehen." (S. 58)

Was Hamilton hier verwirft, ist die bis ins 18. Jahrhundert allgemein akzeptierte These, dass Vulkane Berge wie alle anderen seien, deren Besonderheit lediglich darin bestehe, dass sie in ihrem Inneren entzündliche Materialien enthielten. Nach dieser Auffassung war die Vulkanform nichts anderes als die ruinöse Gestalt eines einstmals höheren und „vollkommeneren" Berges. Die traditionelle Deutung hatte durchaus den Anschein für sich; denn wer sollte glauben, dass, wie Hamilton behauptete, ein Bergmassiv wie das des Ätna in seiner Komplexität und Ausdehnung allein auf eruptive Vorgänge zurückzuführen sei?[107] Hamilton kündigt hier, wie auch an anderen Stellen, dem „Wissen" der unvorbereiteten Wahrnehmung die Gefolgschaft auf. Er zeigt, dass auch das Massivste sich einem einst Beweglichen und Flüssigen verdankt; über seine Ätnabesteigung im Juli 1769 schreibt er im vierten Brief:

> Nachdem ich mich an dergleichen Beobachtungen gewöhnt hatte, war ich wohl vorbereitet, den ältesten, und vielleicht den wichtigsten Vulkan, der noch vorhanden ist, zu besuchen; und ich hatte das Vergnügen, daselbst vollkommen überzeugt zu werden, daß sehr beträchtliche Berge aus bloßen Auswürfen entstanden sind; weil ich viele dergleichen an den Seiten des Aetna gesehen habe [...] (S. 62f.)

Wenn Berge aus Vulkanen entstehen können, wird das Reich des Vulkanischen bedeutend erweitert. Die erloschenen Vulkane, die in dieser

Zeit zunehmend auch von anderen erkannt und erforscht werden,[108] sind viel verbreiteter, als bis dahin angenommen. Von den meisten der ab 1760 tätig werdenden „Vulkanisten“ unterscheidet sich Hamilton allerdings insofern, als er annimmt, dass das Feuer der Vulkane sich in einer beträchtlichen Tiefe befinden müsse. Es sei irrig anzunehmen, dass sich der „Sitz des Feuers im Mittelpunkte, oder gegen den Gipfel eines Vulkans“ befinde (S. 124). Nur indem man annehme, dass sich enorme Höhlen mit großen Vorräten an Brennmaterial weit unter dem Vulkan befänden, könne man die lang anhaltende Tätigkeit von Vulkanen erklären.

In seinen Vermutungen über die Art dieses Brennmaterials bleibt Hamilton freilich in überkommenen Vorstellungen befangen. Für ihn sind Kohle und Bitumen plausible vulkanische Brennstoffe, ebenso wie die Mischung aus Eisenteilchen und Schwefel, die seit den Versuchen Lémerys das Denken über Selbsterhitzung und vulkanische Explosion bestimmt hatte. So ist die Solfatara für Hamilton ein Vulkan, der durch eine Verschiebung der chemischen Teile in seinem Innern inaktiv geworden ist; er enthalte zu wenig „metallische Teilchen“ und zu viel „Schwefel“ (S. 56).[109] Hier – wie an anderen Stellen – führt Hamilton das Erlöschen von Vulkanen auf die Erschöpfung ihrer brennbaren Stoffe zurück.

Die Annahme, dass der über dreitausend Meter hohe Ätna auf vulkanische Weise entstanden ist, führt zu einer weiteren: dass hier eine lange Zeit seit dem Beginn der Eruptionstätigkeit vergangen sein muss. Hamilton liest das Verstreichen der Zeit an den verschiedenen Graden der Verwitterung von Kratern im Ätnagebiet ab. Besonders eindrücklich ist für ihn der Anblick von ausgedehnten Wäldern in den alten Flankenkratern des Ätna. Im Gebiet der Selvosa ist die Lava von den „größesten Eichen, Castanien, und Fichtenbäumen, die ich jemals irgendwo gesehen“, überwachsen (S. 78). Und da „dieser Theil des Aetna schon zur Zeit der Tyrannen von Syrakus, seines großen Bauholzes wegen berühmt war, und da es [...] eine erstaunlich lange Zeit erfordert, ehe die Lava zum Wachsthum taugt; so kann man sich hieraus das hohe Alter dieses ehrwürdigen Vulkans vorstellen“ (S. 79).

Das Alter des Vesuv erscheint Hamilton kaum geringer, doch an diesem Berg fehlen die alten Verwitterungskrater, und so sind es andere Beobachtungen, von denen sich Hamilton leiten lässt. Er studiert die Schichten unter den untergegangenen Städten Pompeji und Herculaneum und stellt hier älteste Ablagerungsfolgen fest:

Zu Stabia war es, wo der ältere Plinius sein Leben einbußete; und dieser Hagel von Bimsensteinen wird in dem Briefe des jüngern Plinius wohl beschrieben. Von der Materie, welche seit derselben Zeit vom Vesuv ist ausgeworfen worden, hat sehr wenig diese Gegenden erreicht; ich muß aber anmerken, daß das Pflaster der Straßen von Pompeja aus Lava bestehet: ja sogar unter dem Fundamente der Stadt findet man eine tiefe Lage von Lava und verbrannter Materie. Diese Umstände, nebst vielen andern, welche nachher sollen angeführt werden, beweißen ohnwidersprechlich, daß es Ausbrüche des Vesuvs lange vor dem im Jahr 79 sich ereigneten, gegeben habe, ohnerachtet dieser der erste ist, den die Geschichte aufgezeichnet hat. (S. 109f.)

Eine Untersuchung des Somma-Gebiets bringt ihn zur Überzeugung, dass dies die Ruine des im Jahre 79 eruptierten Vesuv gewesen sein muss. Seine Bestätigung sieht Hamilton darin, dass die römischen Autoren, die den Vesuv in seiner Gestalt vor 79 beschrieben haben, immer nur einen Berg erwähnt hätten.

Der heut zu Tage sogenannte Berg Somma, war meines Erachtens, was die Alten den Vesuv hießen: seine äußerliche Gestalt ist kegelförmig; seine innwendige Seite, ist, statt einem Amphitheater, jetzt einem großen Theater ähnlich. Ich vermuthe, der Ausbruch zu des Plinius Zeiten hat denjenigen Theil des Kegels, der der See am nächsten war, herabgestürzt, und daß dieser Umstand die jetzige Gestalt des Berges veranlaßt hat. Der kegelförmige Berg, oder der jetzige Vesuv, ist sodann durch die nachfolgenden Ausbrüche entstanden, wenigstens bestärken mich alle meine Beobachtungen in dieser Meynung. (S. 127)

Tatsächlich stellt auch ein Wandbild aus Pompeji den Vesuv als einen begrünten Bergkegel ohne Doppelgipfel dar. Rechnet man die Gewalt des Ausbruchs von 79 hinzu, dann hat Hamilton aus dem ihm zur Verfügung stehenden Material einen überzeugenden Schluss gezogen.[110] Da der alte Monte Somma – nicht anders als der Ätna – seine einstige Höhe nur durch eine lange Folge von Eruptionen hat erreichen können, spricht Hamilton auch hier von einer weit in die Vorgeschichte zurückreichenden Entstehung. Überhaupt existieren für ihn Vulkane seit den „uralten Zeiten [...], daß keine Geschichte bis dahin reichet" (S. 179). Hamilton widersetzt sich damit dem geologischen Konsens des Zeitalters, nach dem Vulkane rezente Erscheinungen sind, welche erst entstanden seien, nachdem die sogenannten „Grundgebirge" aus Granit und Gneis und die aufliegenden „Flözgebirge" aus Kohle, Sand- und Kalkstein die Gestalt der Erde geformt hätten.[111] Für Hamilton sind dagegen die Vulkane seit Beginn der Erdgeschichte an geologischen Prozessen beteiligt, wobei er diesen Beginn selbst weiter zurückzuverlegen scheint, als dies in den meisten zeitgenössischen Schriften überhaupt nur erwogen wird (S. 196).[112]

Die am weitesten ausgreifenden Betrachtungen zur Rolle des Vulkanismus beim Bau der Erde enthält der fünfte Brief. Hier wendet sich Hamilton – nach einem Bericht über die Bodenbeschaffenheit im Osten Neapels – vor allem der Landschaft der Campi phlegraei zu. Seine Beobachtungen an dem kraterreichen Landstrich und den vorgelagerten Inselvulkanen führen ihn zu der Erkenntnis, dass

die unterirdischen Feuer [...] in diesem Lande, unterhalb dem Grunde des Meeres, auf eben dieselbe Art, wie Maulwürfe in einem Feldweg gearbeitet; indem sie hier und da einen Hügel aufgeworfen; und die Materie, welche aus einigen von diesen zu ordentlichen Vulkanen gewordenen Hügeln, ausgeworfen wurde, hat sodann die Zwischenräume zwischen dem einen und dem andern dieser Hügel ausgefüllet, und solchergestalt diesen Theil des festen Landes, nebst vielen von den benachbarten Insuln hervorgebracht. (S. 103f.)

Doch Hamilton zieht zugleich eine Grenze; sorgfältig setzt er die geologische Struktur der sorrentinischen Halbinsel, der Insel Capri und des Gebiets jenseits von Caserta von der vulkanischen Region ab. Dort herrsche das Kalkgestein vor (S. 131f.), während sich in Somma- und Vesuvnähe und in den Phlegräischen Feldern „keine Jungfernerde" finden lasse, so tief man auch grabe. Deshalb vermutet Hamilton, dass hier „alles aus verschiedenen Schichten ausgeworfener Materie, sogar bis tief unter die Oberfläche des Meeres hinunter, bestehet" (S. 128f.).

Eine der vorherrschenden Gesteinsformen der Gegend um Neapel ist das von Hamilton Neapolitanischer Stein oder „Tufa" genannte Material aus verkitteter Vulkanasche, das einen soliden und in der ganzen Region verwendeten Baustein ergibt. Hamilton nennt als „Hauptbestandtheil der Tufa [...] jene feine verbrannte Materie [...], die man Puzzuolane nennt" (S. 114). Ausführlich verfolgt Hamilton die klassischen Quellen zum Nutzen der Puzzolanerde, die deren besondere Bindungseigenschaften und ihre Tauglichkeit als Unterwasserzement an antiken Hafen- und Brückenbauten hervorheben.

Bei den Phlegräischen Feldern besteht für Hamilton kein Zweifel, dass alle auffallend gerundeten Geländeformen von Kratern stammen, wobei der Agnano-See und der Avernus als Überreste abgetragener Vulkanbauten zu sehen sind, während die von einem felsigen Rund umgebene große Waldsenke des Monte Astrioni ein jüngerer Krater ist. Hinzu kommt die Solfatara mit ihrer deutlichen, wenngleich schwachen Vulkanität und die anhand der alten Dokumente vom Jahre 1538 rekonstruierbare Entstehung des Monte Nuovo,[113] die dem faszinierten Beobachter der Campi phlegraei den Blick auf die ganze Skala der Entwicklungsstadien von Vulkanen gewährt. Zu sehen sind hier „Vulkane in ihrem völligen Flor, andere in ihrer Abnahme, und noch andere, die ganz erloschen sind" (S. 105; vgl. Abb. 21).

Weil aber nun gerade die Gegend nicht nur besonders fruchtbar, wein- und waldreich ist, sondern in der überraschenden Mannigfaltigkeit ihrer Formen das Auge „ergötzt", kommt dem Vulkanismus ein besonderes Verdienst zu: Vulkane erschaffen Landschaften, die der Mensch des 18. Jahrhunderts als ästhetisch ansprechend zu empfinden beginnt.

Hamilton sah allerdings in den Jahren nach 1770, dass gerade diese Dimension des Vulkanismus in seinen Briefen zu kurz gekommen war. Sie teilte das Schicksal aller schriftgebundenen Reaktionen auf die Gestalt der Natur: nur der rhetorische Abglanz des ästhetischen Wohlgefallens eines Einzelnen zu sein und damit der Bereitschaft und dem Vermögen des Lesers, sich die „Scenen vorzustellen", viel zumuten zu müssen. Auch die von Hamilton im Jahr 1772 veranstaltete Bündelung von fünf seiner Briefe an die Royal Society zur Buchausgabe (*Observations on Mount Vesuvius, Mount Etna and other Volcanos*) konnte trotz einiger hinzugefügter Kupferstiche das Entscheidende nicht leisten: den Leser aus dem notwendigen Schematismus seiner Vorstellungen zu erlösen. So plante Hamilton die *Campi phlegraei*, jenes Werk, das auf so überraschende Weise die Brücke zwischen Kunst und Naturgeschichte schlug. Erst jetzt konnte das Entscheidende gelingen:

Ich glaube mir schmeicheln zu dürfen, daß so getreue Vorstellungen so vieler reizender Szenen, die alle durch vulkanische Erschütterung hervorgebracht worden, diese so schauervolle Operation der Natur hinfort nicht mehr als verwüstend, sondern als schöpferisch erscheinen lassen […].[114]

Abb. 14: Fabris, Frontispiz zum Supplementband 1779, *Campi phlegraei*, 1776/79

Geologische Veduten

Der Text des 1776 publizierten Werkes ist wiederum identisch mit den fünf vulkanologischen Briefen an die Royal Society; hinzugefügt sind eine längere Einleitung, zusätzliche Fußnoten und die französische Übersetzung des Ganzen. Auf die zweisprachigen Textseiten folgen die 54 kolorierten Kupferstiche nach den Gouachen des Malers Pietro Fabris. Jeder dieser Bildtafeln ist eine knappe Erläuterung Hamiltons zugeordnet. Bedeutete dieses Werk einen Abschluss und in gewissem Sinn sogar schon Hamiltons vulkanologisches Vermächtnis, so ließen den Autor die Vesuvausbrüche von 1779 und 1794 noch einmal aktiv werden. Es folgten lange Berichte an die Royal Society, wobei der Brief von 1779 Anlass war, den *Campi phlegraei* einen Supplementband hinzuzufügen; er erschien noch im gleichen Jahr mit fünf weiteren Bildern von diesem spektakulären Ausbruch und dem neu geförderten Gesteinsmaterial (Abb. 14).

Eigentümlich war die Wahl des Titels. Denn zu keiner Zeit hatte der geografische Name „Campi phlegraei“ mehr bedeutet als die genau umschriebene Region der „Brennenden Felder“ im Westen Neapels. Schon die Tafel 1 des Werkes, als Titelkupfer dem Textteil vorangestellt, weist auf die beabsichtigte Bedeutungserweiterung hin: Auf dem Blatt sind sechs Ansichten gruppiert, die die liparischen Inselvulkane und eine kleine sizilianische Basaltinsel zeigen. Nimmt man die Beschreibungen und Bilddarstellungen hinzu, die das Werk von Vesuv und Ätna, aber auch von erloschenen Vulkanen wie dem Epomeo auf Ischia bietet, so wird deutlich, dass die Bezeichnung „Campi phlegraei“ synekdochisch zu verstehen ist. Sie meint die Gesamtheit des vulkanischen Süditalien und zeugt von der Absicht des Autors, den vom Spektakulären des aktiven Vulkanismus gefesselten Blick des Betrachters zu öffnen auf das umfassendere Reich einer vulkangeschaffenen Welt.

Die Verbindung zwischen Hamilton und Pietro Fabris scheint schon bald nach der Ankunft des Gesandten in Neapel zustande gekommen zu sein. Zu dieser Zeit arbeitete Fabris vermutlich schon über zehn Jahre in Neapel. Über die Anfangszeit des Künstlers ist wenig bekannt, kaum mehr als über die Jugend- und Ausbildungsjahre, über die die Forschung bisher nichts zutage hat fördern können – außer der von Fabris und Hamilton erwähnten, aber sonst nicht dokumentierten englischen Abstammung des Künstlers.[115]

Fabris gehört in die Reihe der Vedutenmaler, die um die Jahrhundertmitte ihre Themen in der immer wieder gepriesenen Schönheit des Golfs von Neapel fanden. Vorausgegangen war – nach den Anfängen der Vedute in den Niederlanden des 17. Jahrhunderts – der Erfolg der Vedutisten von Rom und Venedig. Charakteristisch für die neapolitanische Vedute wurde das Einfügen des Stadtprospekts ins Landschaftsbild. Während für die römische Vedute galt, dass Stadt und Campagna Romana getrennte Motivbereiche blieben, erschien Neapel als „eingebettete“ Stadt. Selten fehlte der Vesuv, der auch in der Wiedergabe von Stadtplätzen oft ein ferner Bezugspunkt blieb, und es gab kaum einen neapolitanischen Vedutisten, der nicht in irgendeiner Form das berühmte „Amphitheater“ der Natur, in dem die Stadt lag, mit dargestellt hätte. Vernet hatte bei seinem zweiten Besuch in Neapel 1746 zwei einander ergänzenden Stadtpanoramen zu ihrer gültigen Form verholfen: dem Blick vom Posilipp in östlicher Richtung auf Stadt, Meer und Vesuv und dem Blick in der Gegenrichtung von der Marinella aus auf Stadt, Hafen und Posilipp. Anders als in den erhabenen Seestücken des Malers herrschte hier der Eindruck großer Ruhe vor, den der friedlich rauchende Vesuv nicht störte. Das belebende Element war die figurenreiche Staffage: In der Uferzone waren alle Stände in charakteristischen Haltungen und Beschäftigungen dargestellt.

Zehn Jahre später malte Fabris ein entsprechendes Vedutenpaar, und auch in die *Campi phlegraei* sollte Fabris die beiden Stadtansichten – bei leicht veränderten Standorten – noch einmal aufnehmen. Den größten Erfolg bis zum Erscheinen der *Campi phlegraei* hatte Fabris freilich mit seinen Volksszenen, bei denen Stadtufer und Vesuv zum panoramatischen Hintergrund wurden. Es war das Repertoire dieser *scene di vita popolare*, das Fabris ab 1756 – dem Jahr der ersten Bilddatierung – bei Reisenden und Sammlern bekannt werden ließ. Was für Vernet bloße Staffage war, wird in Fabris' Volksszenen zum eigentlichen Thema. Fabris stellt seine Figuren, die nun einen wesentlich größeren Bildraum einnehmen, mit kräftigen Konturen und Schatten dar. So wirkt der meist helle und tonal geglättete Stadt- und Landschaftshintergrund wie ein Theaterprospekt hinter einer gestenreichen Bühne. Mit geringen Variationen malt Fabris diese Bilder bis in die siebziger Jahre. Dabei kann er sich zunehmend auf Hamiltons Fürsprache verlassen, der die Gemälde in europäische Sammlungen vermittelt – so auch das Wörlitzer Bild *Die Grotte des Posilipo mit Aussicht auf den Golf von Neapel und den Vesuv*, das um 1770 entsteht (Abb. 15).

Zweifellos beruht die Darstellung der Volkstypen in diesen Gemälden auf genauer Beobachtung.[116] In den Tuffhöhlen am Posilipp, aber auch auf dem befestigten Ufer der Mergellina fanden die Neapolitaner sich zu verschiedenen Vergnügungen ein: zu Picknick, Musik, Tanz und Kartenspiel. Vor allem im Sommer boten die Tuffgrotten Schutz vor Sonne, wobei die Posilippküste insgesamt kühler war als die oft erstickend heißen Plätze und Straßen der Stadt. Allerdings ist der Arrangementcharakter von Fabris' *scene di vita popolare* nicht zu verkennen, und so hat man nicht zu Unrecht auf die Nähe dieser Typen- und Gruppenkunst zu den berühmten neapolitanischen Krippen des 18. Jahrhunderts hingewiesen.[117]

Abb. 15: Pietro Fabris, *Die Grotte des Posilipo mit Aussicht auf den Golf von Neapel und den Vesuv* (um 1770, Schloss Wörlitz)

Abb. 16: Fabris, „Porto Pavone auf Nisida“, *Campi phlegraei*, Tafel 22

Ob zu diesem besonderen Motivbereich der Vedute schon früh die Darstellung vulkanischer Erscheinungen hinzukam, ist nicht ganz deutlich. Zwar lassen es Hamiltons Bildkommentare erscheinen, als habe Fabris bereits 1754 und 1760 die Zeichnungen angefertigt, die dann als Vorlagen für die Tafeln 5, 10 und 12 der *Campi phlegraei* dienten. Das würde freilich bedeuten, dass Fabris bereits vor der Ankunft des Gesandten ein eigenständiger Dokumentarist vulkanischer Ereignisse gewesen wäre – eine Annahme, die durch das Œuvre von Fabris, soweit bekannt, nicht gestützt wird.[118] Doch muss dem vom Vesuv faszinierten Gesandten an Fabris schon bald eine besondere Befähigung zur getreuen Darstellung unverwechselbarer Landschaftsdetails aufgefallen sein. So wurde Pietro Fabris zum „Maler Hamiltons“. Von keinem anderen Künstler sollte der Gesandte, als er 1798 ein Inventar seiner Bilder im Palazzo Sessa anfertigen ließ, so viele Zeichnungen, Gouachen und Gemälde besitzen.[119] Zu diesem Zeitpunkt lebte Fabris freilich nicht mehr.[120]

Es gibt ein Bild in den *Campi phlegraei*, das einen reizvollen Einblick in die Zusammenarbeit zwischen Hamilton und Fabris gewährt. In der Tafel 22 des Werkes ist zu sehen, wie Hamilton die Aufmerksamkeit seines Zeichners, der sich hier mit dargestellt hat, auf ein bestimmtes geologisches Phänomen lenkt (Abb. 16). Beide sind Teil des dunklen Repoussoirs, welches das bildbestimmende Kreismotiv noch verstärkt. Zeichner und Auftraggeber befinden sich am Rand des Porto Pavone, eines kratergeschaffenen Naturhafens auf der kleinen Insel Nisida, und schauen auf die Öffnung in der Tuffwand, an der die See den Krater durchbrochen hat. Die Erosion hat einer unteren grauen Schicht offenbar weniger zugesetzt als der lockeren ockerfarbigen, die an jener Stelle jäh abbricht und einen Entgasungskanal sichtbar werden lässt. Dieses

Abb. 17: Fabris, „Das Innere des Kraters des Vesuv“, *Campi phlegraei*, Tafel 9

geologische Merkmal erhält eine zusätzliche Akzentuierung durch seine schöne Spiegelung im Wasser.

Bei dem Zeichnen von geologischen Phänomenen musste Fabris freilich auf ein Problem stoßen. Während die Darstellung des aktiven Vulkans aus größerer Entfernung auf die inzwischen erprobte Technik des erhabenen luminösen Schauspiels zurückgreifen konnte – wobei der Verlust des Details der großen Wirkung nicht abträglich war –, blieb die Darstellung des Mittelgrundes eine äußerst problematische Aufgabe. Bei der Wiedergabe von geologischen Objekten aus mittlerer Distanz war das Hauptproblem das der Selektion. Was sollte erfasst werden in einem Ensemble, das einen unglaublichen Reichtum an Details aufwies? Was war hervorzuheben, was war wegzulassen? Hier lag auch für einen so begabten und gelehrigen Maler wie Fabris eines der Hauptprobleme der Darstellung. So kann ein Bild wie „Das Innere des Kraters des Vesuv“ (Abb. 17) kaum als gelungen bezeichnet werden.[121]

Umso bedeutender sind solche Darstellungen vulkanischer Kräfte, in denen Fabris sich durch seine genaue Differenzierung von Formen, Texturen und Farbwerten um eine geologisch überzeugende Wiedergabe bemüht. Tafel 21 der *Campi phlegraei* zeigt die heiße Quelle „I Pisciarelli“ auf der Ostseite des Solfatara-Kraters in den Phlegräischen Feldern (Abb. 18). Die Bilderläuterung Hamiltons spricht vom „schrecklichen Geräusch“ des dampfend austretenden Wassers, aber auch von der Heilwirkung bei Hauterkrankungen, die sich die neapolitanische Bevölkerung vom Bad verspreche. Auf die besonderen Eigenschaften des Wassers geht Hamilton ein, wenn er von den Versuchen des befreundeten Dr. Cirillo berichtet, der hier Alaun und Schwefelverbindungen festgestellt habe.

Tatsächlich lebt das Bild von seinen starken Kontrasten. Hamilton ist rechts in seinem roten Rock zu sehen, wie er die geologischen Merk-

Abb. 18: Fabris, „Warme Quelle in der Solfatara, genannt Pisciarelli“, *Campi phlegraei*, Tafel 21

male einer Umgebung betrachtet, die nicht anders als chaotisch zu beschreiben ist. Und während das dampfende Wasser aus einer Art von Unterweltschlund hervortritt, steht ein nackter Mann in dem leicht angestauten Gewässer. Das Bild wird von dem Zusammenspiel zwischen dem chemisch aktiven Wasser und dem vulkanischen Gestein beherrscht, das verschiedenste Formen und Festigkeiten kennt. Dass hier die Wassergewalt zu anderen Zeiten noch größer gewesen sein muss, zeigen die Blöcke verschiedener Vulkanite im Bildvordergrund. Die schwarzbraune Lava links wirkt frisch und noch wenig zersetzt, während in der rechten Bildhälfte der Grad der Zersetzung stark zunimmt. Deutlich zu erkennen sind die Spuren des gelben Schwefels, und der Tuff des rechten Hügels hat sich durch die Einwirkung der Gase in den für den Solfatarawall typischen Bianchetto verwandelt. Dass wir uns in der Nähe der Solfatara befinden, zeigen auch die hinter den beiden Hügeln aufsteigenden dunklen Dämpfe.

Unvermittelt steht hier der Mensch dem Menschenfremden gegenüber. Die vulkanische Zone enthält nichts Fruchtbares, außer jener spärlichen und monotonen Vegetation am Hügelhorizont. So erscheint der Mensch hier nur als einsamer Besucher einer ungestalten Natur. Diese enthüllt aber gerade dem Heilungsuchenden und dem Erkenntnishungrigen, dass ihr Chaos nur ein scheinbares ist. In ihren Schrecken hält sie die Wohltat bereit.

Schaut man genauer auf den Bildaufbau, dann wird ebenfalls deutlich, dass die unübersichtliche Anordnung der verschiedensten Formen und Texturen nicht das völlige Chaos bedeutet. Bestimmend für die Bildordnung sind die sich wiederholenden Diagonalen, die von unten rechts nach links oben führen. Diese Bewegung herrscht freilich nicht allein; sie findet ihr Gegengewicht in den vertikal getürmten Lavabrocken rechts unten und – noch wichtiger – in den Rundungen der steilen Kraterhügel. Zwar ist der Horizont damit weit nach oben verlegt, aber so-

Abb. 19: Fabris, „Fossa grande", *Campi phlegraei*, Tafel 39

sehr auch das Bild in großen Teilen von einer gewalttätigen Enge beherrscht wird: in der Zone des Runden und der Pastelltöne im oberen Bilddrittel verliert sich alles Harte und Unübersichtliche.

Dass sich Fabris' Blick für das Repetitive geologischer Strukturen schärft, zeigt die Tafel 39: „Fossa grande" (Abb. 19). In seiner Erläuterung spricht Hamilton von den beiden Kräften, die diesen Geländeeinschnitt auf den Hängen des Vesuv geschaffen haben. Zur vulkanischen Kraft ist das vom Berg herabströmende Regenwasser hinzugetreten, Verursacher des tiefen Grabens, an dessen Wänden nun in großer Deutlichkeit die Schichtfolgen verschiedener Eruptionen zu entdecken sind. Hamilton weist auf die verschiedenen Zeiträume zwischen den Auswürfen hin, abzulesen an der unterschiedlichen Dicke des Lockermaterials, das die bläulichen Lavaschichten trennt. Das jüngste vulkanische Produkt ist die Lava des Ausbruchs von 1767, die wie ein erstarrter schwarzer Fluss den Boden des Grabens bedeckt. Unbesprochen bleibt die wohl älteste geologische Schicht, jener eigentümlich geformte, da schon stark erodierte Felstisch, auf dem der Zeichner sitzt.

Beachtenswert an Fabris' Bild ist die strukturelle Zuordnung des Zeichners – dessen Hinzufügung nicht nur einer Tradition der Landschaftszeichnung entspricht, sondern hier auch die wichtige Größenrelation verdeutlicht – und seines Felsens zum Ganzen: Die Figur befindet sich auf der Linie des Goldenen Schnitts, während der verschliffene Felsen Teil eines räumlichen Rhythmus ist, der sich als eigentümliche Wellenbewegung am unteren Bildrand nach links und rechts fortsetzt. Letztlich handelt das ganze Bild vom Fließen, da auch die vor dem Zeichner aufsteigende Talwand sich in ausgeprägter Wellenform zeigt. Dazu passt, dass das Bild keine seitlichen Abschlüsse zu kennen scheint: „Etwas fließt" sozusagen in das Bild hinein und auch wieder aus ihm heraus. Dieser Ausschnittcharakter wird allerdings durch die innere Organisation des Bildes abgeschwächt: einmal durch die Anwendung des Goldenen Schnitts und zum zweiten durch die Blickführungen. Der Blick wird vor allem nach links hinauf zu den markanten Bändern der bläulichen Basaltlava gelenkt, aber auch nach rechts in die untere Bildhälfte: in die Zone der Talkurve, aus der fern und blass eine Bergkuppe aufsteigt und in der zwei menschliche Gestalten die Kruste des Lavastroms erkunden.

Auffallend ist, dass in diesem Bild der menschliche Versuch, von der Fruchtbarkeit der Vesuvasche zu profitieren, mit dargestellt wird; einige von unten in das Bild hineinragende Weinstöcke sind zu erkennen. Sie sind die Kulturvertreter jener überall in das Tal hineinreichenden Vegetation, die vor allem auf dem reichlich vorhandenen Lockermaterial gedeiht, das von Hamilton in der Bilderklärung „vegetable earth" genannt wird. So erscheint auch hier die Tätigkeit des Vulkans in charakteristischer Abmilderung. Wo das Vulkanische Stein wird, erscheint es zwar in seiner ganzen Härte: als kantig-kompakter Fels oder als scharf-rissige Oberfläche des frischen Lavastroms. Wo es aber in Form von Asche und Tuff auftritt und von vornherein dem Spiel von Wind und Wasser weniger Widerstand bietet, erscheint es in lebensfördernder Gestalt. Vor allem die rechte Bildhälfte zeigt ausgesprochen sanfte Übergänge zwischen Tuff, Vegetation, fernem Berg und mildem Himmel. Farbhelligkeit und mangelnde Verschattung tragen zu der heiteren und unbedrohlichen Stimmung des Ganzen bei. So erscheinen hier die Erdkräfte – wie in fast allen Tagesveduten der *Campi phlegraei* – in undramatischer Gestalt. Und wo sie doch dunkel und unförmig hervortreten, sind sie selten bildbeherrschend, da ihnen der Himmel mit seinem besonderen Licht Widerpart bietet.

Man kann sich fragen, womit sich die beiden Personen im Hintergrund des Fossa-grande-Bildes beschäftigen. Aufschluss gibt die Tafel 54 des Werkes, deren Texterläuterung den Fundort der dort dargestellten „Edelsteine des Vesuv" nennt: Es sei die Lava in der Fossa grande,

Abb. 20: Fabris, „‚Edelsteine' des Vesuv", *Campi phlegraei*, Tafel 54

die nach Regengüssen ihre erstaunlichen Einschlüsse preisgebe (Abb. 20). Die Tafel ist eine von 25 des Werkes, in denen die Vielfalt und Komplexität eruptiven Materials vorgeführt wird. Zwar konnte sich eine solche Darstellung von Handstücken aus geringer Distanz auf eine etablierte Zeichentechnik, nämlich den schon in der Renaissance geübten Phänomenalismus der Nahsicht, stützen, doch war vor dem Erscheinen der *Campi phlegraei* ein solch breites petrografisches Bildexperiment noch nie versucht worden. Die von der körperhaften Gouachetechnik profitierende Wiedergabe der Brüche, Anschnitte und polierten Flächen der Gesteinsfunde war eine beeindruckende Zutat des Werkes.

Auffallend an dem Arrangement in Tafel 54 ist allerdings, dass der Sammler Hamilton seine Hand im Spiel hat. Wenn es sich bei dem hinzugefügten römischen Schmuckstück möglicherweise auch um einen vulkanisch entstandenen Edelstein handelt, so macht sich bei dieser Zusammenstellung von Kunstgegenstand und geologischem Handstück doch ein vorwissenschaftliches Prinzip geltend: das des Kuriositätenkabinetts. Hamilton wusste im Übrigen, dass die Anordnung der Vulkanite in solchen Bildern vom geologischen Gesichtspunkt nicht immer verlässlich war. Er gab auch bereitwillig zu, dass er nur begrenzte mineralogische Kenntnisse besitze und dass er solche Illustrationen denen vermittle, die auf diesem Gebiet gründlicher Bescheid wüssten. Die schon erwähnten Sendungen nach London gehören in diesen Zusammenhang.

Zeigen die bisher besprochenen Tafeln der *Campi phlegraei* die verschiedenen Zeugnisse vulkanischer Tätigkeit aus geringer oder mittlerer Entfernung, so bietet Tafel 17 – „Blick vom Kloster der Kamaldulenser auf die Phlegräischen Felder“ – das große Panorama (Abb. 21). Hamiltons Erläuterung enthält den Hinweis, dass hier ausschließlich vulkangeschaffene Landschaften zu sehen seien. Ausführlich listet Hamilton

Abb. 21: Fabris, „Blick vom Kloster der Kamaldulenser auf die Phlegräischen Felder“, *Campi phlegraei*, Tafel 17

die verschiedenen Krater, Kraterreste und Inseln auf, die im Bild selbst – entsprechend der im ganzen Werk geübten Praxis – mit verschwindend kleinen Nummern angegeben sind. So ist der Ort der Pisciarelli-Quelle in den weißlichen Kraterwänden im Bildhintergrund markiert. Dabei fällt auf, dass Hamilton es nicht bei geologischen Erklärungen belässt, sondern dass er bei einzelnen Punkten auch auf deren Rolle als Gedächtnisorte der klassischen Kultur eingeht.

Das Bild gehorcht einem ehrwürdigen Landschaftsmodell. Nicht nur die traditionelle Staffelung in braunen Vordergrund, grünen Mittelgrund und blauen Hintergrund wird übernommen, auch der Blick von oben auf eine weit vor dem Auge sich ausstreckende Landschaft erinnert an die Weltlandschaft der Renaissancemaler.[122] Allerdings sind Mittel- und Hintergrund in Fabris' Bild nicht ohne Vermittlung, wobei die Bläue des Hintergrunds vor allem in der linken Bildhälfte durch Meer und ovalen See stark in den Mittelgrund hineinspielt. Umso schärfer ist der Vordergrund abgesetzt. Seine Rahmungsfunktion ist nicht zu übersehen. Zwar lässt sich hier eine gewisse Genauigkeit der botanischen Beobachtung feststellen, doch der von den verkrüppelten Bäumen hervorgerufene Eindruck des Vordergrunds ist vor allem der des Pittoresken.

Von der Landschaft, die vom Licht des frühen Morgens beschienen wird, geht der Eindruck einer großen Ruhe aus; Rauchfahnen und Seeoberfläche zeigen an, dass kaum Wind herrscht. Es handelt sich um eine ungewöhnliche Landschaft, in der Vulkanbauten verschiedenster Ausprägung erscheinen: als runder Buckel, als bewaldeter Rundkrater, als ovaler See, als Inselvulkan und als Küstenrundung. Doch die seltsamen Formen wirken hier nirgendwo abweisend, da sie in ein den Blick befriedigendes Spiel der Linien einbezogen sind. Insbesondere das Gegeneinander von konvexen und konkaven Formen schafft eine Fülle der Beziehungen. Zur Harmonie des Ganzen trägt bei, dass die Krater von ei-

Abb. 22: Fabris, „Monte San Angelo mit dem Kamaldulenserkloster", *Campi phlegraei*, Tafel 11

ner schier allmächtigen Vegetation bedeckt werden und dass sie sich schließlich in der unbewegten See gleichsam verlieren. Hier herrschen Kräfte der Einebnung, die durch den Blick von oben noch zusätzlich akzentuiert werden. So entsteht der Eindruck einer den Menschen zu Bewegung, Erkundung und sogar Ansiedlung einladenden Welt, die ihre eigentümliche Schönheit ausschließlich den vulkanischen Kräften verdankt.

In diesem Zusammenhang ist ein Bild der *Campi phlegraei* besonders aufschlussreich, das den Kontrast zeigt zwischen einem aktiven Vulkan und einem Vulkan, der schon seit langer Zeit ruht und inzwischen von einer reichen Vegetation erobert wurde. In den Bemerkungen zu Tafel 11 des Werkes, „Monte San Angelo mit dem Kamaldulenserkloster", weist Hamilton selbst auf diesen Gegensatz als Darstellungsaufgabe hin (Abb. 22). Den Hintergrund beherrscht der Vesuv, der am linken Bildrand von der alten Vulkanruine des Monte Somma flankiert wird. Diese linke Bildhälfte steht ganz im Zeichen des Vertikalen, an dem die sich weiß auftürmende Kumuluswolke und auch die Rebenstützen im linken Vordergrund beteiligt sind. Dieses Aufstrebende findet sein Gegengewicht in der ausgeprägten Horizontalität des Bildes, die sich in der Führung des Weges, dem Lavagrat in der Bildmitte und in dem mit scharfer Fundamentlinie einem alten Vulkanberg aufsitzenden Kamaldulenserkloster manifestiert.[123] Das Abtragen der Kuppe des toten Vulkans und der Bau des den Berg nun beherrschenden Klosters sind die bemerkenswertesten Eingriffe der Kultur in diese vulkangeschaffene Welt.

Dies ist ein Bild, in dem das Menschenfremde des Vulkans auf den ersten Blick in den Hintergrund gerückt ist. Vorder- und Mittelgrund sind bestimmt vom menschlichen Maß; in dieser Zone herrscht vor allem das Pittoreske vor. Die Spur menschlicher Aktivität ist gleichsam als Schneise in den alten Wald geschlagen: als Weg mit Wagenspuren, auf dem sich eine reitende Bäuerin mit einem Kind befindet, während in einiger Entfernung zwei wandelnde Mönche zu erkennen sind. Wie das Kloster diesen Teil des Bildes beherrscht, so führt offenbar auch der Hohlweg durch den Wald hinauf zum Kloster. Die bildliche Beziehung zwischen Weg und Ziel ist aber überraschenderweise eine andere, denn der Hohlweg lenkt den Blick des Betrachters gerade nicht zum Kloster, sondern zum aktiven Vulkan. Erkennt man diesen Bezug, der auch von der Farbgebung bekräftigt wird, dann sieht man, mit welcher Sorgfalt gerade der Einschnitt des Weges dargestellt ist. Hier wird der „Beweis" geliefert, dass es sich bei dem Klosterberg um einen Vulkan handelt. Sosehr die Architektur sich auch zu mühen scheint, den wahren Charakter dieses Berges zu leugnen, der geologische Aufschluss am Wegrand legt diesen bloß. Hier sind die auch von Hamilton im Begleittext erwähnten Schichten aus Aschen und Lapilli deutlich zu sehen. So bleibt das Bild nicht bei der menschenfreundlichen Vedute mit interessanter Hintergrundkulisse stehen, sondern holt gerade diesen Hintergrund als den eigentlich bestimmenden und das menschliche Leben tragenden Untergrund ins Bild.

Vedutenmaler im 18. Jahrhundert tendierten dazu, die Landschaft zum Feld des Pittoresken zu machen. Der Darstellungsstil des Pittoresken mit seiner Betonung des Unregelmäßigen und Mannigfaltigen bot eine Möglichkeit, in einem überdetaillierten Wahrnehmungsfeld die mangelnde Überschau umzufunktionieren in den Reiz einer gefälligen Kleinteiligkeit, in der das Auge sich gerade verlieren sollte. Nun ist schnell einzusehen, warum das Pittoreske einen falschen Wahrnehmungsrahmen für eine Darstellungskunst abgeben musste, die – um das in jener Zeit unter deutschen Geologen aufkommende Wort zu gebrauchen – „geognostisch" sein sollte. Denn „geognostisch" hieß: Das Sich-Wiederholende musste gerade hervorgekehrt werden, da sich die prinzipielle Regelmäßigkeit geologischer Strukturen dem betrachtenden Auge enthüllen sollte.

Hält man sich diese Grundspannung in einem zeichnerisch sich gerade erst erschließenden Gebiet vor Augen, so wird man die Technik des „Bloßlegens" aufschlussreicher geologischer Strukturen als Widerstand gegen den Sog eines vom Markt geforderten und dem Künstler leicht erreichbaren Pittoresken umso mehr würdigen können. Sosehr auch die Bildtafeln von Pietro Fabris der überkommenen Bildorganisation folgen und die heitere Grundstimmung der Italienvedute nie verlassen, von der neuen erdgeschichtlichen Aufmerksamkeit dieser Bilder führt ein gerader Weg zu jenen „geognostischen" Künstlern, die sich wenige Jahre später ans Werk machen sollten, als der Begriff der Gesteinsformation wegweisend wurde und geologische Kontroversen wie der „Basaltstreit" die Wahrnehmung weiter schärfen sollten.

Freilich barg das eigentümliche Zusammenspiel der heiteren Tonalität der Landschaftsvedute mit der Genauigkeit des geologischen Details auch eine gewisse Gefahr für die Rezeption der *Campi phlegraei*. Die überwiegend wohlhabend-kunstsinnigen Käufer des teuren Werkes empfanden das neue Themenreich, dargestellt in der noch ungewohnten Gouachetechnik (die hier sogar bei der Kolorierung der Stiche angewandt wurde), als außerordentlich reizvoll. Man rezipierte die *Campi phlegraei* als ein Werk, das das Feld der Kunst erweiterte, und viel weniger als eine Publikation, die geologische Erkenntnis mit visueller Demonstration verband. Dieser Einseitigkeit hatte Hamilton freilich bis zu einem gewissen Grad Vorschub geleistet. Zu gering waren die Verweise in der Marge des Textes auf die Bildtafeln, und zu klein – für das bloße Auge oft kaum auffindbar – waren die Buchstaben in den Bildern, die ein Detail markierten, das von Hamilton auf separatem Blatt erklärt wurde. Der „Block" der Bilder hatte einen Eigenwert, der der Kunstliebe Hamiltons durchaus entsprach. So begannen die Bezieher des Werkes – gewiss nicht erstaunlich in dem kupferstichseligen Jahrhundert – schon bald mit dem Heraustrennen der kolorierten Stiche, rahmten sie separat und ließen den Text als bildlosen Torso zurück. Doch es gab auch genaue Leser und geologisch interessierte Betrachter. Von einem von ihnen und seinem überraschenden Kommentar wird später noch die Rede sein.

Nocturne
Gemalte Gewalt

Veduten hatten in der traditionellen Hierarchie der Kunstgattungen nur eine untergeordnete Stellung. Das galt nicht nur für Vedutenserien in ausgesprochen dienender Funktion wie in den *Campi phlegraei*, sondern auch für Landschafts- und Stadtansichten in der Form selbstständiger Gemälde. Durch ihre streng topografische Ausrichtung war die Vedute anderen Kriterien unterworfen als die sogenannte ideale Landschaft, bei der es vor allem um das kompositorische Gesamtbild ging. Nun rangierte zwar alle Landschaftsmalerei weit unten in der klassischen Rangordnung – auf höchster Stufe stand die Historienmalerei –, doch wurde mit dem Erscheinen der Landschaftsgemälde von Lorrain und Poussin und der großen Wertschätzung, die diese schon im 17. Jahrhundert erfuhren, die Festigkeit des alten Gattungsgebäudes gelockert. Das lag an einer gewissen Durchlässigkeit der Grenze zwischen idealer Landschaft und Historienbild, besonders deutlich zu sehen an der Einbeziehung mythologisch-heroischer Themen bei Poussin.

Das wirkungsmächtigste Modell für die Wahrnehmung Italiens war allerdings bis weit ins 18. Jahrhundert die Darstellung des Claude Lorrain. Der französische Maler, der den größten Teil seines Lebens in Rom verbrachte, komponierte seine Landschaften aus Elementen der Campagna Romana, die er zu einem arkadischen Gesamt zusammenfügte. Architektur und Natur, menschliche und vegetative Form schienen bei Lorrain in ewiger Symbiose zu existieren. In seinen Landschaften wurde den Schrecken der Natur kein Raum gegeben. Berge waren von dem vom Horizont herkommenden Licht überstrahlt; sie versanken in der eigentümlich verfließend aufgefassten leuchtenden Ferne. Wo Berge dennoch mit steilen und felsigen Konturen erschienen, waren sie an den Rand gerückt. Ihre Erhabenheit diente allenfalls der Rahmung.

Als Gegensatz dieser arkadischen Vorstellung empfand man schon früh die erhabenen Landschaften Gaspard Dughets, des Schwagers von Poussin, der ebenfalls in Italien tätig war. Im 18. Jahrhundert erklärte man jedoch Salvator Rosa zum eigentlichen Begründer des Erhabenen in der Landschaftsmalerei. Das entsprach dem neuen Bedürfnis, das Erhabene in einen schärferen Gegensatz zum Schönen zu bringen. In den wilden Szenerien, die Salvator Rosa im 17. Jahrhundert geschaffen hatte, herrschten unruhige Himmel, zerklüftete Felsen und vom Wind gebrochene Räume. Rosas eigenwillige Sehweise der italienischen Landschaft blieb freilich lange von begrenztem Einfluss, wohl auch deswegen, weil hier das Mediterrane kaum erkennbar war. Es fehlte die südliche Vegetation, es fehlte fast immer die klassische Architektur, und auch der Himmel zeigte nicht das so oft gepriesene Licht des Südens. Tatsächlich hatten Rosas Kompositlandschaften einen nordischen Zug. Rosa stand vor allem flämischen und holländischen Künstlern des

16. und 17. Jahrhunderts nahe, die – vom Alpen- oder Skandinavien-Erlebnis beflügelt – dramatische Berglandschaften geschaffen hatten.[124]

Der Maler, der im 18. Jahrhundert den größten Anteil an der Durchsetzung der erhabenen Vorstellung von der italienischen Landschaft hatte, war Claude-Joseph Vernet, der von 1734 bis 1753 in Rom lebte. Vor allem mit seinen felsigen Küstenlandschaften mit Stürmen und Schiffbrüchen erzielte er außerordentliche Wirkungen (Abb. 23). Die meisten dieser Bilder malte Vernet zwar erst nach seiner Rückkehr nach Paris, doch war auch in den nun entstehenden erhabenen Gemälden „das Italienische" durchaus noch anwesend. Vor allem die klassischen Bauwerke auf hohen Ufern bildeten deutliche Reminiszenzen; hinzu kamen bizarre Küstenformen, die auf Skizzen aus der Umgebung von Neapel zurückgingen. Vernet arbeitete oft mit Bildpaaren, deren Stimmungskontraste bei den aristokratischen Käufern seiner Gemälde beliebt waren. Als Pendants seiner Seesturmbilder mit ihren Zerstörungen und blitzdurchzuckten Himmeln („La Tempête") wählte er mehrmals Hafenansichten, in denen ein mildes Morgen- oder Abendlicht sich über eine unbewegte Wasserfläche und friedlich ihren Beschäftigungen nachgehenden Figuren ergoss („Le Calme"). In der Spannung solcher Bildpaare stießen Salvator Rosa und Claude Lorrain gleichsam aufeinander. Beide Maler hatten Vernet maßgeblich beeinflusst.

Nun war zwar mit dem thematischen Gegensatz von Schiffbruch und Hafen eine ehrwürdige Lebenssymbolik verbunden, und es fehlte in

Abb. 23: Claude-Joseph Vernet, *Seesturm mit Schiffbrüchigen vor italienischer Küste* (um 1760, Schloss Wörlitz)

Vernets Schiffbruchsbildern auch nicht an erzählerischen Elementen, doch waren dies keine Gemälde, die vorrangig um ihrer Bedeutung willen geschaffen wurden. Sie waren entstanden, damit der Betrachter sich in sie versenke, ihren Stimmungsgehalt auskoste und schließlich sogar Genuss schöpfe aus dem Gegensatz der Gefühle, in das ihn das abwechselnde Betrachten der Bilder notwendig versetzen musste. Vernet war nicht zufällig der Künstler, der für die Wirkungsästhetik des 18. Jahrhunderts – vor allem in den enthusiastischen Kommentaren Diderots[125] – zu einem ihrer wichtigsten Zeugen wurde.

Ob Vernet auch einen Ausbruch des Vesuv gemalt hat, ist zweifelhaft.[126] In seinen Veduten der Bucht von Neapel wie auch in einer Zeichnung mit dem Leuchtturm des Hafens, der Lanterna, zeigt Vernet den Vesuv lediglich als friedlich rauchenden Berg. Doch schuf Vernet im Jahr 1748 ein Bildpaar, das Teilansichten der Stadt Neapel und ihrer Umgebung aufnahm, um einen nächtlichen Brand mit einer ländlichen Tagesszene zu kontrastieren (Abb. 24 und 25). Dieses Münchner Bildpaar mit den Titeln *Morgennebel bei Sonnenaufgang* und *Feuernebel: Eine brennende Hafenstadt bei Nacht* operiert mit einer Reihe von Gegensätzen – Morgen und Nacht, Land und Stadt, friedlicher Alltag und Katastrophe –, enthält aber auch Gemeinsamkeiten.[127] Die Bilder zeichnen sich vor allem durch die hohe Kunst der Darstellung diffusen Lichts und des Widerscheins auf Mensch und Architektur aus. Auch in ihrem Aufbau stimmen die breitformatigen Bilder überein, denn beide zeigen einen insularen, fast schwimmenden Mittelgrund und eine ansteigende Linie, die von dieser Bildmitte auf die düsteren und massigen Gebilde der rechten Seite – Turm oder Fels – hinführt. Eine besondere Wirkung entsteht durch den Gegensatz zwischen dem konturlos wallenden Lichtnebel, der in dunkleres Gewölk übergeht, und den scharfen Silhouetten der Schiffsmasten und Rahen. In beiden Gemälden gehen Menschen ruhig ihren Beschäftigungen nach. So herrscht in dem Gemälde *Feuernebel*, in dem die Sicht auf den eigentlichen Vorgang der Zerstörung verwehrt ist, eine eigentümliche Atmosphäre der Distanziertheit und unwirklichen Unberührtheit. Während die meisten Schiffbruchsbilder Vernets ein Moment des Schreckens enthalten, ist der Betrachter des Gemäldes *Feuernebel* kaum gemischten Empfindungen ausgesetzt.

An dem Feuerbild ist nicht das Motiv an sich bemerkenswert. Feuerbrände als Gegenstand der Malerei haben zu Vernets Zeit schon eine lange Tradition, die bis zu Hieronymus Bosch und Jan Brueghel d. Ä. zurückreicht. Im Lauf des 17. Jahrhunderts wurde das Motiv dann in der niederländischen Malerei weiter entfaltet; so gab es unter den Rotterdamer Malern sogar Spezialisten von Pulverexplosionen, Dorf- und Stadtbränden.[128] Im vorliegenden Zusammenhang ist von Bedeutung, dass das Feuermotiv an ein architektonisches Ensemble gekoppelt ist, das an Neapel erinnert. Denn das blockartige Gebäude in der Bildmitte verrät eine gewisse Ähnlichkeit mit dem Castel dell'Ovo, und die räumliche Beziehung dieses Bauwerks zur Stadt auf dem Hügel weist deutlich auf die Topografie Neapels hin. Das ausgeprägte Farbenspiel der Feuersbrunst – vom leuchtenden Gelb des Brandherdes bis zum Braunschwarz

Abb. 24: Claude-Joseph Vernet, *Morgennebel bei Sonnenaufgang* (1748, München, Neue Pinakothek)

der Aschenwolke –, die Spiegelung der Flammen im Hafenbecken und das am Bildrand sichtbar werdende Leuchten der Mondsichel: All dies sind Lichteffekte, die in den nach 1755 entstehenden Vesuvbildern jüngerer Maler wiederkehren.

Da der Vesuv in der zweiten Jahrhunderthälfte fast ununterbrochen in Tätigkeit war, wurde er zu einem besonderen Anziehungspunkt für die Reisenden der *Grand Tour*, die auch deshalb vermehrt Neapel besuchten, weil die Ausgrabungen der Vesuvstädte lockten. Es waren diese vermögenden Reisenden, die auf der Suche nach eindrucksvollen Erinnerungsstücken zu den Hauptabnehmern der Vulkangemälde wurden. Sie bestellten und kauften die Bilder an Ort und Stelle, um sie dann meist mit dem Schiff in ihre Heimatländer schicken zu lassen. Besonders beliebt war das Thema, das die Vernet-Schüler entdeckten: der nächtliche Ausbruch des Vesuv, bei dem sich die Glutmassen in spektakulärer Deutlichkeit zeigten.

Abb. 25: Claude-Joseph Vernet, *Feuernebel: Eine brennende Hafenstadt bei Nacht* (1748, München, Neue Pinakothek)

Zwischen Erhabenheit und Empirie

Zu diesen Vernet-Schülern gehörte Carlo Bonavia. Über sein Leben ist wenig bekannt, über sein Œuvre umso mehr.[129] Bonavias Tätigkeit fällt in die Zeit von 1755 bis 1788; es ist allerdings nicht gewiss, ob er all diese Jahre in Neapel verbracht hat. In den frühen Jahren kopierte er Gemälde Vernets, und wo er eigene Werke schuf, übernahm er zunächst Sujets des Meisters. In Bildern mit Morgennebeln, Schiffbrüchen und Feuerbränden gelang ihm eine ähnliche atmosphärische Dichte.

Mit den Gemälden *Ausbruch des Vesuv im Mondlicht, mit der Lanterna am Molo* (1757) und *Ausbruch des Vesuv, von den Hängen des Kraters aus gesehen* schuf Bonavia zwei Bildtypen des nächtlichen Ausbruchs, an die sich in der Folgezeit auch andere Maler hielten (Abb. 26 und 27). Die Gemeinsamkeit der Bilder besteht zunächst darin, dass in beiden Ansichten der Kontrast des kalt-bläulichen Mondlichts und der gelb bis hellrot emporschlagenden Flammen wirkungsvoll ausgebeutet wird. Der Mond erscheint in einer großen Wolkenlücke auf der rechten Bildseite. Hier ist das Gewölk weißlich-umrahmend. Die linke Bildseite hat mehr Schwere durch den massiv dunkelbraunen Vulkankegel, dem ein Teil des Monte Somma zugeordnet ist. Auch hier spielen Wolken eine große Rolle, doch sind es von unten angestrahlte Aschenwolken, deren Kontur sich in der Dunkelheit des Nachthimmels verliert. In dem Hafenbild mit Vulkanausbruch, das noch eine dritte, freilich schwache Lichtquelle – das Leuchtfeuer der Lanterna – enthält, ist der Vordergrund durch mehrere Zuschauer belebt, die auf das Naturereignis weisen, aber auch durch die Tätigkeit der Fischer, die im Übrigen von dem Ausbruch keine Notiz zu nehmen scheinen. Die Boote und das Bau-

Abb. 26: Carlo Bonavia, *Ausbruch des Vesuv im Mondlicht, mit der Lanterna am Molo* (1757, Neapel, Privatsammlung)

Abb. 27: Carlo Bonavia, *Ausbruch des Vesuv, von den Hängen des Kraters aus gesehen* (1757?, Rom, Privatsammlung)

werk schaffen Abstand und eine zivilisatorische Rahmung für das Naturgeschehen. Von diesem Bildtypus, der im Übrigen schon durch Tagesansichten vom Hafen mit dem ausbrechenden Vesuv im 17. Jahrhundert vorbereitet wurde, wird später noch die Rede sein.[130]

In dem zweiten Bildtypus ist die panoramatische Distanz stark reduziert. Fast alle Zeichen der zivilisierten Welt sind in Bonavias *Ausbruch des Vesuv, von den Hängen des Kraters aus gesehen* verschwunden. Nur in der Ferne des Hintergrunds ist noch ein Boot zu erkennen; und wo im Vordergrund menschliche Figuren erscheinen, gehen sie nicht nur ganz in der Anschauung des Naturereignisses auf, sondern sind auch räumlich von diesem kaum mehr geschieden. Das Gemälde, das Bonavia erst seit einigen Jahren zugeschrieben wird, zeigt zwar keine Datierung wie das zuvor genannte, aber da es bei Verkäufen im 18. Jahrhundert als Pendant des Hafenbildes bezeichnet wird, ist eine frühe Entstehung nicht unwahrscheinlich.[131] Die geringe Höhe der Feuersäule und die in eher schmalen Bächen vom Vulkankegel herabfließende Lava weisen auf eine der kleineren Eruptionen nach 1750 hin, und so ist es durchaus möglich, dass hier die von della Torre dokumentierte Lava vom 12. August 1756, die aus dem Krater in westlicher Richtung austrat und nach Torre del Greco abfloss, dargestellt ist.[132]

Die starke Dezentrierung des Vulkankegels in Bonavias Bild gehorcht deutlich zwei Prinzipien. Einmal dient sie der Festlegung des Verlaufs der Lava, die in verschiedenen Zuständen vorgeführt wird: Sie erscheint in der Form relativ schmaler Rinnsale am Kraterkegel, wird zur Kaskade darunter, stürzt in einen Kessel mit stark aufgeworfenen Formen der Oberflächenabkühlung und bildet schließlich ein breiteres Band, das nach rechts aus dem Bild herausführt. Zum anderen dient die Dezentrierung des Vulkans dem Grundkontrast des Bildes. Während eine gelb bis hellrote und schließlich schmutzigbraune Wolke die Fläche über dem Krater bestimmt, wird die rechte Bildhälfte in ihrem mittleren und oberen Teil vom Mondlicht beherrscht, das sich im Wasser spiegelt. Am Horizont zu erkennen ist der Umriss der Insel Capri, auf den ebenfalls ein wenig Mondglanz fällt. Die weißlich bis silbern wirkenden Wolken bilden ein unregelmäßiges Oval um den Mond, eine Figur, die als rotglühende ovale Senke in der unteren Bildmitte wiederkehrt. Auch der einförmig dunkelblaue Himmel zwischen Aschenwolke und Mondgewölk formt ein unregelmäßiges Oval. In der feurig-ungestalten Zone im unteren Zentrum des Bildes wird die verwirrende Bewegung der abstürzenden und wirbelhaft fließenden Lava mit den amorphen Formen ihrer Erstarrung kombiniert. Dieser Ungewissheit der Formen bietet die scharfe Kontur des Kegels Widerpart, der in eine lang ausgezogene Diagonale nach rechts übergeht. Sie hat eine deutlich bildordnende Funktion: Das Aufgewühlte der Vorgänge des Vordergrunds kommt in der klaren Kontur einer Erd- und Gesteinsmasse zur Ruhe. Die Diagonale ist überdies die Verbindung zwischen dem von starker Vertikalität beherrschten linken Bildteil und der Horizontbestimmtheit des rechten Bildteils. An dieser Horizontalität wirken nicht nur das Wasser und der gestreckte Inselkörper von Capri mit, sondern auch der rote Lavafluss im rechten Vordergrund, der hier nur noch ein geringes Gefälle hat. Die Waagerechte, in die hier das Bild gleichsam mündet, wird durch die sich darüber türmenden Wolken nicht gestört, da an dieser Stelle ein starkes Wolkenband die Mondzone von dem Reich des Wassers trennt. So scheint die runde Scheibe des Mondes eher zu schwimmen und zu schweben, nur dem blauen Himmel zugehörig, während im Erdhaften alles miteinander in Verbindung steht.

Eine erstaunliche Anzahl von Zuschauern hat sich auf die Hänge des Vesuv begeben, um das Ereignis aus größtmöglicher Nähe wahrzunehmen und es sich zum Teil gestenreich zu verdeutlichen. Gut erkennbar an ihrer einfachen Kleidung sind die ortskundigen Führer, welche – einige mit Fackeln – die im europäischen Stil der Zeit gewandeten Reisenden hierher begleitet haben. Über unförmige Blöcke älterer Lava haben sich einige Besucher weit hinaufgewagt, während im Vordergrund eine Zweiergruppe in die fließende Lava einen Stock eintaucht, der bereits Feuer gefangen hat. Auf der anderen Seite des Lavastroms sind ebenfalls Besucher erkennbar. Vom rechten Bildrand her erscheint eine kleine Prozession, die sich mit hochgehobenem Kruzifix auf den Ort des Ausbruchs zubewegt.

Man wird nicht davon ausgehen können, dass ein solches Gemälde eine in jedem Punkt exakte Wiedergabe eines Ausbruchs darstellt. Vieles weist darauf hin, dass auch ein Bild wie dieses dem ehrwürdigen Prinzip aller Landschaftsmalerei der frühen Neuzeit gehorcht, nach dem zwar viele Einzelpartien auf (Öl-)Skizzen vor Ort zurückgehen, das im Atelier geschaffene Gemälde aber der Eigenständigkeit bildschöpferischer Prinzipien wie Selektion, Neuordnung und Überhöhung folgt. Darauf weist bereits die kompositorische Zuordnung von Mondhimmel und dampfendem Krater hin; sie befinden sich auf fast gleicher Höhe. Ein solcher Bezug hat die Funktion, den Betrachter zum Nachsinnen über erdgeschichtliche und kosmische Kräfte einzuladen. Auch das Miteinbeziehen der Prozession folgt einem Gestaltungswillen, der hier zwei Formen der Reaktion auf das Naturgeschehen gleichzeitig zur Anschauung bringen möchte.

Doch man kann sich auch fragen, wie groß der Spielraum wirklich war, den ein Naturereignis zuließ, das ja zumindest durch die Ortsangabe, die der Maler dem Bild mitgab, keine wirkliche Freiheit des topografischen Arrangements zugestand. Auch wenn hier das Datum des Ausbruchs fehlt, konnte ein solches Ereignisbild nie „ewige Natur“, etwa in einem lorrainschen oder poussinschen Sinne, sein. Im Eruptionsbild war keine unvergängliche Natur zu sehen, im Gegenteil: Das Gleichmaß der Bewegung eines Himmelskörpers hob als das ferne andere Prinzip die Veränderlichkeit der vulkanischen Landschaft umso mehr hervor.

Diese Begrenzung malerischer Freiheit kam Bonavia, der wie Vernet bei aller Kunst des Atmosphärischen ein begabter Vedutist war, durchaus entgegen. Sosehr seine Seesturmbilder reine Kompositionen aus Versatzstücken waren, so sehr bemühte sich Bonavia mit seinen Ansichten der Umgebung von Neapel um Erkennbarkeit. Das war er seinen Auftraggebern schuldig; man vermutet, dass er schon früh englische

Mäzene hatte.[133] So zeigt sich auch in seinem Bild des Vesuvausbruchs eine besondere Genauigkeit des Details, zu sehen an den vulkanischen Bomben, die aus dem Krater hervorgeschleudert werden, dem Hochspritzen glühenden Materials aus dem Lavafluss und den hellen Wölkchen, die an verschiedenen Stellen über der Lava stehen. Eine Eigenart, die dem persönlichen Stil Bonavias zugerechnet werden muss, ist dagegen die vegetativ wirkende Formgebung von erkalteten großen Lavabrocken. Hier ist zu viel rundes „Buschwerk", während die für den gezeigten Lavatyp typischen Formen des Bröckeligen und Scharfzackigen fehlen. Bonavia war, das zeigen seine Gemälde der Küstenpartien um Neapel deutlich, ein etwas eigenwilliger Maler, wenn es um die Darstellung von Fels und Gestein ging.

Ein anderer Schüler von Vernet trifft um das Jahr 1769 in Neapel ein: Pierre-Jacques Volaire. Der 1729 geborene Künstler stammte aus Toulon, wo er Assistent von Vernet wurde, als dieser im Jahr 1754 auf seiner berühmten Reise zu den „Ports de France", die er im Auftrag Ludwigs XV. malte, auch Toulon besuchte. Nach Abschluss des großen Seehafen-Projekts geht Volaire nach Rom, wo zunächst Vernet-Themen wie Schiffbruch und Seesturm sein Werk beherrschen.[134] Nach seiner Übersiedlung nach Neapel tritt Volaire mit Bildern der Golfküste bei Nacht hervor. In den folgenden Jahren – er wohnt bis etwa 1790 in Neapel – wird er zum erfolgreichsten Maler des nächtlichen Vesuv.

Eines der beeindruckendsten Vesuvbilder Volaires, zugleich aber auch eins, an dem einige der für ihn charakteristischen Probleme zutage treten, ist das riesige Gemälde vom Ausbruch des Jahres 1771, das im Auftrag Bergeret de Grandcourts entstand (Abb. 28). Zu sehen ist ein spektakulärer Lavaerguss; von diesem malte Volaire in den Jahren nach 1771 mehrere Fassungen. Vermutlich hatte der Maler in den Tagen nach dem 1. Mai 1771, als sich auf der Nordflanke des Vulkankegels eine Bocca (Öffnung mit Lavaerguss) gebildet hatte, einige Skizzen angefertigt, in denen er die topografischen Verhältnisse im sogenannten Atrio del Cavallo und den Verlauf des Lavastroms, der sich fast bis zum Ort Resina hinunterzog, festhielt.

Wie in Bonavias Bild werden auch hier Mondlicht und Vulkanfeuer in eine spannungsvolle Beziehung gebracht, doch ist der Kontrast verschärft. Der Standort des Betrachters ist weiter nach oben verlegt; er ist näher an der Ausbruchsstelle und erlaubt eine gute Sicht auf den steilen Konus, der durch den roten Fluss der Lava von seiner Basis wie abgetrennt erscheint. Der Beobachtungsort bietet zugleich einen weiten Blick über den Meeresgolf, in dem sich das Mondlicht weiträumiger spiegelt als bei Bonavia. Auffallend ist, dass außer Capri und der Spitze der Sorrentinischen Halbinsel auch Ischia, Procida und Miseno zu sehen sind – eine Zusammenschau, die der Topografie widerspricht. Das Dreieck der Inselsilhouette von Ischia wird hier Teil eines größeren dunklen Dreiecks, dem der Mond gleichsam aufsitzt und das seinerseits eine Bildresonanz des Vulkankegels darstellt. Ähnlich wie bei Bonavia wird das Bild von einer Diagonalbewegung von links oben nach rechts unten beherrscht. Während die rötlich-gelbe Dampfwolke hoch aufsteigt, bleibt das bläulich-weiße Mondgewölk niedrig und begrenzt, und die Felswand, die fast den ganzen linken Bildrand bestimmt, findet ihr Gegenüber nur in einem bescheidenen Höhenrücken der rechten Bildhälfte. Der Kraterkegel formt das Mittelstück der Diagonale. Diese Diagonale bedeutet Blickführung auf den Ort des feurigen Ausbruchs hin und zugleich eine Überleitung von der beherrschenden Vertikalität der linken Seite zu der auch hier ausgeprägten Horizontalität der rechten Bildhälfte. An dieser Überleitung hat der Lavastrom Anteil, der am Kraterkegel zunächst steil nach unten schießt und dann immer mehr zum mäandernden Fluss wird und so die Struktur des Wasserreichs annimmt, auf das er zuströmt.

Es ist eine Eigenheit des Bildes, dass die Lava hier wie eine zweite Form der See erscheint. So fehlen – bis auf einige Linien in der Oberfläche der Lava, mit denen „Schollen" angedeutet sind – alle Formen der Differenzierung, insbesondere das Erstarren an den Rändern. Überhaupt ist Volaires Gemälde ein Bild der großen Vereinfachungen. Zu diesen trägt auch die Palette bei, die fast ausschließlich Abstufungen von Blau und Rot kennt. In der Farbwahl weichen nur die stark silhouettierten Figuren und Felsen des Vordergrunds – ein für Volaire typisches Formelement – mit ihrem Braunschwarz ab. Auch die den Mond umge-

Abb. 28: Pierre-Jacques Volaire, *Ausbruch des Vesuv bei Mondlicht* (1774, Château de Maisons)

benden Wolken und die Aschenwolke unterscheiden sich kaum voneinander; die Aschenwolke ist transparent geworden und scheint keine festen Partikel mehr zu enthalten.

Volaires Bild, in dem es um die große Form geht und nicht um das Detail mit seinem Formwiderstand, zielt auf den erhabenen Totaleindruck des nächtlichen Vesuvausbruchs. Von seiner holistischen Tendenz her ist dies durchaus vergleichbar mit den Lorrain'schen Bildern der idealen Landschaft. Doch ist es nicht mehr die vegetative Fülle, die das Ganze trägt, sondern das Gesamt der Elemente. Sie erscheinen hier in ihrer Ungezähmtheit und sind in einem anschaulichen und herkömmlichen Sinn anwesend: als Feuer, Erde, Wasser und Luft – wobei der Mond, der Tradition folgend, dem wässrigen Element zugeordnet ist.

Wenige Jahre zuvor war in England Edmund Burkes berühmte Schrift zur Ästhetik erschienen: *A Philosophical Enquiry into the Origin of our Ideas of the Sublime and Beautiful* (1757). In seinem Essay stellt Burke dem klassisch Schönen, das er mit Harmonie, Ordnung und Gefälligkeit gleichsetzt, das Erhabene als höherwertig gegenüber. Intensität wird nun zum Gradmesser ästhetischer Erfahrung. Das Erhabene erreicht seine intensivere Wirkung durch die Sprengung des menschlichen Maßes, durch den Verlust von Übersicht, Gleichgewicht und Harmonie. Die Natur weckt im Betrachter ein physisches Unbehagen, das er freilich, gewahrwerdend, dass er nicht unmittelbar betroffen ist, überwindet. Mit diesem Loslassen existenzieller Unmittelbarkeit entsteht die Distanz, die ästhetischen Genuss erst ermöglicht.

Wer sich der überwältigenden Naturerscheinung direkt aussetzt, bleibt in einer spannungsvollen Situation. Anders ist es für den Betrachter eines *gemalten* erhabenen Gegenstandes. Er kennt keine physische Bedrohung, und die ästhetische Arbeit am Menschenfremden ist im Bild immer schon geleistet. Durch die nochmalige Distanzierung im gemalten Bild wird der aktive Vulkan zu einem Schauspiel, das nur noch zur kontemplativen Versenkung einlädt. Daran hat auch die Reduzierung ästhetisch beunruhigender Formen im großen nächtlichen Panorama Anteil. In einem Bild wie dem von Volaire ist fast alles Störende ausgeblendet. Die zum Vulkan gehörenden Zeichen des Nicht-Schönen, von denen die Wahrnehmung herausgefordert wird – wie Ödnis, Entfärbung und amorphe Gestalt –, werden so gut wie unsichtbar.

Übrig bleibt ein Werk, das seine Wirkung weniger aus dem Schrecken und aus der Verletzung des ästhetischen Sinns bezieht als aus der Eröffnung eines unerschöpflichen Horizonts der Bedeutungen. Der Betrachter wird aufgefordert, sich dem Reichtum einander ablösender Assoziationen zu überlassen, die vom Bild des feurigen Vulkans in Gang gesetzt werden. So unabschließbar dieser Vorgang grundsätzlich ist, einige der Assoziationen, die gerade der aktive Vesuv im Betrachter des 18. Jahrhunderts auslöste, lassen sich benennen: Der Vesuv war der wundersame Totengräber und Bewahrer der klassischen Kultur – Herculaneum wurde (systematisch) seit 1738, Pompeji seit 1748 ausgegraben –, er gehörte zu dem mythologischen Komplex „Eingang in die Unterwelt", er stellte metaphorisch die Leidenschaft und das Temperament des Südens dar, und er symbolisierte seit dem neapolitanischen Aufstand des Masaniello im 17. Jahrhundert auch die politische Rebellion.

Auf den ersten Blick weniger beziehungsreich war die Auffassung vulkanischer Phänomene im Werk des deutschen Malers Jakob Philipp Hackert. Der 1737 in Prenzlau geborene und in Berlin und Paris zum Landschaftsmaler ausgebildete Künstler wohnte ab 1768 in Rom und nach 1786 in Neapel, besuchte aber schon 1770 die Stadt am Golf, lernte Hamilton kennen und erhielt von diesem mehrere Aufträge. Es gibt einen Hinweis, dass Hamilton ihn in den darauf folgenden Jahren zu seinem Campi-phlegraei-Projekt hinzuziehen wollte, und unter Hamiltons Einfluss entstanden auch Gouachen, die Hackerts wachsende geologische Aufmerksamkeit belegen, doch ist undeutlich, ob sich unter den Campi-phlegraei-Stichen auch einige befinden, die auf Studien von Hackert zurückgehen.[135]

Als Hackert im Januar 1774 erneut Neapel besucht, erlebt er einen Flankenausbruch. Am 29. Dezember 1773 ist bereits Lava aus dem Krater ausgetreten, einige Tage später beginnt die seitliche Effusion.[136] Auf der Nordnordost-Seite bildet sich eine Bocca; es ist die gleiche, die auch Wright of Derby – nach einer Zeit geringerer Aktivität des Vesuv – neun Monate später den Anblick eines Lavastroms bieten wird. Hackert sieht die Erscheinung am 12. Januar 1774, wobei er das Datum sorgfältig auf seinem Gemälde *Ausbruch des Vesuv* vermeldet (Abb. 29). Dass dem Bild genaue Studien vorangingen, könnte auch dann, wenn Goethes Hackert-Biografie nicht eigens darauf hinwiese, kaum einem Zweifel unterliegen; die Einzelheiten des Gemäldes verraten eine akribische zeichnerische Vorbereitung.[137]

Dreizehn Männer haben sich auf einem Plateau unterhalb des Kraterkegels versammelt. Es lassen sich fünf Standespersonen ausmachen, die anderen acht sind einheimische Führer. Weit oben, in der Nähe der Ausbruchsstelle, werden noch drei Figuren sichtbar, während sich zwei weitere auf dem steilen Hang mühen, die Ausbruchsstelle zu erreichen. In dem ungewöhnlich angelegten Bild ist die Achse des dunklen Vulkankegels mit seinem Gipfelfeuer weit nach rechts verschoben, während die linke Bildhälfte im Zeichen der steil abfließenden Lava steht, die sich gelb und hellrot von dem massiv wirkenden dunklen Kraterberg abhebt. Die Grenze zwischen der dunklen Zone und der Bahn des Flüssigen wird durch eine unregelmäßig wellige und scharf gezackte Linie markiert – hier ist die Lava bereits erstarrt. Die Oberfläche des flüssigen Stroms zeigt eine ackerfurchenartige Struktur; die mitgeführten Schlacken zeichnen sich dunkler ab. Von dem Lavafluss gehen pastellfarben helle Wolken aus, die im Aufsteigen zunehmend vom Hellblau des Himmels bestimmt werden. Auch der Rauch aus der Kratermündung zeigt diesen Farbübergang. Bei den Wolken führt, wie bei dem Lavastrom selbst, alle Bewegung zum linken Bildrand. Das Hellblau der Wolkenbildung scheint vom Licht des Mondes zu stammen, der hier freilich nicht sichtbar wird und möglicherweise durch den Krater verdeckt ist. Sein Licht erhellt auch die steilen Wände des Monte Somma, die links im Hintergrund zu erkennen sind. Die Figuren, von denen sich die drei

Abb. 29: Jakob Philipp Hackert, *Der Ausbruch des Vesuv in der Nacht des 12. Januar 1774* (1774, Kassel, Staatliche Sammlungen, Neue Galerie)

markantesten als Silhouetten von der hier weniger steil fließenden Lava abheben, werden größtenteils von deren orangefarbenem Licht beschienen.

In diesem Bild herrscht viel weniger das zeitlos Erhabene der Erdkräfte als die Faszination eines ganz bestimmten und nur an diesem Ort und zu dieser Stunde zu beobachtenden Phänomens. Vor allem die beiden Herren, die auf dem linken Vorsprung neben ihrem Führer stehend bereits eine ruhige Haltung eingenommen haben, erscheinen in das betrachtende Erfassen der vulkanischen Erscheinung versunken.

In der Darstellung des korrekten Details ist Hackert ganz in seinem Element. Eine gewisse Naivität der registrierenden Naturdarstellung hat man schon früh an Hackert gerügt. So stieß sich auch Goethe an manchen unfrei entworfenen Partien in der sonst so bewunderten Kunst seines Freundes.[138] Doch die etwas hölzernen Aspekte von Hackerts Malstil werden in dem Eruptionsbild durch das aufgewogen, was man die Eigenständigkeit der Bildfindung genannt hat.[139] Sie ist in diesem Werk in der Tat überraschend und führt letztlich dazu, dass auch hier eine

Unabschließbarkeit der Bedeutung entsteht, obwohl die Bildmittel nirgends auf Unwägbarkeit zielen.

Eigentümlich quer zu diesem Bild, das den Effekt um seiner selbst willen so sehr meidet, steht Hackerts Gemälde von dem großen Ausbruch 1779 (Abb. 30). Bei der riesigen, Staunen und Schrecken verbreitenden Feuersäule vom 8. August 1779 gab es für den Künstler natürlich kaum eine andere Möglichkeit der Darstellung als die seiner Postierung am Hafen oder am Posilipp. Die feurige Fontäne überstieg an diesem Tag die Höhe des Vesuv um ein Dreifaches. Doch Hackert fällt in seinem Bild in allzu bekannte Muster zurück, vermag der vulkanischen Erscheinung nicht mehr mitzugeben als einige in ihrer Farbgebung vom Feuer kaum unterschiedene Aschenwolken und eine Andeutung der für diesen Ausbruch bezeugten Blitze. Den Vordergrund bestimmt die inzwischen von mehreren Malern verwendete neapolitanische Staffage, wobei einige der Figuren in typischen Posen des Erschreckens festgehalten werden. Hier herrscht eine Routine des Aufbaus und des Malstils, die vermuten lässt, dass Hackert sich seinen Anteil an dem Markt effektvoller Vesuvbilder des Jahres 1779 sichern wollte.[140] Eine Bestätigung für diese Vermutung liegt darin, dass Hackert wahrscheinlich den Ausbruch selbst nicht erlebt hat und also auf Vorlagen anderer Künstler zurückgreifen musste.[141]

Abb. 30: Jakob Philipp Hackert, *Der Ausbruch des Vesuv im August 1779* (1779, Köln, Privatsammlung)

Abb. 31: Pietro Fabris, „Ausbruch des Vesuv 1779“, *Campi phlegraei*, Supplement, Tafel 2

Nun wird man zugeben müssen, dass kaum eines der Bilder des Ausbruchs von 1779, die von den in Neapel ansässigen Künstlern geschaffen wurden, einen befriedigenden Eindruck hinterlässt. So bleiben auch die im Supplementband der *Campi phlegraei* reproduzierten Gouachen von Fabris eigentümlich inadäquat (Abb. 31). Der standardisierte Vordergrund der dramatischen Gebärden wird von Fabris in Tafel 2 des Bandes vollständig übernommen, und die Gewalt der vulkanischen Erscheinung wird von einer vereinfacht großzügigen Maltechnik „erfasst“, die sich in Monovalenz der Farbe und einsinniger Bewegung erschöpft. Überblickt man die künstlerische Ernte des Eruptionsjahres 1779 – auch Volaire zum Beispiel malte bunte Feuersäulen im Hochformat –, so wird offenkundig, dass bei diesem Ereignis, das Wahrnehmung und Vorstellung so sehr herausforderte, die malerische Darstellung an ihre Grenzen stieß. Nicht von ungefähr bemühte auch Hamilton den Topos der Nicht-Darstellbarkeit: Der Ausbruch vom 8. August sei „schöner und erhabener, als es selbst die lebendigste Einbildung malen kann“.[142] Wenn es Hamilton auch gelang, die Höhe der Feuersäule und die Einzelheiten des explosiven Geschehens einer exakten Beschreibung zu unterwerfen, so blieb es im Blick auf das Ganze doch bei dem „most awfull astonishment“, hervorgerufen durch die „stupendous column of fire“. Der Wille zur Mitteilung dieses überwältigenden Ereignisses führte in die Schwierigkeit, dass stumme Erschütterung die einzig angemessene Ausdruckshaltung war und dass jeder Versuch der Erlösung aus dieser Wortlosigkeit die Erfahrung des Erhabenen verfehlte.

Umso erstaunlicher ist es, wenn es einem Künstler in einem seiner Werke gelingt, mehr als nur ein oder zwei Facetten des überwältigenden

Naturereignisses darzubieten. Dem Maler Saviero della Gatta, der in seiner Gouache die „Plinische Wolke" nicht des Ausbruchs von 1779, sondern der Eruption von 1794 zeigt, ist dies auf besondere Weise geglückt (Abb. 32). Nach dem Tod von Fabris hatte della Gatta dessen Stelle eingenommen; er wurde nun zum bevorzugten Künstler Hamiltons. In della Gattas Bild vom letzten großen Vesuvausbruch des 18. Jahrhunderts geht es noch einmal um die Totale. Der Standort ist auch hier weit zurückverlegt, so dass Teile der Stadt und die traditionellen Versatzstü-

Abb. 32: Saviero della Gatta, *Ausbruch des Vesuv 1794* (Gouache, 1794, Paris, Muséum national d'Histoire naturelle)

cke der in den Hafen einlaufenden Segelschiffe sowie der Zuschauer an der Mergellina zu sehen sind. Doch erschließt della Gattas Ansicht dem erhabenen Panorama eine neue Qualität. Nicht das nächtliche Licht in seiner Farbigkeit, sondern gerade das Opake, auf das das Sonnenlicht trifft, wird hier zum zentralen Gegenstand. Unvermittelt stoßen die bläuliche Transparenz des Himmels und die graue Undurchlässigkeit der Aschenwolke aufeinander. So handelt das ganze Bild von dem Vorgang der Entfärbung. Schwarzbraun, indistinkt erscheint die Schattenzone in der linken Bildhälfte, nur von einem für Ausbrüche dieses Ausmaßes typischen Blitz durchschnitten. Was dieses Vesuvbild von denen des Jahres 1779 abhebt, ist nicht die schier unbegrenzte vertikale Dynamik, sondern deren materiale Qualität. Nicht das Feurige, sondern das Steinerne steigt in eine ungeheure Höhe. So erscheint der Berg selbst klein und unbedeutend gegenüber dem Geschehen, das sich über ihm, aber auch unter ihm vollzieht. Damit enthält das Bild einen Hinweis auf die von Hamilton schon früh geäußerte Ansicht, dass der Ursprung des magmatischen Geschehens nicht im Inneren eines Berges zu suchen sei, sondern in einer viel größeren Erdtiefe – in einer plutonischen Tiefe, wie manche Geologen schon bald sagen sollten.

Eine andere Möglichkeit war die Darstellung eines Teilgebiets, eines Ausschnitts aus dem Reich der Gewalt. Offenbar schon vor dem Beginn des eigentlichen Ausbruchs von 1779 hatten Hamilton und der österreichische Maler Michael Wutky den Vesuv bestiegen, um einen größeren Lavaaustritt in Augenschein zu nehmen.[143] Wutkys Bild *Spitze des Vesuv beim Ausbruch* (von 1779), das diese Unternehmung darzustellen

Abb. 33: Michael Wutky, *Die Spitze des Vesuv beim Ausbruch* (nach 1782, Wien, Gemäldegalerie der Akademie der bildenden Künste)

scheint, ist von einer bestürzenden vertikalen Dynamik (Abb. 33). Die mondbeschienene See und der Inselhorizont stellen nur eine verschwindend kleine Öffnung auf der linken Seite dar und verschaffen wenig Orientierung in dem ansonsten horizontlosen Bild. Damit teilt sich dem Kunstbetrachter etwas von dem Schwindelgefühl mit, das den Naturbetrachter vor dem übermächtigen Ereignis befällt. Die Zuordnung von dunklen und feurigen Partien bleibt auch bei näherem Studium des Bildes schwierig. Bei genauerem Hinsehen wird allenfalls deutlich, dass der Nebenkrater, der in scharfer Silhouette die untere Bildhälfte beherrscht, an dem Ausbruchsgeschehen selbst keinen Anteil hat; seine Mündung, deren vorderer Rand auf Reproduktionen kaum zu erkennen ist, bleibt schwarz und „tot". Stattdessen strömt Lava kaskadenartig von einem höher gelegenen und breiteren Kraterrand in die Tiefe. Die Lava, die dunkle Schlacken mitführt, ergießt sich offenbar hinter dem dunklen Kegel in zwei Richtungen nach unten. Jedem dieser Ströme sind Betrachter zugeordnet, die auf Wällen des schwarzen Nebenkraters ihren Halt gefunden haben. Der breite Rand des Hauptkraters hält anscheinend eine größere Lavamenge zurück, doch wie diese Geländestufe sich zu dem Vulkanganzen verhält, bleibt ungewiss. Über dieser Zone der Hauptaktivität ist noch eine weitere Stufe zu sehen, eine Öffnung, von der feurig angestrahlter Rauch ausgeht, die aber keine Beziehung zu dem größeren Lavafluss zeigt. Ist dieses kleine rote Feld die Spitze des Kraters, auf die der Titel des Gemäldes hinweist? Indem die rechte und die obere Bildkante Berg und Ereignis beschneiden, wird dem Betrachter der Überblick verwehrt.

Statt eines Aufsteigens in eine hellere Zone herrscht hier ein dunkler Druck von oben. Auch der Mond steht tief unten, größtenteils von den Aschenwolken verhüllt, die die Höhe besetzt halten. Dieser Dynamik des Drückenden und Stürzenden steht nur die schwarze Festigkeit des Nebenkraters entgegen. Doch da seine volle Gestalt aus der Abbreviatur der Silhouette kaum erkennbar ist – die überdies die Illusion fördert, die Lava würde über seine steilen Flanken abfließen –, bleibt auch dieser Nebenberg eine beunruhigende Erscheinung. Allenfalls indem sich ihm die dargestellten Personen anvertrauen, vermag in dem Betrachter des Bildes der Eindruck zu entstehen, dass hier dem Flüssigen ein fester Grund entgegensteht.

Wutkys Bild zeigt, dass Darstellungen des nächtlichen Vulkanausbruchs nicht notwendig das Naturerhabene ins Geordnete und Übersichtliche überführen müssen. Auch wenn das durch Kunst Evozierte auf den Betrachter in keinem unmittelbaren Sinn bedrohlich wirken kann, so fordert es hier doch auf eine besondere Weise seine Vorstellungskraft heraus. In Wutkys Ausschnittsbild mit seiner Dynamik und unvertrauten Formensprache wird der Vorstellung des Betrachters weniger von der „Arbeit am Ungestalten" abgenommen als in den Großpanoramen der nächtlichen Vesuvlandschaft, in denen das Unfassliche und Erratische tendenziell in eine neue Ausgewogenheit und Ordnung gebracht wird. Wutkys *Spitze des Vesuv beim Ausbruch* verlangt dem Betrachter eine besondere gliedernde und deutende Leistung ab. Freilich steht auch sie in keinem Verhältnis zu dem, was der Vulkanbesucher, auf dessen Sinne das Ereignis einstürzt, am Rande des Kraters an innerer Loslösung aufbringen muss, um gegen alle kreatürliche Angst und Verwirrung zu der Ruhe des Widerstehens zu finden, ohne welche die Erfahrung des Erhabenen unerreichbar bleibt.

Metallische Glut

Den wechselnden Bedeutungshorizonten des Vesuv fügte das Werk des englischen Malers Joseph Wright of Derby eine neue, eigene Assoziationsreihe hinzu. Wright hielt sich 1774 nur wenige Wochen in Neapel auf, befasste sich danach aber 25 Jahre lang mit dem Thema „Eruption bei Nacht". So entstanden mehr als dreißig Vesuvgemälde – kaum ein anderer Gegenstand hat diesen Maler so sehr gefesselt. Der 1734 in Derby geborene und meist dort lebende Wright erhielt in London eine Ausbildung zum Porträtmaler. Seine offensichtliche Begabung auf diesem Gebiet verschaffte ihm zeit seines Lebens ein gutes Auskommen. Schon bald aber erregte er auf den Londoner Jahresausstellungen, an denen er regelmäßig teilnahm, Aufsehen mit anderen Sujets, so mit den Gemälden *Ein Philosoph hält einen Vortrag am Tischplanetarium* (1766) und *Das Experiment mit einem Vogel in der Luftpumpe* (1768). Es folgten Nachtbilder von Schmieden und Hammerwerken (1771–73, Abb. 34). In diesen Werken übertrug Wright eine ältere und von ihm selbst in den sogenannten *candlelight pictures* erprobte Maltechnik – das Chiaroscuro abendlicher Genreszenen – auf zeitgenössische wissenschaftliche und technische Stoffe. Wrights Interesse an industrietechnischen Neuerungen und an physikalischen Experimenten, die einem wissbegierigen und aufgeklärten Publikum vorgeführt wurden, ist bezeugt.[144] Wright war Mitglied einer bedeutenden Gesellschaft von Wissenschaftlern und Industriellen, der Lunar Society in Birmingham, die selbst solchen Veranstaltungen Raum bot und deren Ziel es war, durch wissenschaftliche Diskussionen zum technischen Fortschritt und zur Erweiterung allgemeiner Kenntnisse beizutragen. Aus Wrights Nachtbildern von Experimenten und Schmiedeszenen sprach bei aller ikonografischen Anlehnung an ältere Bildtraditionen – so gingen in die Schmiededarstellungen die Bildmotive von der Geburt Jesu und dem Gott Vulcanus ein – der praktisch-aufklärerische Geist dieser bürgerlichen Vereinigung.[145]

In den siebziger Jahren entwickelte sich Wright auch zum Landschaftsmaler. Nach einigen Versuchen mit Landschaftshintergründen in Porträts entstand um 1773 das erstaunliche Werk *Felsen mit Wasserfall*, in dem Wright mit einem modern anmutenden breiten und pastosen Farbauftrag die Struktur des Gesteins herausarbeitete. Das Malen von Landschaften begann für Wright – das wird aus seinen späteren Äußerungen deutlich – zur Befreiung von der Brotkunst des Porträts zu werden. Es ist zu vermuten, dass auch die ab 1774 entstehenden Vesuvgemälde eine ähnliche Loslösung bedeuteten, zumal in dem topografisch

Abb. 34: Joseph Wright of Derby, *Eine Schmiede* (1771, Derby, Derby Art Gallery)

großzügigen Verfahren seiner Vulkanbilder das in der Porträtkunst so streng einzuhaltende Nachahmungsprinzip gelockert werden konnte.

Es gibt freilich ein Vesuvbild von Wright, das auf den ersten Blick alle Merkmale der Entstehung vor Ort aufweist. Es ist die kleinformatige Gouache aus dem Jahr 1774 (?), die den Krater vom Kamm der Somma aus, also aus großer Nähe, darstellt (Abb. 35). Wright hatte in den Oktobertagen 1774 gemeinsam mit Hamilton den Vulkan bestiegen. Wrights Gouache, bei der malerische Zutaten wie das Mondlicht

Abb. 35: Joseph Wright of Derby, *Ausbruch des Vesuv* (1774?, Gouache, Derby, Derby Art Gallery)

oder ein durchgestaltetes Repoussoir fehlen, ist sehr viel deutlicher ein Augenblicksbild als die besprochenen Gemälde von Bonavia und Volaire. Die Gouache zeigt eine Offenheit und Bewegtheit der Faktur, die die Dynamik des Geschehens auf besondere Weise zu suggerieren vermag.

Man hat allerdings Zweifel an der älteren Forschungsthese angemeldet, der zufolge ein solches Bild gar nichts anderes sein konnte als eine Skizze vor Ort.[146] Da eine Bleistiftzeichnung Wrights aus der gleichen Zeit Vesuv und Somma in großer Ruhe zeigt, stellt sich die Frage, ob Wright einen Ausbruch dieser Größe überhaupt erlebt haben konnte.[147] Nun ist aus der Geschichte der Vesuveruptionen bekannt, dass es im Oktober 1774 Effusionen aus einer Bocca auf der Nordnordost-Seite des Kraters gab; die Lava floss über das Atrio del Cavallo ab.[148] Wrights Gouache zeigt beides, den Lavafluss über die Flanke des Kraters in der genannten Richtung und hinunter durch die Senke zwischen Somma und Vesuv. Die Blickrichtung des Bildes lässt sich mithilfe der schwach angedeuteten Sorrentinischen Küste im Hintergrund recht genau bestimmen. Doch stellt Wright einen Lavaausfluss aus dem Krater selbst dar, der nur mit einer bedeutenderen Tätigkeit des Vulkans einhergehen konnte. Es ist diese Überhöhung des eruptiven Geschehens, die der von dem Bild ausgehenden Suggestion, es müsse an Ort und Stelle entstanden sein, letztlich eine Absage erteilt. Was Wright als „the most wonderful sight in nature" bezeichnete, hat er zumindest in der gezeigten Intensität nicht erleben können. Doch wurde ihm offenbar das zuteil, was sich alle Besucher Neapels erhofften: der erregende Anblick eines nächtlichen Lavastroms aus unmittelbarer Nähe.

Das wesentlich größere Ölbild *Ausbruch des Vesuv, mit einem Ausblick auf die Inseln im Golf von Neapel* (ca. 1776–80, Abb. 36) gehört in die Reihe der Vesuvgemälde, die Wright in England auf der Grundlage seiner neapolitanischen Skizzen geschaffen hat. Hier ist der Beobachtungspunkt weiter nach unten verlegt; er befindet sich nun außerhalb des Monte-Somma-Rings, dessen beleuchtete Innenseite eine deutliche Übereinkunft mit der genannten Bleistiftskizze zeigt. Der Calderarest der Somma zieht sich halb um den Kegel, wobei Wright ihn – nicht ganz in Übereinstimmung mit der Topografie – in einem dunkel ansteigenden Felsrücken enden lässt. Dieses dunkle Gebilde hat die aus Wrights *candlelight pictures* bekannte Funktion, die Sicht auf einen Teil des leuchtenden Bildzentrums zu blockieren. So ist der Vordergrund in tiefes Dunkel getaucht; aus ihm lösen sich nur schemenhaft einige Figuren. Zwei Männer tragen einen Leichnam, dem eine verhüllte weibliche Figur folgt. Die Kleidung der Personen hat etwas unbestimmt Klassisches, und so hat man gemeint, hier werde der Leichnam Plinius' des Älteren davongetragen.[149] Auch wenn sich dafür keine Anhaltspunkte finden lassen – die dargestellte Gruppe rückt das Gemälde in die Nähe des Historienbildes.

Der Felsrücken trägt auch in einer anderen Hinsicht zu der beeindruckenden Formensprache des Bildes bei: Von ihm scheinen die sich nach

Abb. 36: Joseph Wright of Derby, *Ausbruch des Vesuv, mit einem Ausblick auf die Inseln im Golf von Neapel* (ca. 1776–80, London, Tate Gallery)

rechts oben ziehenden Wolkenbänder auszugehen. Die Diagonale des Bergmassivs, die vom Kratergipfel hinab zu Küste und Meer führt, ist dagegen weniger bildbestimmend. Der Grund liegt in der Farbgebung des Vulkankegels, der hellrot glüht und dessen Beschaffenheit Rätsel aufgibt. Wrights mysteriöser Vulkankegel steht dem glühenden Eisen in seinen Schmiedebildern näher als einem Aufschüttungskegel aus Asche, Lava und Schlacken. So wirkt er vor allem wie eine Ikone feurig-metallischer Energie.

Über dem glühenden Vulkankegel strahlt freilich ein noch helleres Licht. Geht man von dieser Lichtzone nach unten, lassen sich drei verschiedene Grade der Helligkeit unterscheiden: von der goldfarben aus dem Krater emporschießenden Flamme über das hellrote Glühen des Kraterkegels, auf dem selbst wiederum Bahnen weißglühenden Materials zu sehen sind, bis zu der dunkleren Lava unterhalb des Kegels, die unter Dampfentwicklung zum Stillstand gekommen scheint und verschiedene Formen der Verkrustung zeigt. Weiße Punkte in der Aschenwolke, die offensichtlich glühende Tephra darstellen, aber an Sterne erinnern, sind ein begleitendes Lichtphänomen. In dieser Welt des Luminösen fallen die opaken Aschenwolken umso mehr auf. Sie bilden ein Oval, Teil der bewegten Schrift, die den ganzen Himmel beherrscht. Die Aschenwolken, die die hellste Zone des Bildes einrahmen, formen eine Himmelsgloriole, die an barocke Bilder überirdischer Verklärung erinnert. Tatsächlich hat das Wright'sche Gemälde einen religiösen Zug;

Abb. 37: Joseph Wright of Derby, *Arkwright's Baumwollspinnerei bei Nacht* (ca. 1782, Privatsammlung)

nur ist an die Stelle der Himmelsaufnahme und Heiligung eines durch göttliche Gnade erhobenen Wesens die Verklärung eines – den menschlichen Geist kaum minder herausfordernden – energetischen Geschehens getreten.

Es gibt eine oft zitierte Briefstelle Wrights von 1774, in der er sein Bedauern ausdrückt, dass sein geologisch kenntnisreicher Freund John Whitehurst – auch er war Mitglied der Lunar Society – nicht an seiner Seite in Neapel sei, um Aufschluss über die Vorgänge im Inneren des Vulkans zu geben.[150] Nun kann man sich fragen, warum Wright nicht wenigstens in den Jahren nach seiner Rückkehr von Whitehursts vulkanologischen Einsichten profitiert hat.[151] Zwar ist es möglich, in einigen von Wrights Bildern eine Antwort auf Whitehursts Grundgedanken von einem Zentralfeuer und der stark vulkanischen Prägung der Erdoberfläche zu sehen – man hat insbesondere das erleuchtete Fabrikgebäude in Wrights *Arkwright's Cotton Mills at Night* (ca. 1782–83; Abb. 37) als gleichsam in der Erde steckende Glut gedeutet[152] –, doch fehlt gerade den Vesuvgemälden von Wright die topografische und geologische Genauigkeit. So weist nichts weist darauf hin, dass Wright seine Vesuvbilder nach 1775 auf der Grundlage eines inzwischen erworbenen geologischen Wissens gemalt hätte. Es scheint, als ob Wrights Auffassung des Vulkans als eines lichtschwanger Erhabenen den Vesuv allen Versuchen nüchterner Erklärung entziehen sollte. Damit sprach er, der bei seiner Besteigung des Vesuv an den fernen Geologen gedacht hatte, der wissenschaftlichen Erforschung des Vulkans nicht die Berechtigung ab, doch zeigte er in seinen Gemälden, dass im Vulkanausbruch etwas zu erblicken war, was in einer nicht völlig zu ergründenden und nur ikonisch anzudeutenden Beziehung zu anderen Feuern und metallischen Kräften stand.

In diesem Zusammenhang sind auch Wrights Bildpaare „Vesuvausbruch“ und „Girandola“ von Bedeutung. Der Künstler war – wie viele Reisende – tief beeindruckt von der Girandola, dem großen römischen Feuerwerk, das zweimal im Jahr, zu Ostern und zum Fest von Sankt Peter und Paul, an der Engelsburg veranstaltet wurde.[153] Wright hat mindestens vier Girandola-Bilder gemalt, vermutlich alle in der Absicht, Pendants zu gleich großen Vesuvbildern zu schaffen. Für ihn waren es ebenbürtige Themen: „[D]as eine ist die größte Wirkung der Natur, die ich mir vorstellen kann, das andere die größte der Kunst.“[154]

Die Pendants *Feuerwerk auf der Engelsburg, auch genannt La Girandola* (1778/79) und *Vesuvausbruch mit einer Prozession zu Ehren des heiligen Januarius* (1778), die von der russischen Kaiserin Katharina II. erworben wurden, sind eng aufeinander bezogen. (Abb. 38 und 39). Zu den Gemeinsamkeiten gehört nicht nur der Bildaufbau mit den rahmenden Bäumen, sondern auch der religiöse Akzent, den das Girandola-Bild aufgrund der dargestellten Lokalität – der päpstlichen Engelsburg – besitzt und der sich in dem Vesuvbild als Januarius-Prozession manifestiert. Aber wie die Prozession sich fast in der Vegetation des Vordergrundes verliert, so ist auch die „kirchliche Dimension“ im Girandola-Bild keineswegs offenkundig. Im Gegenteil: Die Engelsburg

Abb. 38: Joseph Wright of Derby, *Feuerwerk auf der Engelsburg, auch genannt La Girandola* (ausgestellt 1779, St. Petersburg, Eremitage)

wirkt seltsam naturiert. Der Betrachter erblickt die Schlussphase des komplexen Feuerwerks, von der Goethe schrieb, dass er nur noch „eine glühende Masse" gesehen habe, „einzig und herrlich".[155] Eine weitere Angleichung besteht bei Wright darin, dass das Mondlicht im Vesuvbild reduziert ist. Es erscheint hier nicht wie üblich bläulich-kühl, sondern wirkt mit seinem gelben Schein wie ein matter Spiegel der Eruptionsgloriole.

Doch der tiefere gemeinsame Nenner ist auch hier, dass es um ein Schauspiel der Energie geht. Denn nicht nur der Vulkanausbruch ist ein Phänomen, das alle Begriffe übersteigt, auch die Girandola ist für den Betrachter die überwältigende Entfaltung der Kraft des Feuers. Dazu trägt in Wrights Girandola-Bild das Unkenntlichwerden der Engelsburg bei. Während die Gebäude des Mittelgrundes scharf konturiert bleiben, löst sich der Rundbau der päpstlichen Burg in ein feuriges Gebilde auf. Die Ähnlichkeit des Bildmodus rückt freilich nicht nur die Girandola in die Nähe des Vulkans, sondern auch den Vulkan in die Nähe des großen Feuerwerks. Da bei der Girandola das Schauspiel der feurigen Explosionen durch menschliche Kunst und Technik in Gang gesetzt wird, stellt sich die Frage, ob die im Vulkanausbruch anzuschauende Kraft nicht auch eine Energie ist, die vom Menschen in irgendeiner Weise gebändigt werden kann. Wrights Vesuvbilder geben hierauf keine klare Antwort. Denn zum einen ist die dargestellte Kraft so übermächtig, dass alles Menschliche – und damit auch die den Vulkan beschwörende Pro-

Abb. 39: Joseph Wright of Derby, *Vesuvausbruch mit einer Prozession zu Ehren des heiligen Januarius* (ausgestellt 1778, Moskau, Puschkin Museum)

zession – gleichsam in den Erdfalten versinkt, zum anderen herrscht hier ein eigentümlicher Optimismus des Luminösen. Das Vulkanische, das bei Wright weder abschreckend noch zerstörerisch wirkt, zeigt sich als die Reinheit schöner Glut. Das dunkel Beunruhigende der Kraterwelt verschwindet hier völlig, stattdessen wird die aufsteigende magmatische Kraft zu einer himmlischen Lichterscheinung transsubstanzialisiert. Wrights Vesuvbilder unterwerfen das Gewalttätige und Bedrohliche in hohem Grade der herkömmlichen Ordnung des Schönen.[156]

Nicht die Entstofflichung in den Bildern Wrights, wohl aber das, was man seine Neigung zur energetischen Bildgleichung nennen kann, hat anregend auf einige Künstler des späten 18. Jahrhunderts gewirkt. Sie entdeckten in den Industrieprozessen ihrer Zeit ein Moment des Erhabenen, das umso vulkanischer wirkte, je nächtlicher und feuriger die Szene war. In direkter Abhängigkeit von Wrights Schmiedebildern – und ihren Nachstichen – begann bereits um 1780 der schwedische Hofmaler Pehr Hilleström die Hammerwerke und Hochöfen seines Landes in bewegten Bildern festzuhalten.[157] Doch während Wrights Schmiedebilder zur Allegorie neigten, fehlt bei Hilleström diese Doppelbödigkeit. Seine Bilder sind auch insofern moderner, als sie den aktuellen Stand der Industrieentwicklung in Mittelschweden wiedergeben, während Wright das Innere von Fabriken meidet und stattdessen kleinste Produktionsgemeinschaften in eher vormodernen Handwerksformen zeigt. Das „vulkanischste“ von Hilleströms Bildern ist das 1792 entstandene

Abb. 40: Pehr Hilleström, *Die Gichtbühne des Hochofens von Berkinge bei Forsmarks Bruk* (1792)

Gemälde *Die Gichtbühne des Hochofens von Berkinge bei Forsmarks Bruk* (Abb. 40).

Von dem eigentlichen Vorgang der Eisenschmelze ist nur die starke Flamme zu sehen, die aus einer kreisrunden Öffnung emporsteigt. Sie reicht bis zum offenen Dach der ansonsten von Holzwänden umschlossenen Arbeitsbühne, den Nachthimmel gleichsam berührend. Was dieses Bild den zeitgenössischen Darstellungen von nächtlichen Kratern annähert, ist die Beziehung von Betrachtern und Ereignis. Es haben sich Besucher eingefunden, Standespersonen, die auf ihren Stock gelehnt und mit ruhigem Interesse dem Vorgang folgen. Arbeiter erklären ihnen das Geschehen. In scharfer Silhouette vor dem feurigen Ereignis erscheint einer der Besucher, während die anderen Gestalten vom Widerschein plastisch modelliert werden. Zweifellos ist der dargestellte Vorgang Teil eines beherrschbaren industriellen Geschehens, doch hat der Maler eine Sehweise gewählt, die Zweifel an der Gleichheit des Kräfteverhältnisses von Mensch und feuriger Gewalt aufkommen lässt. Nicht nur erscheinen die menschlichen Figuren klein vor der großen Flamme, diese Flamme selbst, da sie Tiefe und Höhe verbindet, erweckt den Eindruck einer überschießenden Gewalt. Ihre Bewegtheit stellt einen scharfen Gegensatz zu der menschlichen Sphäre dar, welche mit dem gezimmerten Raum und den an eine einzige Ebene gebundenen Figuren statisch wirkt.

Auch Entwürfe für Industriebauten nehmen in dieser Zeit Bezug auf den Vulkan. Als der „Revolutionsarchitekt" Claude-Nicolas Ledoux um 1785 Pläne zu einer Kanonengießerei für die ideale Industriestadt Chaux zeichnet – sie werden wie viele seiner Entwürfe nicht ausgeführt –, lehnt er sich an das Bildschema des aktiven Vulkans an. In seiner *vue perspective* der großen Fabrik setzt er vier Schmelzöfen als rauchende Pyramiden an die Ecken der symmetrischen Anlage (Abb. 41). Die Arbeit mit dem heißen Metall ist ins Innere dieser streng geometrischen Gebilde verlegt. Auf den ersten Blick könnte man, da der Architekt keine Kegelform gewählt hat, den Gedanken einer direkten bildlichen Anleihe verwerfen; in dieser Hinsicht zeigt etwa der rauchende Kegel eines Leuchtturms, den der gleichgesinnte Etienne-Louis Boullée entwarf, eine deutlichere Vulkanstruktur.[158] Doch wäre man schlecht beraten, schon deswegen die Bildverwandtschaft beiseite zu schieben. Der von der Wucht archaischer Bauformen inspirierte Ledoux suchte seine Vorbilder stets in der ältesten Monumentalarchitektur. Und hier, in der Form der Pyramide, sah gerade eine alte Auffassung von den Grundformen der Welt das Abbild des vollkommenen Berges. Ein Übriges tun die Feuer- und Rauchsäulen in Ledoux' Bild, bei denen vor allem die von dem vordersten Schmelzofen ausgestoßene Flammensäule mit der darüber sich entfaltenden, dem Wind folgenden Aschenwolke ein aus der Vesuvmalerei bekanntes Element darstellt. So beziehen sich Ledoux' rauchende Gießereigebäude durchaus auf das Bild des Vulkans: auf den Berg, der monumental und unverrückbar erscheinen konnte, obwohl er „in seinem Inneren" die feurige Dynamik des Schmelzens barg.

Einen weiteren Schritt der Annäherung an das Vulkanmotiv bedeutet Philippe de Loutherbourgs Gemälde *Coalbrookdale bei Nacht* (ausgestellt 1801, Abb. 42). Es zeigt die Eisenhütten des Severn Gorge in Shropshire, die Bedlam Furnaces. Das Hüttenwerk war das bedeutendste in England; es arbeitete mit neuen Schmelzverfahren auf der Basis von Koks und stellte Roheisen von besonderer Qualität her, außerdem

Abb. 41: „Kanonengießerei in Chaux", Stich nach einer Entwurfszeichnung von Claude Nicolas Ledoux (ca. 1785)

Abb. 42: Philippe de Loutherbourg, *Coalbrookdale bei Nacht* (ausgestellt 1801, London, Science Museum)

Gussprodukte. In diesem Bild sind die menschlichen Figuren fast völlig verschwunden. Nur dunkel lässt sich im linken Vordergrund ein Fuhrwerk mit zwei Figuren und zwei Pferden ausmachen, während eine weitere Gestalt auf das feurige Geschehen zuzugehen scheint und eine Frau mit Kind vom linken Abhang herunterschaut. Im Hintergrund sind außerdem winzige menschliche Schatten neben den brennenden Kokshaufen zu erkennen. Im dunklen Vordergrund sind vor allem Röhren und Zylinder zu sehen – Produkte, die für die Maschinenwelt des sich mit hoher Geschwindigkeit industrialisierenden England bestimmt sind. Hier scheint der Mensch der feurigen Gewalt kaum noch standzuhalten. Umso markanter steht die verschachtelte Baugruppe des Mittelgrundes als dunkle Kontur dem flammenden Geschehen entgegen – eine Reminiszenz der Wright'schen Praxis der (partiellen) Verdeckung seiner Lichtquellen.[159] Der beherrschende Eindruck ist der eines nicht von Menschen gemachten Brandes, wobei die Details von glühenden Hügeln, feurigen Schlacken, hochspritzenden Flämmchen und aufleuchtenden Rauchwolken direkt aus dem Repertoire der zeitgenössischen Vulkanmalerei stammen. Tatsächlich hat dieser industrielle Vorgang mehr mit dem chaotischen Geschehen in einem Krater zu tun als mit einem begrenzt und kontrolliert ablaufenden Prozess. Er findet unter freiem

Himmel statt und bedeutet die völlige Eroberung einer einst ruhevollen Landschaft (deren besondere Schönheit in zeitgenössischen Texten als verlorenes Arkadien memoriert wird[160]). Die Überbleibsel des Alten finden sich an den Rand gedrängt: Links oben stehen noch ein Baum und ein älteres Haus, am rechten Bildrand werden Wolken vom Mond angestrahlt – der Rest eines poetischen Nachthimmels vergangener Zeiten.[161]

Industrieller Prozess als elementares Ereignis: Die gerade in England sich mit großer Wucht vollziehende Industrialisierung fordert die menschliche Vorstellung heraus. Industrielle Abläufe scheinen entfesselt und werden so zu menschenfremden Ereignissen, die dem Betrachter nicht weniger abverlangen als in der Begegnung mit der im Vulkan sichtbaren Naturkraft. Durch die ästhetische „Arbeit" des gemalten Bildes kehrt zwar eine rudimentäre Ordung zurück, doch was hier angeschaut werden kann, erscheint als das Reich einer Gewalt, das sich jeder Begrifflichkeit entzieht.

Der panoramatische Augenblick
Goethe am Vesuv

Goethes *Italienische Reise* ist auch die Beschreibung einer geologischen Reise. So enthält schon der zweite Absatz des Buches Beobachtungen zum Verlauf der Täler und zur Bodenqualität der durchreisten – oberfränkischen – Gegend. Dass Goethes Blick ausgerichtet ist auf Nutzen und geologische Ordnung, hängt eng zusammen mit seinen Weimarer Pflichten in den Jahren, die der Reise vorausgingen: Als Minister war er auch zuständig für den Straßen- und Bergbau des Herzogtums. Bereits 1776, ein Jahr nach seiner Ankunft in Weimar, war Goethe zur Bergbaukommission hinzugezogen worden, die die Wiederaufnahme des thüringischen Kupferschieferbergbaus vorbereiten sollte.[162] In wenigen Jahren hatte Goethe sich ein beachtliches mineralogisches Wissen angeeignet, das den unmittelbaren Anlass überstieg und eine besondere Art der Entdeckerfreude in ihm auslöste. Die geologischen Reisen in die nähere und weitere Umgebung Weimars wurden auf eine für ihn typische Weise Erkundungsfahrten für Auge und Hand. Sie verschafften ihm einen Wahrnehmungsgenuss, den er in der Weimarer Routine schon verloren geglaubt hatte (Abb. 43).

Zugleich allerdings änderte sich Goethes Naturauffassung. Herrschte in seiner Sturm-und-Drang-Periode noch das expansive Streben des enthusiastischen Subjekts vor, die Natur ganz zu umfassen (besonders deutlich in den hymnischen Gedichten und in den großen Naturpassagen des Werther-Romans), so nimmt sich das Subjekt in der Folge immer mehr zurück. Es wird sich der Fremdheit und Eigengesetzlichkeit des Naturreichs bewusst. In einer charakteristischen empirischen Wende sind die Sinne nun nicht mehr die allumfassenden Organe; sie werden zu Werkzeugen, die sich an den Erscheinungen der Natur tastend, prüfend, ordnend bewähren. Den Übergang markieren die Texte, die Goethe im Anschluss an seine Harzreisen verfasste. Zur Vorbereitung der Wiederaufnahme des Bergbaus im Weimarer Herzogtum gehörte das Studium der fortschrittlichsten deutschen Bergbauunternehmungen, im Erzgebirge wie im Harz. Während das 1777 entstandene Gedicht „Harzreise im Winter" den hymnischen Stil der großen Sturm-und-Drang-Gedichte noch einmal aufnimmt, zeigen „Granit I" und vor allem die Reisenotizen (1784/85) bereits etwas von dem neuen empirischen Naturverhältnis. Eine Mittelstellung nimmt der Aufsatz „Granit II" von 1785 ein, der unter dem Titel „Über den Granit" bekannt geworden ist. Hier werden Beobachtung, geognostisches Programm und erdgeschichtliche Vision in einem poetisch dichten Text vereinigt.[163]

Zu Goethes neuer Einstellung gehört auch, dass er zum mineralogischen Sammler wird. Das Betrachten und Prüfen von Handstücken wird für ihn unerlässlich. So überrascht es nicht, dass Goethe auf der Reise nach Rom erste Gesteinsproben aus den Alpen mitnimmt, ja dass er, der sich unterwegs so wenig Zeit gönnt, einen ganzen Tag in der Nähe

Bolognas damit zubringt, ein Schwerspatvorkommen zu untersuchen und dabei Exemplare des ihm aus dem Schrifttum bekannten Bologneser Steins mitzunehmen, der die Eigenschaft hat, nach Erhitzung im Dunkeln zu leuchten. Eigentlich hatte Goethe, wie er beteuert, leicht reisen wollen, doch als Goethe in Rom ankommt, hat er bereits sechzig Gesteinsproben im Gepäck.[164]

Abb. 43: Johann Wolfgang Goethe, *Mundloch des Kammerbergstollens* (1776, aquarellierte Zeichnung)

Zum Höhepunkt der Reise für den an Naturphänomenen lernenden Goethe wird der Vesuv. Schon in den ersten Wochen in Rom äußert Goethe sein Verlangen, bald den brennenden Berg zu sehen, denn er hört, dass es zu Lavaausbrüchen gekommen sei. Der Aufenthalt in Neapel soll den ersehnten Aufstieg zum Krater bringen, doch als er im Februar 1787 mit Johann Wilhelm Tischbein in Neapel anlangt, hat dieser andere Pläne. Der Prinz von Waldeck, den Goethe und Tischbein von Rom her kennen, lädt sie zu einer Fahrt in die Phlegräischen Felder ein. Eine solche Fahrt gehörte zum Standardprogramm der Reisenden im 18. Jahrhundert. Feste Stationen waren das „Grab des Vergil", die Grotte der Sibylle, der antike Badeort Baiae, Pozzuoli mit dem sogenannten Serapistempel, die Solfatara mit ihren gasreichen Ausdünstungen und der Monte Nuovo.

Goethes Bericht zeugt deutlich von seiner Verwirrung. Sie ist zunächst Folge der Tatsache, dass er einen unerwünscht geselligen Ausflug in eleganter Begleitung absolvieren muss. Der Prinz hat eine „liebenswürdige junge Dame" bei sich, der die Mitreisenden zu huldigen haben. Doch auch das Naturschauspiel der vulkanischen Felder selbst ist tief beunruhigend:

Unterm reinsten Himmel der unsicherste Boden. Trümmern undenkbarer Wohlhäbigkeit, zerlästert und unerfreulich. Siedende Wasser, Schwefel aushauchende Grüfte, dem Pflanzenleben widerstrebende Schlackenberge, kahle, widerliche Räume und dann doch zuletzt eine immer üppige Vegetation, eingreifend wo sie nur irgend vermag, sich über alles Ertötete erhebend, um Landseen und Bäche umher, ja den herrlichsten Eichwald an den Wänden eines alten Kraters behauptend.[165]

Erst indem die Vegetation das Bedrohliche zurückdrängt und überwindet, kehren am Schluss die positiven Bilder wieder: „üppige Vegetation", „sich erhebend", „der herrlichste Eichwald". Die vulkanischen Phänomene erscheinen dagegen in dunkelster Beleuchtung: „aushauchende Grüfte", „kahl", „widerlich", „Ertötete[s]". Vulkanlandschaft ist Todeslandschaft.

Ein wichtiger Fingerzeig ist der Ausdruck „der unsicherste Boden". Zwei Jahre zuvor hatte Goethe seine Aufsätze über den Granit geschrieben. Darin hatte er den Granit als „Grundfeste" und „festes Knochengerüst" der Erde bezeichnet, auf dem alle anderen Schichten der Erdoberfläche aufruhen.[166] Goethe folgte hierin einer der am weitesten verbreiteten Ansichten der Zeit. Ihr huldigte der Genfer Alpenforscher Horace Bénédict de Saussure (Goethe hatte ihn auf der zweiten Schweizreise 1779 getroffen) ebenso wie Abraham Gottlob Werner, der einflussreiche Professor an der Freiberger Bergakademie.[167] Werner hatte die in seiner Zeit kursierenden Gedanken über den Granit auf den Begriff gebracht: Der Granit war das „Urgebirge", durch Kristallisation aus einem langsam sich zurückziehenden Urozean entstanden.[168] Auch für den phänomenologischen Blick Goethes waren Festigkeit und kristalline Beschaffenheit des Granits anschaulicher Beweis für die Richtigkeit dieser Vorstellung. Da man Kristallisationsprozesse nur aus wässriger Lösung kannte, wurde dem Wasser die entscheidende gesteinsbildende Funktion zugeschrieben. Damit konnten feurige Prozesse am Aufbau der Erde keinen entscheidenden Anteil haben. Nicht jeder folgte freilich der Lehre Werners über diesen Grundkonsens hinaus. Denn Werner sah alle vulkanische Aktivität ausgelöst von Kohlenbränden dicht unter der Erdoberfläche; er rechnete sie deshalb geologisch jüngsten Zeiten zu. Solche verschärfte Marginalisierung des Vulkanischen – später wurde daraus die „reine" Lehre des Neptunismus – war aus thüringisch-sächsischer Sicht vielleicht begreiflich, wurde von reisefreudigeren Geologen aber nicht mitvollzogen. Seit 1751 hatte es immerhin – wie noch zu zeigen sein wird – wichtige Beobachtungen an alten und erloschenen Vulkanen gegeben, zunächst in Frankreich, dann auch in Deutschland und Oberitalien.[169] Auch Goethe mochte sich auf seiner Italienreise nicht den Blick durch eine allzu strenge Lehre verstellen lassen. Der Anschauung des Weimarer Bergbaukundigen Voigt folgend, hatte er drei Jahre zuvor die basaltischen Bergkuppen der Rhön als erloschene Vulkane gedeutet.[170]

Umso erstaunlicher ist es, dass Goethe bei seiner ersten Begegnung mit einem aktiven vulkanischen Phänomen zu keiner Erlebnisoffenheit findet. Die Solfatara mit ihrem unwirtlichen und hässlichen Boden wird nur als das schwankend Lebensbedrohliche erfahren. Die vom Feuer gezeichnete und durchlöcherte Erdrinde ist für Goethe der Affront. Sie ist das genaue Gegenteil der Festigkeit, die die Erde sonst überall dem ihr aufruhenden Leben gewährt. Doch wie so oft bei Gegenständen, die ihn als nicht-eindeutige überraschen, bleibt Goethe bei seinem ersten Eindruck nicht stehen.[171] Die Herausforderung an das begreifende Erkennen treibt ihn später noch ein zweites Mal nach Pozzuoli. Ohne

Abb. 44: Goethe, *Solfatara bei Pozzuoli* (1787, Aquarell)

Begleitung besucht er am 17. Mai 1787 die Solfatara und hält sie als Zeichner in einer raschen, eindrucksvoll bewegten Skizze fest (Abb. 44). Dass ihn die Phänomene der Phlegräischen Felder auch weiterhin beschäftigen, zeigt der Beitrag über das geologische Rätsel des „Serapistempels" zu Pozzuoli, den er viele Jahre später verfassen wird.[172]

Am 6. März 1787, dem Tag nach dem gemeinsamen Ausflug, besteigt Goethe zum ersten Mal den Vesuv. Der Malerfreund Tischbein lehnt eine Teilnahme ab, doch wird Goethe, wie es üblich ist, von Führern hinaufbegleitet. Die ungeduldig begonnene Unternehmung wird zwar früh beendet, da Rauch und Wolken die Expedition behindern, doch stößt Goethe auf ein ihm unbekanntes Phänomen: die „tropfsteinförmige Bekleidung einer vulkanischen Esse", die er als „Sublimation der allerfeinsten vulkanischen Ausdünstungen ohne Mitwirkung von Feuchtigkeit und ohne Schmelzung" deutet (S. 204). Über das Phänomen, das „zu weiteren Gedanken Gelegenheit" gibt, wird er sieben Jahre später noch mit Blumenbach in Göttingen korrespondieren.[173]

Vier Tage nach dieser Erkundung ist auch Tischbein zur Besteigung des Vesuv bereit, wenngleich er sich oben nur in sicherer Entfernung zum Krater aufhalten mag:

Obgleich ungern, doch aus treuer Geselligkeit, begleitete Tischbein mich heute auf den Vesuv. Ihm, dem bildenden Künstler, der sich nur immer mit den schönsten Menschen- und Tierformen beschäftigt, ja das Ungeformte selbst, Felsen und Landschaften, durch Sinn und Geschmack vermenschlicht, ihm wird eine solche furchtbare, ungestalte Aufhäufung, die sich immer wieder selbst verzehrt und allem Schönheitsgefühl den Krieg ankündigt, ganz abscheulich vorkommen. (S. 208)

Während Tischbeins Ästhetik sich im Schönen erschöpft, fordert der Anblick der ungestalten Massen und erratischen Formen die Bereitschaft zu einer anderen Form des Ästhetischen: zum Erhabenen. Das Menschenfremde kann nur durch eine innere Erhebung, die die physische Angst vor der körperlichen Bedrohung überwindet, genießend erfasst werden:

> So lange der Raum gestattete in gehöriger Entfernung zu bleiben, war es ein großes geisterhebendes Schauspiel. Erst ein gewaltsamer Donner, der aus dem tiefsten Schlunde hervortönte, sodann Steine, größere und kleinere, zu Tausenden in die Luft geschleudert, von Aschenwolken eingehüllt. Der größte Teil fiel in den Schlund zurück. (S. 209)

Freilich ist dazu das nötig, was auch die Theoretiker des Erhabenen im 18. Jahrhundert fordern: der sichere Standort.[174] Um das Schreckliche als Erhabenes erfahren zu können, muss der Raum dem Betrachter Abstand und Fluchtmöglichkeit bieten. Doch Goethe verharrt nicht lange im Zustand erhabener Wahrnehmung:

> Die andern nach der Seite zu getriebenen Brocken, auf der Außenseite des Kegels niederfallend, machten ein wunderbares Geräusch: erst plumpten die schwereren und hupften mit dumpfem Getön an die Kegelseite hinab, die geringeren klapperten hinterdrein und zuletzt rieselte die Asche nieder. Dieses alles geschah in regelmäßigen Pausen, die wir durch ein ruhiges Zählen sehr wohl abmessen konnten. (S. 209)

Eine empirische Ernüchterung bemächtigt sich des Beobachters. Neugier und Intellekt übernehmen das Kommando. Der beobachtende Verstand, der die Natur berechnen zu können glaubt, hofft ihr eines ihrer Geheimnisse zu entlocken.

> Wie aber durchaus eine gegenwärtige Gefahr etwas Reizendes hat und den Widerspruchsgeist im Menschen auffordert ihr zu trotzen, so bedachte ich, daß es möglich sein müsse in der Zwischenzeit von zwei Eruptionen, den Kegelberg hinauf, an den Schlund zu gelangen und auch in diesem Zeitraum den Rückweg zu gewinnen. (S. 209f.)

Goethe berät sich mit den Führern, und da der jüngere sich getraut, „das Wagestück mit [ihm] zu bestehen“, präpariert man sich, indem man die Hüte „mit leinenen und seidenen Tüchern“ ausstopft. Tischbein bleibt unter einem sicheren Felsüberhang zurück:

> Noch klapperten die kleinen Steine um uns herum, noch rieselte die Asche, als der rüstige Jüngling mich schon über das glühende Gerille hinaufriß. Hier standen wir an dem ungeheuren Rachen, dessen Rauch eine leise Luft von uns ablenkte, aber zugleich das Innere des Schlundes verhüllte, der ringsum aus Tausend Ritzen dampfte. Durch einen Zwischenraum des Qualmes erblickte man hie und da geborstene Felsenwände. Der Anblick war weder unterrichtend noch erfreulich, aber eben deswegen, weil man nichts sah verweilte man um etwas herauszusehen. Das ruhige Zählen war versäumt, wir standen auf einem scharfen Rande vor dem ungeheuren Abgrund. Auf einmal erscholl der Donner, die furchtbare Ladung flog an uns vorbei, wir duckten uns unwillkürlich, als wenn uns das vor den niederstürzen-

den Massen gerettet hätte; die kleineren Steine klapperten schon, und wir, ohne zu bedenken daß wir abermals eine Pause vor uns hatten, froh die Gefahr überstanden zu haben, kamen mit der noch rieselnden Asche am Fuße des Kegels an, Hüte und Schultern genugsam eingeäschert. (S. 210)

Wiederum ist es Tischbein, der von solchem Grenzgängertum nichts hält – und der an dieser Stelle sogar recht behält. Denn die Neugier des kühnen Geologen wird nicht befriedigt, und auch die ästhetische Wahrnehmung scheitert: „Der Anblick war weder unterrichtend noch erfreulich“. Schließlich lässt sogar der kontrollierende Intellekt den Waghalsigen im Stich: „Das ruhige Zählen war versäumt“. Reduziert zum bestandenen Abenteuer, bleibt allenfalls die Intensität des Erlebens, die Goethe seinem Begleiter Tischbein voraushat.

Mit diesem Erlebnis ist Goethes Bedürfnis, den Vesuv zu erkunden, vorläufig gestillt. Und so bedarf es eines zusätzlichen Anreizes, um Goethe ein weiteres Mal auf den Berg zu locken. Er hört am 19. März von einer ausbrechenden Lava. In der Beschreibung dieser dritten Besteigung ist Goethe nun ganz Phänomenologe der Natur:

Die Lava war schmal, vielleicht nicht breiter als zehn Fuß, allein die Art wie sie eine sanfte, ziemlich ebene Fläche hinabfloß war auffallend genug: denn indem sie während des Fortfließens an den Seiten und an der Oberfläche verkühlt, so bildet sich ein Kanal, der sich immer erhöht, weil das geschmolzene Material auch unterhalb des Feuerstroms erstarrt, welcher die auf der Oberfläche schwimmenden Schlacken rechts und links gleichförmig hinunter wirft, wodurch sich denn nach und nach ein Damm erhöht, auf welchem der Glutstrom ruhig fortfließt wie ein Mühlbach. Wir gingen neben dem ansehnlich erhöhten Damme her, die Schlacken rollten regelmäßig an den Seiten herunter bis zu unsern Füßen. Durch einige Lücken des Kanals konnten wir den Glutstrom von unten sehen und, wie er weiter hinabfloß, ihn von oben beobachten. [...] Glücklicherweise fanden wir die Stelle durch einen lebhaften Windzug entblößt, freilich nicht ganz, denn ringsum qualmte der Dampf aus tausend Ritzen, und nun standen wir wirklich auf der breiartiggewundenen, erstarrten Decke, die sich aber so weit vorwärts erstreckte, daß wir die Lava nicht konnten herausquellen sehen.

Wir versuchten noch ein paar Dutzend Schritte, aber der Boden ward immer glühender; sonneverfinsternd und erstickend wirbelte ein unüberwindlicher Qualm. Der vorausgegangene Führer kehrte bald um, ergriff mich und wir entwanden uns diesem Höllenprudel. (S. 232)

Hier fehlt die Hektik des Wagnisses der zweiten Besteigung. Ruhiger Gang und Bemühen um klare Sicht kennzeichnen die Annäherung an die vulkanische Erscheinung. Doch zum Schluss nimmt auch hier die Gefahr zu. Fortbewegung und Sicht werden gestört, und die Beschreibung der Exkursion endet mit einer etwas unerwarteten Wendung: „und wir entwanden uns diesem Höllenprudel“. Soll das heißen, dass auch hier der fühlende Mensch sich letztlich abkehrt wie schon bei den Ausdünstungen der Solfatara? Die Höllenmetapher gibt ihre Bedeutung nicht ohne weiteres preis. Der Ausdruck bleibt in der Schwebe zwischen der unwillkürlichen Bekundung einer Emotion und einer literarischen Reminiszenz. Denn der ganze Satz erinnert ja an literarische Höllenbesuche, nicht zuletzt an Dantes *Inferno*, wo in Augenblicken der Ohnmacht und Orientierungslosigkeit der Führer die sterbliche Ichfigur ergreift und geleitet.

Doch bleibt die Tatsache merkwürdig, dass gerade Goethe, der doch für sein Italienerlebnis nach eigenen Ausdrucksformen suchte, zu diesem inzwischen abgegriffenen Bild seine Zuflucht nimmt. Schon zuvor, noch während seines Aufenthalts in Rom, hatte er im Gedanken an Neapel und Sizilien davon gesprochen, dass „in diesen Paradiesen der Welt, sich zugleich die vulkanische Hölle so gewaltsam auftut und seit Jahrtausenden die Wohnenden und Genießenden aufschreckt und irre macht" (S. 182). An dieser traditionellen Metaphorik hält Goethe auch in Neapel selbst fest – ein Hinweis darauf, dass der Grad der Bewusstheit in ihrer Verwendung nicht zu unterschätzen ist. „Paradiesisch" und „arkadisch" waren für ihn fast deckungsgleiche Begriffe, die Lebensgefühl und Lebenssituation in Süditalien richtig erfassten. Selbst die große Masse der Lazzaroni in Neapel war für Goethe ein fröhliches Naturvolk; sie erschienen ihm keineswegs als die Elendsgestalten, als die sie andere Reisende seiner Zeit durchweg darstellen. In einer Gegend, in der man dreimal im Jahr ernten konnte und in der die Fruchtbarkeit gleich einem großen Garten in die Stadt hereindrängte, brauchte niemand *mehr* zu tun, als für den Tag zu sorgen (S. 355–361).[175] Hinzu kam der Fischreichtum des Meeres. Während das Leben im europäischen Norden von der Notwendigkeit beherrscht war, für karge Zeiten zu sorgen, kannte der Süden den Imperativ der Entbehrung nicht. Das arkadische Leben des Südens war für Goethe ein Leben der bescheidenen und leicht erfüllbaren Bedürfnisse, dem aller Zwang fremd war.

Auch in ästhetischem Sinn erschien die Stadt Neapel paradiesisch. Des Öfteren betont Goethe, wie unangenehm und eingeengt die Stadt Rom liege, während Neapel herrlich gelegen sei (S. 205). Neapel, in jener Zeit die drittgrößte Stadt Europas, erschien farbenfroh, geschäftig und von einem nie ablassenden Menschenstrom durchflutet, doch lag gerade dieses ewig Bewegte eingebettet in die Ruhe eines großen harmonischen Ensembles. Stieg man auf einen der Hügel, so entfaltete sich das berühmte Panorama: an der weit gezogenen Bucht die Stadt mit ihren Kuppeln und Häusern aus hellem Stein, im Süden der Golf von Sorrent. Selbst am Meereshorizont herrschte keine Monotonie, sondern die Vielgestaltigkeit der Inselwelt.

Es ist diese bildgewordene Mannigfaltigkeit, mit ihrer Farbigkeit und vegetativen Fülle, die Goethe als Raum des bewegten Lebens dem ungestalten und an Farbe armen Todesbezirk des Vulkankraters gegenüberstellt. Auf dieser Ebene der ästhetischen Anschauung vermag die Formel von „Paradies" und „Hölle" für Goethe durchaus Sinn zu stiften. So ist es kein Zufall, dass Goethe in der Beschreibung seiner zweiten Vesuvbesteigung nur kurz die erhabene Perspektive festhält. Die Feier der bloßen Energie eines Naturphänomens – ohne Rückbezug auf irgendeine Form des Gleichgewichts und der Ordnung – gelingt ihm immer nur für Augenblicke. Auch seine Zeichnungen belegen das. Der Zeichner Goethe verlässt sich fast durchweg auf die arkadischen (von Lorrain geprägten) Muster der italienischen Landschaft. In diesen ist der Vulkan unsichtbar, und wo er schließlich einmal auftaucht, erscheint er meist an den Rand gedrängt, als ein Berg, der allenfalls die Grenze des Paradieses markiert. Nur in ganz wenigen Zeichnungen vulkanischer Phänomene lässt Goethe das klassische Programm fahren. Eine dynamische Linienführung und einen befreiten Gebrauch der Farbe zeigt – neben der Darstellung der *Solfatara bei Pozzuoli* (siehe Abb. 44) – die Zeichnung *Blick vom Ätna* (Abb. 45). Doch auf der Ebene der erkennenden Erfahrung liegen die Dinge anders: Goethe hat ein nicht zu stillendes *Interesse* am Menschenfremden, weil er in diesem Menschenfremden die Enthüllung der Geheimnisse der Erde und ihrer Geschichte sucht.

Einige Tage vor seiner dritten Vulkanbesteigung trifft Goethe zum ersten Mal Sir William Hamilton. Goethe äußert sich lobend über Hamiltons Kultiviertheit und Umgänglichkeit – er wird auch nach der Sizilienreise noch einmal zu Gast im Hause Hamilton sein –, doch erfährt der Leser der *Italienischen Reise* nichts über einen Austausch über vulkanische Phänomene. Vergleicht man Goethes Beschreibung seiner Hamilton-Begegnungen mit seinem Bericht vom Zusammentreffen mit dem Ätna-Kenner Gioeni in Catania, so fällt das Nicht-Ereignis im Hause Hamilton umso mehr auf.

Ein erster Grund für das Nicht-Gespräch über den Vesuv lässt sich leicht ausmachen: Goethe betritt das Haus Hamilton unter geselligen Vorzeichen. Gerade hier bemächtigt sich seiner die „wunderliche Empfindung“, dass er – anders als in Rom – in Neapel „nur mit genießenden

Abb. 45: Goethe, *Blick vom Ätna* (1787, aquarellierte Zeichnung)

Menschen“ umgehe (S. 225). Hamilton erscheint als „Mann von allgemeinem Geschmack“, der seine Wanderung durch „alle Reiche der Schöpfung“ bereits hinter sich hat und seine Erfüllung nun in einem „schöne[n] Weib“, dem „Meisterstück des großen Künstlers“, gefunden hat (S. 234). Denn Hamilton hatte ein Jahr zuvor die junge Emma Hart, die später als Lady Hamilton und Gefährtin Nelsons ins Anekdotenreich der Geschichte eingehen sollte, in sein Haus aufgenommen. Sie war seine Geliebte geworden, und der „alte Ritter“ gefiel sich nun im Beifall der Gäste für ihre *Attitudes*, lebende Bilder in verschiedenen Posen und mit wechselnden Accessoires, mit denen Emma große Wirkung erzielte.[176] Goethe, der einen durchaus beifälligen Bericht von zwei dieser Veranstaltungen gibt, zeichnet den „Ritter Hamilton“ als einen, der „mit ganzer Seele sich diesem Gegenstand ergeben“ hat (S. 226).[177] Zu dieser Einschätzung passt, dass Goethe, als er Hamilton zwei Monate später noch einmal besucht, ins „Kunst- und Gerümpelgewölbe“ des Sammlers geführt wird. Viele von Hamiltons Kunstobjekten liegen in achtloser Unordnung im Keller, während Emma, die „Neuerwerbung“, in den Mittelpunkt des Lebens im Palazzo Sessa gerückt ist. Wie sehr auch Tischbein Hamilton als Genussmenschen erlebt, zeigt ein späterer, in die *Italienische Reise* aufgenommener Brief des Malers an Goethe, der von dem schönen Anblick im Meer badender nackter Knaben berichtet, den Hamilton – welcher den Jungen Geld gibt – sich und seinen Gästen in der Villa Emma am Posilipp gönnt (S. 384).

Doch selbst der Genießer Hamilton hätte einen illustren Gast wie Goethe auf den Vesuv begleitet, hätte dieser ihn nur gebeten. So ist die Antwort auf die Frage, warum dies nicht geschah, letztlich bei Goethe selbst zu suchen. Anders als in seiner Begegnung mit der italienischen Kunst und Architektur sucht Goethe in der Begegnung mit den Naturphänomenen Italiens nie nach dem kundigen Begleiter. Während Tischbein, Reiffenstein und Angelica Kaufmann zu willkommenen Führern durch die Kunstlandschaft Roms werden, duldet Goethe bei seinen Naturerlebnissen allenfalls den Wandergefährten. Kein Text und keine Erläuterung sollen ihm die Unmittelbarkeit des landschaftlich-geologischen Sehens verstellen. So wiederholt sich auf dem Vesuv die Suche nach der Einsamkeit des Gipfelblicks, die Goethe bereits im Harz, im Thüringer Wald und in den Schweizer Bergen zuteil geworden war. Dort war ihm freilich – in der erhabenen Ruhe der klar vor ihm liegenden Landschaft – der „Tiefenblick“ in die geologische Zeit gelungen: Gebirgslandschaft war sichtbar geworden als das langsam Gewordene und Gegliederte. Ein solcher Ort der Festigkeit und Ruhe, von dem aus die erdgeschichtlichen Prozesse sich enthüllen könnten, ist dagegen auf dem Kraterrand des Vesuv nicht zu finden. So kann der „Lehre des Brocken“ keine „Lehre des Vesuv“ folgen. An die Stelle der geognostischen Überschau tritt lediglich das vulkanologische Detail.

Wenn noch eine Steigerung gegenüber der Schönheit des Golfs von Neapel möglich war, so erfährt Goethe sie in Sizilien. Schon der Blick vom Schiff bei der Annäherung an die Insel hat die Qualität eines Gemäldes:

> Mit keinen Worten ist die dunstige Klarheit auszudrücken die um die Küsten schwebte [...]. Die Reinheit der Konture, die Weichheit des Ganzen, das Auseinanderweichen der Töne, die Harmonie von Himmel, Meer und Erde. Wer es gesehen hat der hat es auf sein ganzes Leben. (S. 249)

Goethe fühlt sich bei diesem Anblick an Lorrain erinnert. Die Bezauberung durch die Harmonie der Landschaft verhindert freilich nicht, dass Goethe auch in Sizilien auf die Suche nach dem geologischen Detail geht. Zu dieser genauen Empirie gehört wiederum das Sammeln von Gesteinsproben, die auf dem größten Teil der Insel aus Kalkformationen stammen. Erst im Osten Siziliens trifft er auf Lava:

> Gegen *Ibla Major* melden sich Lavageschiebe, welche das Wasser von Norden herunter bringt. Über der Fähre findet man Kalkstein, welcher allerlei Arten Geschiebe, Hornstein, Lava und Kalk verbunden hat, dann verhärtete vulkanische Asche mit Kalktuff überzogen. Die gemischten Kieshügel dauern immer fort bis gegen Catania, bis an dieselbe und über dieselbe finden sich Lavaströme des Ätna. Einen wahrscheinlichen Krater läßt man links. (Gleich unter Molimenti rauften die Bauern den Flachs.) Wie die Natur das Bunte liebt läßt sie hier sehen wo sie sich an der schwarz-blau-grauen Lava erlustigt: hochgelbes Moos überzieht sie, ein schön rotes Sedum wächst üppig darauf, andere schöne violette Blumen. Eine sorgsame Kultur beweist sich an den Kaktuspflanzungen und Weinranken. Nun drängen sich ungeheuere Lavaflüsse heran. *Motta* ist ein schöner bedeutender Fels. Hier stehen die Bohnen als sehr hohe Stauden. Die Äcker sind veränderlich, bald sehr kiesig, bald besser gemischt. (S. 309)

Hier erscheint das Vulkanische nicht mehr als das ästhetisch Ungestalte und Zerstörerische. Gehärtet, wird die Lava zum Felsen und zum festen Untergrund, der die Vegetation nicht tötet, sondern der sie stützt und ihr dient. Die Lava ist Teil eines farbig-lebendigen Ensembles geworden.

In Catania angelangt, lässt Goethe sich von dem Cavaliere Gioeni beraten, der bereits einige Male den Ätna erstiegen hat und über eine bedeutende Sammlung vulkanischer Gesteine verfügt. Gioeni rät vom Besteigen des noch schneebedeckten Hauptkraters ab und empfiehlt stattdessen den Besuch der Monti Rossi, eines Doppelkegels auf den Flanken des Ätna. Die Monti Rossi waren bei dem verheerenden Ausbruch von 1669 entstanden. Goethes Aufenthalt auf diesem Nebenkrater – in Begleitung seines Zeichners Kniep – währt allerdings nicht lange; ein scharfer Wind macht eingehendere Beobachtungen unmöglich (S. 315f.).

Damit wird Goethe am Ätna nicht das Erlebnis eines tätigen Vulkans zuteil. Was er auf der Zeichnung *Blick vom Ätna* (siehe Abb. 45) festhält, ist lediglich eine Fumarole, Restphänomen des älteren Ausbruchs. Doch es bietet sich ihm die Gelegenheit, etwas über die Vielförmigkeit von Vulkanprodukten zu erfahren. So fällt ihm an älteren Lavamassen auf, wie sehr sie kompakten Felsen ähneln:

> Wir fuhren die Straßen hinaufwärts, wo die Lava, welche 1669 einen großen Teil dieser Stadt [= Catania] zerstörte, noch bis auf unsere Tage sichtbar blieb. Der star-

re Feuerstrom ward bearbeitet wie ein anderer Fels, selbst auf ihm waren Straßen vorgezeichnet und teilweise gebaut. Ich schlug ein unbezweifeltes Stück des Geschmolzenen herunter, bedenkend, daß vor meiner Abreise aus Deutschland schon der Streit über die Vulkanität der Basalte sich entzündet hatte. Und so tat ich's an mehrern Stellen, um zu mancherlei Abänderungen zu gelangen. (S. 314)

Während ansonsten in der *Italienischen Reise* die großen geologischen Debatten des 18. Jahrhunderts ausgeklammert bleiben, erscheint hier die Möglichkeit, vor Ort etwas zur Klärung einer aktuellen geologischen Streitfrage beitragen zu können. Allerdings geht es um eine nachträgliche Deutung, die der späteren Redaktion des Textes zugerechnet werden muss; darauf weist die falsche Chronologie hin, denn „der Streit über die Vulkanität der Basalte" begann erst nach Goethes Rückkehr. Doch die Wissbegier, das Herausschlagen verschiedener Handstücke aus dem Lavafelsen und das fast gleichzeitige interessierte Betrachten der Sammlung Gioenis mit ihrer Vielfalt an Vulkaniten – alles weist darauf hin, dass Goethe hier mit einer großen Offenheit an Fragen des Vulkanismus herangeht.[178] In der *Italienischen Reise*, in der Goethe sich durchweg auf die sinnliche Anschauung verlässt – auch auf dem Gebiet der Kunst will er ja vor allem sehen lernen –, ist kaum Platz für Dogmen und große Theorien.

Es scheint, als wären es erst die Jahre nach seiner Rückkehr, in denen sich Goethe zu Entscheidungen gedrängt sieht – auf geologischem wie auf politischem Gebiet. So wird Goethe erst nach 1788 zu einem entschiedenen Gegner alles „Tumultuarischen", in der Erdgeschichte wie in der Menschengeschichte. Dabei scheint es für die Entwicklung von Goethes geologischem Denken eine besonders unglückliche Konstellation gewesen zu sein, dass die Basaltkontroverse gerade im Revolutionsjahr 1789 ihren Höhepunkt fand. Wie der Goethe von 1787 eine besondere Plausibilität in dem metaphorischen Kontrast von „Paradies" und „Hölle" entdeckt hatte, so kam dem Goethe der Jahre nach 1789 die metaphorische Koppelung des Vulkans an die Französische Revolution gelegen. Wobei er freilich die positive Wertung der Vulkanmetapher, wie die Jakobiner sie selbst vornahmen, weit von sich wies.[179] Auch hier verwahrte sich Goethe vor einem Kult der reinen Energie.

Zwar fasste Goethe nach seiner Rückkehr zunächst den Plan, in die Basaltkontroverse einzugreifen und die erhitzten Gemüter mit einem Kompromissvorschlag zu besänftigen, doch er scheint seinen Beitrag nicht ausgearbeitet zu haben, und er fand auch nicht wirklich zu einer Position der Mitte. Werner hatte sich 1788 in einem Aufsatz über die Beschaffenheit eines sächsischen Berges darauf festgelegt, dass Basalt seine Entstehung einer späten Kristallisation im Wasser verdanke. Basalt sei also kein Vulkanit. Werners Schüler Voigt widersprach, gestützt auf eigene Anschauung und auf die älteren Forschungen von Kennern wie Desmarest, Raspe und Hamilton. Basalt war für ihn ein vulkanisches Schmelzprodukt. Goethe schlug vor, dass sowohl Hitze wie Wasser an der Entstehung von Basalt beteiligt seien: Basalt sei bereits früh im heißen Urozean entstanden.[180] Damit hatte er nicht wirklich eine Brücke für die „Vulkanier“ gebaut. Im Wesentlichen blieb es ein neptunistischer Vorschlag. Und in der Folge zeigte sich denn auch, wie Goethe immer deutlicher zum Parteigänger der „Neptunier“ wurde, auch wenn er Werner nicht in allen Details folgen mochte.[181]

Allerdings behielt Goethe ein lebenslanges Interesse an Fragen des Vulkanismus. Seine Schriften zum böhmischen Kammerberg, einem erloschenen Vulkan, den er ab 1808 mehrfach von Franzensbad und Karlsbad aus besuchte, sind beredte Zeugnisse.[182] Und der berühmte Dialog in *Faust II* zwischen Thales und Anaxagoras, in dem es darum geht, ob Wasser oder Feuer die treibende Kraft der Erdgeschichte sei, zeigt etwas von Goethes Bestreben, eine ihn bewegende Grundfrage nicht für immer entscheiden zu müssen.[183] Doch der gleiche Text enthält auch ein anderes: Mephistopheles, das figurgewordene vernichtende Feuer, das der Schöpfung den Kampf angesagt hat, durchkreuzt auf der Bild- und Handlungsebene die schöne Offenheit, die der auf Gleichgewicht zielende Dialog der Naturphilosophen herzustellen sich bemüht.

Letztlich blieben vulkanische Prozesse für Goethe Konvulsionen am Rande einer sich in größter Ruhe vollziehenden Erdentwicklung. Fern blieb ihm der Gedanke, dass aus dem einst durch Sedimentation Festgewordenen und Geordneten durch Verflüssigung etwas Neues und wiederum Geordnetes entstehen könne. Wie für alle Neptunisten galt auch für ihn, dass die Entwicklung vom Flüssigen zum Festen irreversibel war. Die Geschichte der Erde war ein Aufstieg vom Formlosen zum Gegliederten und „Lesbaren“.

Auch wenn sich in der *Italienischen Reise* dieses Denkmuster noch kaum zeigt, so ist doch von Goethes Widerwillen gegen alles Gewaltsame genug zu spüren. Es ist vor allem Goethes am klassischen Harmonieideal sich schulender ästhetischer Blick, der eine Begrenzung des Wilden vornimmt und das Ungestalte glättet. In diesen Zusammenhang passt der „Fensterblick“ auf den Vesuv im Brief vom 2. Juni 1787. Goethe ist inzwischen aus Sizilien zurückgekehrt. Am letzten Tag seines Aufenthalts in Neapel kommt es zu einem größeren, nun auch von der Stadt aus sichtbaren Lavaausbruch. Verlangend schaut Goethe hinauf, findet aber zwischen allen Vorbereitungen zur Rückreise nach Rom und den Abschiedsbesuchen die Zeit nicht mehr, den Vesuv zu besteigen. Etwas widerstrebend folgt er abends der Bitte der Herzogin von Giovane, einer gebürtigen Deutschen, sie in ihrer Wohnung im königlichen Palast aufzusuchen:

> Ich fand in einem großen und hohen Zimmer, das keine sonderliche Aussicht hatte, eine wohlgestaltete junge Dame, von sehr zarter und sittlicher Unterhaltung. Als einer gebornen Deutschen war ihr nicht unbekannt wie sich unsere Literatur zu einer freieren, weit umherblickenden Humanität gebildet, Herders Bemühungen und was ihnen ähnelte, schätzte sie vorzüglich [...]. [E]in solches Gespräch kennt keine Grenzen. Die Dämmerung war schon eingebrochen und man hatte noch keine Kerzen gebracht. Wir gingen im Zimmer auf und ab und sie, einer durch Läden verschlossenen Fensterseite sich nähernd, stieß einen Laden auf und ich erblickte was man in

seinem Leben nur einmal sieht. Tat sie es absichtlich mich zu überraschen, so erreichte sie ihren Zweck vollkommen. Wir standen an einem Fenster des oberen Geschosses, der Vesuv gerade vor uns; die herabfließende Lava, deren Flamme bei längst niedergegangener Sonne schon deutlich glühte und ihren begleitenden Rauch schon zu vergolden anfing; der Berg gewaltsam tobend, über ihm eine ungeheuere, feststehende Dampfwolke, ihre verschiedenen Massen bei jedem Auswurf blitzartig gesondert und körperhaft erleuchtet. Von da herab bis gegen das Meer ein Streif von Gluten und glühenden Dünsten; übrigens Meer und Erde, Fels und Wachstum deutlich in der Abenddämmerung, klar friedlich, in einer zauberhaften Ruhe. Dies alles mit einem Blick zu übersehen und den hinter dem Bergrücken hervortretenden Vollmond als die Erfüllung des wunderbarsten Bildes zu schauen, mußte wohl Erstaunen erregen.

Dies alles konnte von diesem Standpunkt das Auge mit einmal fassen, und wenn es auch die einzelnen Gegenstände zu mustern nicht im Stande war, so verlor es doch niemals den Eindruck des großen Ganzen. War unser Gespräch durch dieses Schauspiel unterbrochen, so nahm es eine desto gemütlichere Wendung. Wir hatten nun einen Text vor uns welchen Jahrtausende zu kommentieren nicht hinreichen. Je mehr die Nacht wuchs, desto mehr schien die Gegend an Klarheit zu gewinnen, der Mond leuchtete wie eine zweite Sonne, die Säulen des Rauchs, dessen Streifen und Massen durchleuchtet bis ins einzelne deutlich, ja man glaubte mit halbweg bewaffnetem Auge die glühend ausgeworfenen Felsklumpen auf der Nacht des Kegelberges zu unterscheiden. Meine Wirtin, so will ich sie nennen, weil mir nicht leicht ein köstlichers Abendmahl zubereitet war, ließ die Kerzen an die Gegenseite des Zimmers stellen und die schöne Frau, vom Monde beleuchtet, als Vordergrund dieses unglaublichen Bildes, schien mir immer schöner zu werden [...]. (S. 368–370)

Der Blick aus dem Fenster macht den Vesuv zur gerahmten erhabenen Landschaft. Auch in einem temporalen Sinn erscheint der Vesuv wie gerahmt, da der Betrachter in ein literarisches Gespräch vertieft ist, als er den nächtlichen Vesuv erblickt, und sich kurz danach noch einmal literarischen Gegenständen zuwendet. Solche Umrahmungen bedeuten Distanzierung: Von dem kulturell bestimmten Raum aus wird das Andere sichtbar, das nun alle Bedrohlichkeit verloren hat. Unumschränkt regiert hier das Auge, der Sinn der Ferne, während die Signale der Gefahr verstummt sind, die die Sinne der Nähe (Geruchssinn, Tastsinn, Gehör) am Kraterrand ausgesandt hatten.

Das nächtliche Panorama hat überdies den Vorzug, dass die Hässlichkeit der Kraterformen unsichtbar geworden ist. Die Unförmigkeit und Gestaltlosigkeit der vulkanischen Landschaft, die für Goethe letztlich ein Affront bleibt, ist einer anders gearteten Erhabenheit, der Erhabenheit der Lichterscheinungen, gewichen. Die Naturkraft, die der junge Goethe um ihrer selbst willen gepriesen hatte, erscheint hier panoramatisch gezähmt und klassischen Harmonisierungstendenzen unterworfen.

Es ist anrührend zu sehen, wie Goethe am folgenden Tag, bei seinem endgültigen Abschied von Neapel, hin- und hergerissen ist zwischen der Faszination, die das Naturereignis des Lavaausbruchs auf ihn ausübt (vgl. auch Abb. 46), und dem Verlangen, wieder nach Rom, der Stadt der Kunst, zurückzukehren (S. 375). Dieses Verlangen, noch einmal als gründlicher Lehrling der Kunst für eine längere Zeit nach Rom zu gehen, siegt schließlich über die Begeisterung durch das noch immer he-

Abb. 46: Goethe, *Imaginärer Vesuvausbruch* (1787, aquarellierte Zeichnung)

rausfordernde Naturphänomen. Denn für Goethe soll der Prozess seiner „Wiedergeburt" gerade in Rom seinen Abschluss finden. In Rom aber erscheint das Steinreich nur noch als bearbeitetes Material: „In Rom wurde kein Stein mehr angesehen wenn er nicht gestaltet war. Die Form hatte allen Anteil an der Materie verdrängt."[184] Gestaltoffenheit, Unruhe, ästhetische Ambivalenz – die Herausforderungen, denen Goethe sich am Vulkan ausgesetzt sah – weichen nun dem Reich gesicherter Formen.

In diesem Zusammenhang lohnt es, sich ein bestimmtes Element in dem berühmten Tischbein-Gemälde *Goethe in der Campagna* vor Augen zu führen (Abb. 47). Man hat gelegentlich darauf hingewiesen, dass dieses Bild aus den Verschränkungen lebt und damit Wichtiges über Goethes Italien-Erlebnis aussagt.[185] Zum einen ist es die Verbindung von Kultur und Natur, fassbar in der Einbettung der Kunstzeugnisse in die Landschaft der römischen Campagna (die im Übrigen von den in der Ferne sichtbaren Albanerbergen begrenzt wird, von deren vulkanischem Charakter sich Goethe überzeugt hatte[186]). Zum andern zeigt sich das Prinzip der Verschränkung in der Kombination von historisch Bestimmtem und allgemeinem Menschentypus, zu erkennen am Malerhut und am Künstlermantel über der sichtbar bleibenden Kleidung einer Standesperson, die sich an die Mode ihrer Zeit hält. Ein weiteres Beispiel der Verschränkung ist dagegen meist unbeachtet geblieben: Es sind die Steine, auf denen Goethe ruht. Nach einer Entwurfszeichnung von Tischbein sollten auf diesen Steinen ägyptische Hieroglyphen zu sehen sein und damit die Herkunft aus einem zerstörten Obelisken aus Granit andeuten. Offenbar waren diese Hieroglyphen zunächst auch auf dem Ölgemälde zu sehen, wurden dann aber übermalt.[187] Wären damit diese Steinblöcke historisch schon weiter zurückversetzt gewesen als alle anderen im Bild anwesenden Kunstdenkmäler, so rücken nun, da die Inschriften fehlen, die Steine in eine noch entlegenere Zone. Der Granitcharakter als solcher tritt hervor, und zwar im mineralogischen Denken Goethes auf eine sehr direkte Weise. Denn da Goethe in der Form des Obelisken die Wiederkehr des kristallinen Regelmaßes sah, weil für ihn die kristalline Form des Hauptminerals stets die Bauform des Gesteins bestimmte, konnten die dargestellten Blockformen nichts anderes sein als die Grundgestalt des Granits.[188] In dem Gemälde sind die vulkanischen Berge weit hinausgeschoben, der Granit dagegen rückt ins Zentrum und bildet das verlässliche Gestein, auf dem das bewegliche Leben aufruht.

Abb. 47: Johann Heinrich Wilhelm Tischbein, *Goethe in der Campagna* (begonnen 1786, Frankfurt am Main, Städelsches Kunstinstitut)

Ein Vulkan der Erinnerung
Der „Stein" zu Wörlitz

Im Lauf des 18. Jahrhunderts kam es bei den Festfeuerwerken des deutschen Adels zu einer grundlegenden Veränderung. Das alte Feuerwerk hatte überwiegend allegorischen Charakter, wobei die Pyrotechnik komplexe Bedeutungsszenarien in langen Bildfolgen vorführte.[189] An die Stelle dieses Feuerwerkstypus trat das moderne Festfeuerwerk, das keine Erzählungen mehr enthielt und zur ästhetischen Autonomie neigte. Zwar feierte auch bei dieser Veranstaltung meist noch ein Fürstenhaus sich selbst – die Anlässe des Festes blieben oft genug Prinzenhochzeit und hoher Geburtstag –, doch das pyrotechnische Geschehen war auswechselbar abstrakt geworden: Es enthielt nur noch sehr wenige und dann meist sehr allgemeine Bildelemente.

Kennzeichnend für den Übergang war der veränderte Stellenwert, den ein Gebilde wie der „feuerspeiende Vulkan" in den Feuerwerken erhielt. War der Vulkan im älteren Barockfeuerwerk noch als Schmiede des Gottes Vulcanus mit seinen Knechten gestaltet worden, um Kraft und Macht des Fürsten darzustellen,[190] so war in den neuen Feuerwerken der Vulkan nur noch ein Berg. Ohne Bildzutaten diente seine „Krateröffnung" lediglich dazu, Raketen und Schwärmer aufsteigen zu lassen. Wie der Vesuvausbruch in den Abbildungen und Beschreibungen der Zeit oft im Schema des pyrotechnischen Schauspiels erschienen war, so sollte nun umgekehrt das Naturphänomen dem Kunstvorgang etwas von dem staunenerregend Menschenfremden mitteilen.

Allerdings bedeuteten die Konstruktion einer kegelförmigen Verkleidung der Pyrotechnik und deren Ernennung zum Vulkan noch nicht, dass mehr als eine oberflächliche Illusion angestrebt wurde. Nicht nur ging das Bauwerk aus Holz und Gips am Ende meist selbst in Flammen auf, auch wichtige illusionistische Elemente – wie etwa der Lavafluss – fehlten meist. Die konsequente Annäherung an das Naturgeschehen blieb einer besonderen Unternehmung vorbehalten: der Errichtung des „Vesuv" im Wörlitzer Englischen Garten, dem ersten großen Landschaftspark des europäischen Kontinents. Dieser künstliche Vulkan, ein steinernes Bauwerk von siebzehn Meter Höhe, wurde im Sommer 1794 zum ersten Mal Schauplatz eines beeindruckenden nächtlichen „Ausbruchs".[191]

Die Anfänge des Wörlitzer Parks reichen in die sechziger Jahre des 18. Jahrhunderts zurück. Fürst Leopold Friedrich Franz hatte in den Jahren 1763 und 1764 England bereist und dort die bedeutendsten Schöpfungen des modernen Landschaftsgartens besucht. Es folgten weitere Reisen nach England, doch schon von 1764 an wurden die ersten Teile des Wörlitzer Gartens geplant und angelegt. Ort und Park Wörlitz wurden zum Kerngebiet eines bedeutenden Projekts: der ästhetischen und ökonomischen Umgestaltung des Fürstentums Anhalt-Dessau, das mit seinen Parks, Auwäldern und Agrargebieten zum „Gartenreich" und aufgeklärten Musterstaat werden sollte. Anstoß war der aus England stammende Gedanke des *improvement*, wonach einem Großgrundbesitzer die Aufgabe zukam, das ästhetische und produktive Potenzial seines Besitzes zu erkennen und zu entwickeln.[192] Charakteristisch für die Anhalt-Dessauer Variante des *improvement* wurde deren moralisch-fürsorgende Ausrichtung. Neuordnung und Pflege der Landschaft sollten nicht nur dem Besitzer und seiner Klasse zugute kommen – alle Landeskinder sollten Nutzen und Vergnügen aus der großen Erneuerung ziehen. Eine charakteristische Einrichtung war das Gotische Haus im Wörlitzer Park, in dem den Bauern ein Samenmagazin zur Verfügung stand, während zugleich neues Ackergerät und moderne Methoden des Fruchtwechsels demonstriert wurden. Solche agrarischen Formen des *improvement* waren eingebettet in die umfassendere Umgestaltung des Kleinstaates, zu der neben der Reform der Verwaltung auch die Einrichtung von Schulen gehörten, in denen – wie im berühmten Dessauer Philanthropinum – nach den neuesten Erkenntnissen kindgerechten Lernens unterrichtet wurde. Überall im Fürstentum traf man auf „gelebte Aufklärung"; sie manifestierte sich in der praktizierten Glaubenstoleranz ebenso wie in der Reduzierung des Hofzeremoniells.

Während die Landschaftsparks in England den Anblick landwirtschaftlicher Arbeit entweder ganz ausklammerten oder nur in großer Entfernung zuließen, war in Wörlitz der auf Feldern und Wiesen arbeitende Mensch überall sichtbar. Der Weimarer Carl August Boettiger schrieb in seinem lebendigen Wörlitz-Bericht von 1797 von dem besonderen ästhetischen Reiz, den die visuelle Verbindung des sonst Getrennten für den Besucher hatte:

> Ganz köstlich ist besonders der Prospect durch die aus Werkstücken malerisch aufgetürmte Bogenbrücke auf den freundlich mit seiner weißen Mauer herabwinkenden Floratempel über einen Kornacker, auf welchem eben jetzt der Schnitter arbeitete. Diese Ansicht hatte einen so unwiderstehlichen Reiz, daß wir fast alle auf einmal den Gondelier baten, noch einmal einen Kreis im Wasser mit uns zu beschreiben, damit wir dies Tableau zum zweitenmal sähen.[193]

Hier hatte die Gartenarchitektur die Rahmung („malerisch aufgetürmte Bogenbrücke") für das wahrgenommene Bild von antikisierendem Bauwerk und praktischer Arbeit („Tableau") gleich mitgeliefert.

Was in Wörlitz für den Bauern die Einbindung seiner Arbeit in ein ästhetisches Reich war – zu dessen Kontemplation er in Zeiten der Ruhe durchaus aufgefordert wurde –, das war umgekehrt für den genießenden Spaziergänger die Einladung zur Reflexion über die ökonomische Grundlage der Möglichkeit seines Genusses. Insofern hatte der Wörlitzer Park einen deutlich erkenntnisfördernden Zug.

Zu solchen Erkenntnismöglichkeiten gehörte auch, dass dem Besucher Reisen durch die Zeit und durch die Geografie geboten wurden. So gaben die siebzehn Brücken des Parks Einblicke in die geschichtliche Entwicklung der Brückenbaukunst – von den frühesten Anfängen bis zur modernen Eisentechnik.[194] Und der Besucher konnte sich mit den Stationen einer europäischen Reise im Stil der *Grand Tour* bekannt ma-

Abb. 48: Die Insel „Stein" zu Wörlitz (Holzmodell; Kulturstiftung DessauWörlitz)

chen, wobei etwa das Gotische Haus und die Felsszenarien von Luisenklippe und Kettenbrücke nord- und mitteleuropäische Eindrücke vermittelten, während Floratempel, Venustempel und Pantheon in den europäischen Süden führten. Das konzentrierteste Erlebnis Italiens barg freilich die künstliche Insel, „Stein" genannt, die in der südöstlichen Ecke des großen Sees als letztes Teilensemble des Parks entstanden war. Auf ihr stand der „Vesuv".

Das Bekanntmachen mit Objekten aus ferner Zeit und fernen Räumen stellte sich allerdings nicht in der Direktheit eines pädagogischen Programms dar. Es blieben *Angebote* für den Gartenbesucher. Zwar gab es gedruckte Führer durch den Park, die Blick und Verständnis lenken konnten, nirgendwo aber wurde die Strenge eines Lehrpfades angestrebt. Selbst die dezidiert aufklärerischen Partien – wie zum Beispiel der „Toleranzblick", der in den drei von der Goldenen Urne ausgehenden Sichtachsen die Kirche, die Synagoge und das Nymphengestade zugleich erfasste – luden vor allem zu Meditation und Empfindung ein.

An der Topografie des Parks fällt auf, dass die Entfernungen zwischen den Architekturelementen in den älteren Teilen relativ gering sind, während in den Neuen Anlagen – mit den italienischen Monumenten des Pantheons, des Italienischen Bauernhauses und des „Steins" – weit größere Abstände vorherrschen, dass aber auf der Insel „Stein" selbst die Elemente eng zusammengerückt sind. Architektur und Standort eines Bauwerks wie des Wörlitzer Pantheons folgen deutlich dem Vorbild des englischen Landschaftsgartens, der insbesondere nach 1750 – tonangebend war nun Lancelot „Capability" Brown – seine neopalladianischen Bauwerke isolierte. Der umgebende Landschaftsausschnitt wurde zum Resonanzraum eines einzelnen Architekturgedankens.

Herrscht hier eine große Klarheit vor, so ist die Wörlitzer Insel „Stein" viel schwerer zu überblicken und zu deuten. Ihrer Konzeption liegen die Erinnerungen an Süditalien zugrunde, das Fürst Franz während seiner *Grand Tour* im Winter 1765/66 bereist hatte. Skizzen und Aufzeichnungen stammten von dem wichtigsten Begleiter des Fürsten, dem Freund und Architekten Friedrich Wilhelm von Erdmannsdorff. Für diesen Teil des Erinnerungsprojekts war das Modell nicht englisch-palladianisch, sondern hadrianisch. In Tivoli bei Rom hatten Fürst Franz und Erdmannsdorff die mächtigen Ruinen der Villa Hadriana bewundert.[195] Sie hatten die Vielfalt an Gedächtnisobjekten studiert, die Kaiser Hadrian aus allen Provinzen seines Reiches hatte versammeln lassen. Zwanzig Jahre nach dem Besuch der Villa Hadriana entstand bei Fürst Franz der Wunsch, eine persönliche Erinnerungsfolge auf vergleichbare Weise Architektur werden zu lassen.[196] Allerdings erhielt das Ensemble „Stein“ ungleich bescheidenere Ausmaße (Abb. 48).

Die künstliche Insel hat eine Größe von noch nicht einmal einem halben Hektar. Beherrscht wird sie vom exzentrisch angelegten Vulkanbau, dessen Kegel zwar keinen großen Durchmesser hat, der aber zusammen mit seinem Unterbau in dem horizontal bestimmten Park ein auffallend hohes Gebilde ist. Auf keinen architektonischen Nenner zu bringen ist dieser Vulkansockel. Sein Backsteinkern, der mit groben Granitfeldsteinen ummantelt ist, wirkt massig, sogar zyklopisch. Er ist unterhöhlt und steht direkt im Wasser. Bögen und Gewölbe bilden Grotten und erlauben es, mit dem Kahn hindurchzufahren. Vorbild waren hier die Felsentunnel von Misenum, dem Hafen der römischen Flotte im Altertum. Ein etwas kleinerer Sockel aus dem gleichen granitischen Material schließt sich unmittelbar östlich an, auf dem ein rot-weißer klassizistischer Pavillon, genannt Villa Hamilton, steht, der einen scharfen Kontrast zu den primitiven Unterbauten bildet (Abb. 49).

Die Insel setzt sich nach Norden stufenweise abfallend fort. Eine nach Westen reichende schmale Landzunge gibt zusammen mit einem davor liegenden, fast kreisrunden Inselchen eine Andeutung der Umrisse Kalabriens mit dem vorgelagerten Sizilien. Rund um den „Stein“ sind kleine Felseninseln zu sehen, die jeweils aus einigen aufrecht stehenden Basaltsäulen zusammengefügt sind. Auch zwischen den Bögen des Vulkansockels stehen gleichsam angelehnt zwei Gruppen von Basaltsäulen.

Da der „Stein“ dicht am Ostufer des Sees liegt, wirkt er von der Seemitte aus wie eine Halbinsel. Geht oder fährt man um ihn herum, wird deutlich, dass hier – ähnlich wie bei anderen Inseln im Park – durchaus keine feste Verbindung zum Land bestehen soll. Da der Besucher übergesetzt werden muss, bedeutet das Betreten der Insel von vornherein einen deutlichen Wechsel des Erlebnishorizonts. Dazu gehört auch das Gewahrwerden einer ungewöhnlichen Zeittiefe. Denn neben dem Vesuv befindet sich ein „erloschener Vulkan“, dessen „Kraterrand“ unregelmäßig und zerstört wirkt. In diesen „alten Krater“ ist ein klassisches Amphitheater mit bescheidenen Ausmaßen eingelassen, das sich selbst schon wieder als halb verfallenes Bauwerk präsentiert. So öffnet sich vor dem Besucher ein doppelter Zeithorizont: Die menschengeschichtliche Ruine erscheint aufgenommen in die sehr viel ältere erdgeschichtliche Ruine.

Besucher des „Steins“, die vom Ostufer aus im Kahn übergesetzt werden, betreten eine breite Stufe vor einer Bogenmauer aus Backsteinen, errichtet nach dem Vorbild der Ruine des griechischen Gymnasiums in Taormina, durchschreiten einen offenen Bogen mit einem sich anschließenden kurzen Gang und stehen darauf in der Orchestra des Amphitheaters. Deren halbrunden Abschluss bildet eine niedrige Mauer aus dunkelroten bis schwarzen Raseneisensteinen, die wie Vulkanschlacke wirken. Steigt man von hier zu den oberen Sitzreihen auf, hat man in westlicher Richtung einen weiten Blick über den See mit seinen abwechslungsreichen Ufern. Dagegen ist der Blick nach Norden durch die Bepflanzung der Insel gehindert: anstelle der „gleichsam von der Zeit vertilgt[en]" Bühnenwand bilden Bäume die Begrenzung des Theaterbezirks. Etwas undeutlich ist, ob diese Bepflanzung ursprünglich mehr als den Durchblick zur Eisernen Brücke, etwa zum weiter entfernten Pantheon, zuließ. August Rode, der Verfasser des ersten genauen Parkführers, spricht davon, dass man „[ü]berall, wo man sich auch hinsetzt, [...] die erfreulichste Aussicht" habe.[197] Da der heutige Besucher fast nur See und Vegetation erblickt, ist es wahrscheinlich, dass die Konzeption den Naturpanoramen verpflichtet war, die die Besucher einiger klassischer Theaterruinen in Italien gepriesen hatten.[198]

Bei der weiteren Besichtigung des „Steins" – im 18. Jahrhundert fand sie stets in Begleitung eines Mannes statt, der für die Inselführung zuständig war – gelangt man in dunkle Gänge und Räume hinter dem Amphitheater und unter dem Vulkan. Nach dem Besuch einer Neptunsgrotte auf Seehöhe erreicht man über eine Wendeltreppe das sogenannte

Abb. 49: F. von Laer und L. Matthey, *Der Vulcan zu Wörlitz* (um 1831, kolorierte Lithografie)

Kabinett der Nacht. Durch Öffnungen in der Decke, in die farbiges Glas eingesetzt ist, wird das Kabinett „gleichsam durch ein magisches Licht" erhellt; Sterne und Mond sind zu erkennen.[199] In der Mitte des mit schwarzen Schlacken ausgemauerten Raums befindet sich auf schwarzem Sockel die weiße Statue einer Vestalin. Durch weitere Gänge sind ein Kolumbarium, das einem antiken Grabgewölbe nachempfunden ist, und zusätzliche Räume zu erreichen. Einer dieser Räume wurde zum „Kabinett des Tages" bestimmt, ist aber nicht vollendet worden.[200]

War schon das Übersetzen zur Insel als Passage gedacht, so sollte dieser Eindruck sich beim Gang durch das „Innere des Vulkans" noch verstärken. Abstieg und Aufstieg, die labyrinthische Struktur, der Wechsel von Halbdunkel und Dunkel: Alles war offenbar dazu bestimmt, zu einer Loslösung von der überschaubaren Tageswelt beizutragen. Überdies enthielten die Kabinette einen Hinweis auf einen besonderen Initiationsritus: den der Freimaurer. Fürst Franz war Logenmitglied, doch es stellt sich die Frage, ob das räumliche Zitat hier einen zusätzlichen Zweck erfüllen konnte. Die Nicht-Vollendung des Kabinetts des Tages scheint darauf hinzuweisen, dass auch Franz und Erdmannsdorff an der Richtigkeit des Konzepts zweifelten.

Nach den Aufstiegen im Innern gelangt der Besucher auf einem breiten Absatz aus Porphyrplatten ins Freie und sieht sich nun unmittelbar dem etwa sechs Meter hohen Vulkankegel gegenüber. Ein Wassergraben trennt den äußeren Mauerwall von dem Vulkan, wobei eine gemauerte Brücke den Übergang erlaubt und ein spiralförmig sich um den Kegel windender Pfad hinauf zum „Krater" führt. In den Worten August Rodes:

> Welch ein Genuß, von dieser mit Mühe und Gefahr errungenen Höhe herab, auf die ausgedehnte Fläche, voller Haine, Felder und Wiesen zu schauen, durch deren Rasen, Schatten und Blumen sich Canäle, gleich silbernen Strömen, Winden, und in deren Mitte sich der kristallene Spiegel des See's mit dem Abglanze des Himmels ausbreitet![201]

Die Beschreibung erinnert – durch ihre unverhältnismäßige Betonung von Mühe und Gefahr bei der Besteigung des künstlichen Vulkans – an den Kontrast, den Italienreisende auf dem Gipfel des Vesuv erfuhren. Von „des Craters Mündung", von der man sich abkehrte, erblickte man das arkadisch verfasste Naturganze. Der physisch bedrohliche Ort wurde hier wie dort für Augenblicke zu einem Belvedere, von dem aus Fülle und Ausdehnung der vegetativen und aquatischen Welt erfasst werden konnten.

Im Hinuntersteigen vom Wörlitzer „Krater" waren es dann wieder die Eigenheiten des Vulkankegels, welche faszinierten. Rodes Parkführer erklärte sie den Besuchern. Er wies auf eine

> Höhle im untern Theile des Craters; worin, wenn der Volcan in Thätigkeit gesetzt werden soll, allerlei brennbare Materien angezündet werden, welche vielen Dampf und Schmauch verursachen, der denn aus angebrachten Oefnungen hervorbricht und das Haupt des Berges in schwarze Gewölke einhüllt, während die Mündung des Schlundes die hohe, Millionen Funken sprühende Feuersäule gen Himmel er-

hebt, und, von geschmolzener Lava überströmend, auf allen Seiten des Berges Feuerströme in die Tiefe hinabgießt.[202]

In dieser unteren Öffnung wurde demnach für die Aschenwolke gesorgt, während weiter oben, in einem „Kessel unter der Mündung“, „von Feuerwerkern der eigentliche Feuerauswurf bereitet und dirigirt wird“. Der Lavaeffekt wurde durch fließendes Wasser erreicht, das „vermittelst einer im Inneren des Berges angebrachten Maschine“ hochgepumpt wurde und danach an den mit schwarzen Kupferschlacken und hellem Travertin verkleideten Wänden des Kegels herablief. Es wurde von Lampen beschienen und stürzte, nachdem sich der Wassergraben auf dem breiten Sockel gefüllt hatte, als „stattliche Cascade brausend und schäumend über den Felsrand hinab in den See“.[203]

Dem Besucher Boettiger scheint Rode bei der gemeinsamen Begehung des „Steins“ den Ablauf noch eingehender erklärt zu haben. Jedenfalls sah Boettiger das nächtliche Geschehen in allen Einzelheiten vor sich; er erblickte „dies fürchterlichste aller Naturschauspiele in seiner größten Vollkommenheit“:

Ist nun der Krater mit Pulverrädern und Schwärmern geladen, entzünden sich im schnellen Huy die aufgesteckten Lampenreihn und beginnt die schreckbare Explosion: so rauscht zu gleicher Zeit aus einem auf der Abendseite angebrachten Medusenkopf aus Auge, Nasenlöchern und Mond ein Wasserstrom den obern Krater herab, der, von Lampenschein und Raketenblitz erleuchtet, ganz natürlich wie ge-

Abb. 50: Karl Kuntz, *Der Stein zu Wörlitz* (1797, kolorierte Aquatinta)

schmolzener Feuerstrom aussieht und, aufgefangen durch das untere Becken, sich nun auf mehreren Seiten über die schroffen Felszacken vollends herab ergießt.[204]

Die – soweit bekannt – einzige Abbildung des künstlichen Vulkanausbruchs ist das Aquatintablatt von Karl Kuntz, das im Jahr von Boettigers Besuch von der Dessauer Chalkografischen Gesellschaft herausgegeben wurde (Abb. 50). Das Blatt zeigt eine kleine Gesellschaft auf dem See, die im Kahn herangerudert worden ist und die nun das Geschehen verfolgt. Deutlich zu sehen sind die Bahnen der aus dem Krater aufsteigenden Raketen und Schwärmer. Durch deren Feuer wird eine hoch aufsteigende Rauchwolke erhellt, die aus dem unteren Teil des Vulkankegels austritt. Zwar wirken Raketenbahnen und „Lavaströme" etwas regelmäßig, doch wird nicht zuletzt durch die grobe Streuung der Granitblöcke, auf die die leuchtende Lava auftrifft, ein beachtlicher illusionistischer Effekt erzielt.

Künstlerisch wirkungsvoll an der Aquatinta sind Aufbau und Zuordnungen. So ist das Felsentor rechts durch Entsprechungen und Blickführung im Bild verankert. Es korrespondiert mit dem senkrecht-steinernen Gebilde des Vulkanbauwerks, das mit dem „Misenumbogen" an seiner Basis ebenfalls einen torähnlichen Durchblick bietet. Außerdem führt eine bildbestimmende Diagonale von dem Felsentor zu dem feurigen Krater und zur schräg aufsteigenden Wolke, wobei die Kontraste von dunkler Umrandung und leuchtendem bzw. transparentem Inneren aufeinander bezogen sind. Felsentor und „Misenumbogen" sind mitbeteiligt an der Illusion des Durchblicks, die von dem luminösen Zentrum des Bildes ausgeht. In einer zusätzlichen vertikalen Entsprechung ist das Felsentor mit den Pappeln verbunden. Die Pappeln erscheinen noch einmal gespiegelt im Wasser und leiten den Blick zum tiefsten Punkt des Geschehens: der Spiegelung des „Ausbruchs" in der fast unbewegten Oberfläche des Sees.

Auf die – übrigens recht große und teure – Aquatinta von Kuntz wurden die Besucher verwiesen, die bei den seltenen nächtlichen Vorführungen nicht zugegen sein konnten. Als Boettiger seinen „gütigen Führer" Rode fragt, ob „dieser Berg wirklich schon einmal seine höllischen Eingeweide zur Ergötzung des Publikums ausgeschüttet" habe, ist die Antwort, dass dies in den drei Jahren seit der Fertigstellung erst zweimal geschehen sei: einmal in Anwesenheit des Königs von Preußen und ein Jahr darauf in Gegenwart der Herzöge von Weimar und Meiningen.[205] Aus dem Wörlitzer Gästebuch geht hervor, dass bei dieser letzten Gelegenheit auch Goethe zugegen war. Goethe, der die Anlagen mehrfach besuchte – und sich von ihnen zu seinem Entwurf des Ilmparks in Weimar anregen ließ –, zeichnete bei einem der Aufenthalte auch den „Stein" bei Tageslicht (Abb. 51).

Die isolierte Lage des „Steins" zwischen See und Feldern bot den Vorteil, dass fast keine anderen Objekte zum Größenvergleich einluden. Zwar konnte das Auge des Betrachters die Höhe des Vulkans noch auf die Größe der Bäume auf der Insel beziehen, doch waren bei einer nächtlichen Vorführung nicht alle Distanzen leicht abzuschätzen. So

Abb. 51: Goethe, *Der Stein* (Federzeichnung, laviert)

konnte der „Ausbruch“ durchaus als der einer größeren Erhebung erscheinen. Hinzu kam die Unbestimmtheit des Bauwerks selbst, die möglicherweise zum Erlebnis des Erhabenen beitrug. Bei dem zyklopischen Unterbau war es schwer, zwischen Gestaltetem und Gewordenem zu unterscheiden. Allerdings mussten sich die Betrachter dabei an die Schauseite halten, die auch die Aquatinta von Kuntz bestimmt – denn auf der Ostseite des Bauwerks stand die Villa Hamilton. War sie während des Schauspiels zu sehen, schwanden Größentäuschung und jede wie auch immer bescheidene Illusion der Menschenferne.

Die Villa Hamilton ist ein Nachbau des Casino di Mappinola, das William Hamilton schon bald nach seiner Ankunft in Neapel gemietet oder gepachtet zu haben scheint.[206] Das Casino – italienisch für „kleines Haus“ – lag am Fuß des großen Tuffriegels Posilipp im Westen Neapels und bot von seiner Terrasse aus einen weiten Blick auf Meer, Vesuv und Teile der Stadt (Abb. 52). Unklar ist, ob Fürst Franz und seine Begleiter bei ihrem Neapel-Aufenthalt das Gebäude kennengelernt hatten – was wohl auch bedeutet hätte, dass man sie, wie so viele Gäste Hamiltons, zum Mittagsmahl hinübergerudert hätte. Fest steht, dass Fürst Franz während seines kurzen Aufenthalts Hamilton zum Freund gewonnen hatte. Er lernte ihn als Kunstkenner und Musikliebhaber schätzen, und da auch Hamilton sich zu dem jungen Fürsten hingezogen fühlte, entwickelte sich eine besondere Beziehung, die in den Jahren danach durch Briefe aufrechterhalten wurde. Kennzeichnend ist Hamiltons Versicherung in einem Brief an Erdmannsdorff, dass er sein „ganzes Leben lang“ für Fürst Franz „Achtung und Zuneigung“ empfinden werde.[207] Von

Abb. 52: Saviero della Gatta, *Ansicht der Villa Emma am Posilipp* (1795, Gouache, Privatsammlung). Im Hintergrund ein nie vollendeter Bau: der Palazzo Donn'Anna.

der Wörlitzer Wertschätzung für den Gesandten zeugt dessen Porträt in der Galerie bedeutender Köpfe an den Wänden der Schlossbibliothek, wobei Hamilton als Einziger gleich zweimal abgebildet wurde: im Wandbild und in einem als „Black Basalt" ausgeführten Wedgwood-Medaillon.

Als gesichert gilt, dass Erdmannsdorff bei einer späteren Italienreise das Casino, das Hamilton ab etwa 1787 Villa Emma nannte, besichtigte und zeichnete. Inzwischen war in Wörlitz mit dem Bau der Insel „Stein" begonnen worden, und es ging nun darum, Ideen und Vorbilder für die weitere Gestaltung zu finden. Die Villa Hamilton folgte in ihrer äußeren Gestalt dem Vorbild sehr genau; bis in die Dachverzierungen wurde das neapolitanische Casino nachgebaut. Allerdings nahm Erdmannsdorff eine Farbumkehrung des Außenanstrichs vor: Die Mauern waren nun rot gefärbt, während die Eckbossierungen kalkweiß gestrichen wurden. Auch Größe und Anordnung der Terrassen unterlagen Veränderungen.

Im Inneren der Villa, das aus drei reich gestalteten Zimmern besteht, gibt es allerdings nur wenig direkte Bezüge zum Vulkan. Es sind acht Deckengemälde von bescheidener Größe in dem Zimmer mit dem Kamin, auf denen Vulkane zu sehen sind. Dabei handelt es sich um Kopien nach den *Campi phlegraei*, insbesondere nach dem Frontispiz von 1776. Ein bestimmtes Thema herrscht vor: rauchende Inselvulkane bei Tage, aus beträchtlichem Abstand vom Meer aus gesehen, mit Segelschiffen im Bildmittelgrund. Das Blassblaue bis Hellgraue von See und Himmel teilt sich auch der Farbe der fernen Vulkane mit (Abb. 53). Auffallend ist, dass es hier um die Vulkane der Liparischen Inseln geht und gerade nicht um den Vesuv.

An anderen Dekorationen der Villa ist Vulkanisches nur mittelbar beteiligt: vor allem an den Figurenfriesen und Umrissstichen im sogenannten herculanischen Stil. Hier hatten die *Pitture antiche d'Ercolano* (1757/1769) als Vorlagen gedient.[208] Bei dem zunächst nur mit königlicher Zustimmung möglichen Erwerb des berühmten Werks hatte Hamilton vermittelt. Etwas direkter auf den Kunstkenner Hamilton bezogen sind die kräftig roten Abbildungen von Vasen an der Decke des Zimmers; sie sind nach dem Vorbild der Hamilton'schen Vasensammlung, dargestellt in d'Hancarvilles Bildkatalog, entstanden.[209] Die übrigen Ausschmückungen und Gemälde der Villa zeigen dagegen wenig Spezifisches, was auf die Freundschaft des Fürsten zu Hamilton hinweisen könnte. Hier ist vielmehr durch Ruinenbilder, venezianische Veduten und Landschaftszeichnungen ein Gesamtraum der Kunst gewordenen Erinnerungen an das *virtù*-Land Italien entstanden. (In diesem Zusammenhang ist bemerkenswert, dass ein anderer Innenraum im Dessau-Wörlitzer Gartenreich, das Pompejanische Zimmer im Luisium, wesentlich dezidierter auf den Vesuv und seine Umgebung bezogen ist: Acht Decken- und Wandgemälde ergeben hier eine Ansichtenreihe verschiedener vulkanischer Tätigkeiten, damit auch einen repräsentativen Ausschnitt aus Fabris' Bildwerk[210] [Abb. 54].)

Ist das Innere der Villa Hamilton – bis auf die Ausnahme der acht Deckenbilder – also kaum auf Hamilton als Vulkankenner bezogen, so ist die räumliche Anordnung von Villa und „Vulkan" umso bestimmter

Abb. 53: Decke im Kaminzimmer der Villa Hamilton, Wörlitz (Ausschnitt mit zwei Ansichten von italienischen Inselvulkanen; Kopien nach Fabris, *Campi phlegraei*, Frontispiz 1776)

und eindeutiger. Nicht nur steht das Haus auf dem gleichen Gesteinsmaterial wie der Vulkankegel, die große Nähe der beiden Bauwerke bringt es mit sich, dass der Besucher, der über eine Wendeltreppe aufs Dach des Hauses gestiegen ist, sich unmittelbar dem Vulkankegel konfrontiert sieht. Hält man sich vor Augen, dass Hamilton in Neapel neben dem Casino di Mappinola auch noch über die Villa Angelica auf den Hängen des Vesuv verfügte – beide Häuser dienten ihm als Beobachtungsstandort, die Villa Angelica zusätzlich als Ausfalltor für Besteigungen –, dann zeigt die Topografie des „Steins“ etwas von der für Hamilton charakteristischen Überlagerung: Das Lusthaus des Kunstkenners und Genießers ist zugleich sein vulkanologischer Vorposten.

Damit drängt sich die Frage auf, ob die Zuordnung Hamiltons zum Wörlitzer „Vulkan“ auch eine bestimmte Sicht auf vulkanische Prozesse impliziert. Mit anderen Worten: War Hamilton für den Fürsten Franz zu einer Art Mentor auf vulkanischem Gebiet geworden? Es ist verlockend, sich vorzustellen, dass die Gespräche zwischen Fürst Franz und Hamilton in den zwei Wochen des gemeinsamen Umgangs in Neapel (vom 25. Februar bis zum 11. März 1766) sich auch auf Vulkanisches erstreckten. Doch falls von einem geologischen Lernprozess des Fürsten überhaupt gesprochen werden kann: In jenen Tagen der persönlichen Gespräche konnte er kaum stattfinden. Zwar sahen Franz und seine Begleiter den Vorboten eines größeren Vesuvausbruchs – wenn auch nicht bei ihrer Besteigung des Berges, so doch aus größerer Entfernung bei der Rückkehr von ihrem phlegräischen Ausflug –,[211] doch kann dies zu kaum mehr als einem Gespräch über vulkanische Impressionen geführt haben. Der Grund hierfür ist ein chronologischer: Hamilton war zu diesem Zeitpunkt noch nicht der Vulkandeuter späterer Jahre. Zwar hatte er in den ersten fünfzehn Monaten seines Aufenthalts mehrfach den Vesuv bestiegen und wohl auch erste Aufzeichnungen gemacht, doch erst die sich nun ankündigende und am 28. März 1766 beginnende Phase des Ausbruchs ließ Hamilton zum systematischen Beobachter und schließlich zum Deuter des Vulkanismus werden. Sein erster – noch

Abb. 54: Wandgemälde im Pompejanischen Zimmer, Luisium bei Dessau (Kopie nach Fabris, *Campi phlegraei*, Tafel 6)

ganz im empirischen Duktus verharrender – Brief an die Royal Society wurde erst am 10. Juni 1766 verfasst.

Ein Hinweis darauf, dass Franz' Verständnis für Fragen der Vulkankunde sich danach langsam entwickelte, könnte die Tatsache sein, dass er 1771 Hamilton bat, zwei Tische mit Inkrustationen aus Buntmarmor und Lava anfertigen und nach Wörlitz senden zu lassen, während er von seiner Italienreise fünf Jahre zuvor nur ein einziges vulkanisches Produkt, ein Stück Schwefel, mitgebracht hatte.[212] Zwar blieben diese Tische auch später im Schloss, als die Villa Hamilton bereits fertiggestellt war, aber man kann sich fragen, ob sich bei dem Fürsten zu diesem Zeitpunkt nicht doch dezidiertere Meinungen zu vulkanischen Prozessen herausgebildet hatten. Denn schon 1772 kamen Hamiltons Briefe an die Royal Society in Buchform heraus (1773 in deutscher Fassung). Damit lag eine erste Skizze eines Erklärungsmodells im Sinne des späteren Plutonismus vor, das Franz sich zu eigen machen konnte. Bedeutsam scheint, dass das Buch auf einem der Tische aus Italien lag und von den Schlossbesuchern eingesehen werden konnte.[213]

In der Wahl des Namens „Stein" steckt ein wichtiger Doppelaspekt: einmal der Hinweis auf den Vorgang des Gedenkens selbst – „Stein" im Sinne eines Archetypus für alle anderen steinernen Male des Gedenkens im Wörlitzer Park – und zum anderen die Bestimmung der Insel zum Ort der erdgeschichtlichen Meditation. Dass dieser Meditation eine hamiltonsche Perspektive mitgegeben war, zeigte sich an der Wahl des Materials für die Felsklippen rund um den „Stein": Es waren Basaltsäulen. Gerade zur Zeit des Baus der Insel hatte die Basaltkontroverse ihren Höhepunkt erreicht.

Boettiger berichtet „nicht ohne eine gewisse Wehmut", wie er die schlanken Basaltsäulen im Wörlitzer See vier Jahre zuvor noch an ihrem ursprünglichen Ort im sächsischen Stolpen gesehen habe:

> Hier fand ich nun im Steine zu Wörlitz meine alten Bekannten wieder. Der Fürst hat sie in der Tat teils in dem herumfließenden See, teils an den Ufern neben den Grotten sehr geschickt in Bündeln von 5 bis 8 Stück eingesenkt und in schiefen Richtungen so gut hingestreut, dass man sie für einheimisch auf diesem Boden halten sollte.[214]

Auch Rode berichtet von den „zerstreuete[n] Basaltklippen" rund um den „Stein", wobei er einen Hinweis auf deren natürliches Vorbild hinzufügt: Sie seien „mit den sogenannten Cyclopen-Klippen (Faraglione) zu vergleichen, welche den kleinen Haven de la Trizza in Sicilien umgeben".[215] Diese der sizilianischen Küste vorgelagerten Basaltfelsen bei Aci Trezza waren mit großer Genauigkeit in der *Voyage pittoresque des îles de Sicile, de Malte et de Lipari* von Jean Hoüel abgebildet und beschrieben worden (Abb. 55). Da Rode zweimal auf dieses Werk verweist, ist dessen Anwesenheit in der fürstlichen Bibliothek wahrscheinlich. Fürst Franz und Erdmannsdorff, die die sizilianischen Basaltinseln nicht kannten, konnten sich also auf das Bildwerk Hoüels beziehen, dessen Text im Übrigen keinen Zweifel an der vulkanischen Entstehung

Abb. 55: Jean Hoüel, „Ansicht der ersten Zyklopeninsel [bei Aci Trezza]" (Aquatinta, *Voyage pittoresque*, 1782–1787, Tafel 108)

des Basalts ließ.[216] Hoüel, der mit Dolomieu in Verbindung stand und eine eigene mineralogische Sammlung angelegt hatte, besaß gute geologische Kenntnisse, die auch im Versuch seiner Deutung des Ätna-Vulkanismus im Text der *Voyage pittoresque* ihren Niederschlag fanden. Basalt und Lava des Ätna waren für Hoüel gleichen Ursprungs.

Wenn Fürst Franz – in Anlehnung an Hamilton und Hoüel – den Basalt als Vulkanit deutete, brauchte er damit freilich noch nicht die im Kern plutonistischen Auffassungen Hamiltons zu teilen; denn wie weiter unten dargelegt, bedurfte es zu einer vulkanistischen Deutung des Basalts keines Bruchs mit den geologischen Grundgedanken des Zeitalters. Der Überzeugung Hamiltons zu folgen, bedeutete dagegen: anzuerkennen, dass Vulkane einen entscheidenden Anteil an Aufbau und Gestalt der Erde haben, und der These zuzustimmen, dass vulkanische Lava aus großer Tiefe gefördert wird. Nun schien allerdings das Wörlitzer Konzept einer Vulkaninsel und der damit verbundene Gedanke, dass eine ganze Insel ihre Existenz einem Vulkan zu verdanken habe, nahezulegen, dass die Planer hier der Auffassung Hamiltons durchaus folgten. Der „Stein" wirkte insgesamt wie ein Zeugnis eines Gesteine und Erdfestigkeit erzeugenden Vulkans. Überdies schien das Schaffende der Vulkane, das im Denken Hamiltons eine so große Rolle spielte, gerade in Wörlitz einen Widerhall gefunden zu haben. Stand es nicht in Beziehung zum Gedanken der Produktivität der Erde, der das Improvement-Projekt trug?[217] Der Berg, der weniger als zerstörerisches Monstrum denn als Teil einer aufbauenden Kraft aufzufassen war, schien hier beziehungsreich eingebettet in die große Landschaftserneuerung.

Doch so suggestiv diese Kontextualisierung des Wörlitzer Vulkanbauwerks ist, einer genaueren Betrachtung hält sie nicht stand. Denn das Produktive vulkanischer Prozesse ist ohne den Gedanken der Verankerung von Vulkanen in größter Erdtiefe nicht zu haben. Bei Hamilton war beides stets miteinander verbunden. An keiner Stelle aber hinterließ der Wörlitzer „Vulkan“ den Eindruck, tief hinabzureichen. Im Gegenteil: Der Kegel war deutlich von seinem Unterbau abgesetzt, und dieser war wiederum durch Grotten unterhöhlt und von Gängen und Kabinetten durchzogen. Diese eigentümliche Leugnung der eigenen Massivität des Baus stand der Vorstellung im Wege, Berg und Lava könnten in großer Erdtiefe ihren Ursprung haben. Hinzu kam, dass der „erdgeschichtliche Eindruck“, den der Auen- und Wasserpark Wörlitz in seiner Gesamtheit hinterließ, für eine plutonistische Demonstration denkbar ungünstig war. Wenn diese in ihren Grundformen von der mäandernden Elbe geschaffene Welt dem geologisch Interessierten irgendeine sinnliche Gewissheit bot, dann war es vor allem die, dass alle Erdfestigkeit sich der Kraft des Wassers und der in ihm gelösten Substanzen verdankte.

So hatte die Anlage des Wörlitzer „Steins“ in erdgeschichtlicher Hinsicht etwas Unentschiedenes. Der „Vulkan“ war zwar der mutige Versuch, sich dem Naturerhabenen mit den Mitteln von Architektur und Technik zu nähern, doch hierin fand er auch seine Grenze.[218] Die *raison d'être* dieses Gebildes war vor allem eine ästhetische. In seinen nächtlichen „Eruptionen“ bot der Wörlitzer „Vulkan“ nicht Erkenntnis, sondern die Erweiterung kontemplativer Möglichkeiten durch die milde Erschütterung eines unvermutet Erhabenen.

Es scheint, als hätten auch die beiden Planer des Bauwerks letztlich keinen weitergehenden Ehrgeiz entwickelt. Denn die naturgeschichtlich so suggestive Nähe der Villa Hamilton zum „Vulkan“ verliert an Überzeugungskraft, wenn man sie der Tatsache gegenüberstellt, dass das Wandmedaillon Hamiltons im Wörlitzer Schloss nicht den Porträts der Naturforscher Newton, Guericke und Linné zugeordnet wurde, sondern in der Abteilung „Geschichte und Schöne Künste“ seinen Platz fand.[219] Nun kann man zwar einwenden, dass bei der Vielseitigkeit Hamiltons eine einfache Zuordnung kaum möglich war, doch bleibt auffallend, dass auch das bewunderte Werk der *Campi phlegraei* im Dessau-Wörlitzer Gartenreich vor allem als Kunstbuch und so gut wie nicht als vulkanologischer Text anwesend war. Für alle Dessau-Wörlitzer Kopien nach Fabris gilt, dass die Bilder gleichsam aus ihrem ursprünglichen Kontext herausgeschnitten und in eine neue Umgebung – die des architektonischen Gesamtkunstwerks – eingebracht wurden. Ihnen fehlten nun topografische Bestimmtheit und geologischer Fokus, wobei es kaum verwunderlich ist, dass Fabris' Beispiele der geologischen Nahsicht (Schichtenfolgen und Handstücke) als Vorlagen gar nicht in Betracht kamen. Das Panoramatische herrschte vor: in den Deckenbildern des Kaminzimmers der Villa Hamilton ebenso wie in den Decken- und Wandgemälden des Pompejanischen Zimmers im Luisium. Wie bei dem künstlichen Vulkan im Wörlitzer See ging es nicht um den untersuchen-

Abb. 56: „Feuerspeiender Berg auf der Tannenkuppe, Entwurf von Bildhauer Heydt" (aus Karl Paetow, *Klassizismus und Romantik auf Wilhelmshöhe)*

den Blick der Nähe, sondern um die Erfahrung eines Gesamt, wobei das sublime „Außen" des ungestalten Vesuv und das schöne „Innen" der klassizistischen Erinnerungsräume zwei sich ergänzende Versuche der ästhetischen Beschwörung einer fernen, bedeutungsreichen Welt darstellten.

Der Wörlitzer „Stein" war am Ende des 18. Jahrhunderts nicht der einzige Versuch, Vulkanisches in einem europäischen Landschaftsgarten nachzubilden. So wurde auch im Englischen Park zu Meiningen ein „Vulkan" errichtet. Das Bauwerk, das in enger Anlehnung an Wörlitz entstand, scheint allerdings nicht lange existiert zu haben.[220] Eine ganz eigene Richtung wollte man dagegen im Bergpark Wilhelmshöhe bei Kassel einschlagen. Es war beabsichtigt, in dem Park, der selbst bereits auf vulkanischem Grund angelegt war, ein großes konisches Bauwerk zu errichten, in dem zehn Kalkbrennöfen Platz finden sollten.[221] Der ständig aufsteigende Rauch, der nachts durchaus feurig gewirkt hätte, war hier das charakteristisch Vulkanische. Nicht das Überwältigende des einmaligen Ausbruchs, sondern die immerwährende Anwesenheit vulkanischer Kraft sollte zum Erlebnis werden (Abb. 56). Die Wahl der Rauchquelle musste auf den ersten Blick ausgefallen erscheinen, doch sowohl ästhetisch wie ökonomisch ergab sie durchaus Sinn. Es wäre gebrannter Kalk entstanden, der gleich vor Ort – während der letzten Bauphase des Schlosses Wilhelmshöhe – eingesetzt werden konnte. Zum andern gab es die Bildtradition der Darstellung von Kalköfen in freier Landschaft, die die Vorstellung von brennenden Vulkanen aufrufen konnte.[222] Auf Wilhelmshöhe blieb es freilich bei dem schönen Plan. Kein großer Vulkankegel wurde gebaut, stattdessen entstand etwas viel Herkömmlicheres und Bescheideneres. So ließ der Landgraf von Hessen-Kassel im Juni 1799 am Fuß der Herkules-Statue einen kurzlebigen

„Vesuv" errichten, dessen Aufgabe nur darin bestand, die Wirkung der Illumination zu Ehren eines hohen Besuchs – des preußischen Königs und seiner Gemahlin – zu steigern.[223]

Nicht weniger erstaunlich als der Kasseler Plan war die Variante eines „Vulkans im Park" in England. William Beckford, der exzentrische Erbauer der neugotischen Fonthill Abbey in Wiltshire, ließ in den ausgedehnten Wäldern seines Parks einen „Kratersee" anlegen. Beckford, ein reicher Verwandter der Hamiltons, hatte auf seiner zweiten Italienreise 1782 den Maler John Robert Cozens beauftragt, seine Eindrücke von den beiden Vulkanseen der Albanerberge in Aquarellen festzuhalten und zum Gegenstand von Ölgemälden zu machen. Es entstanden eigentümlich düstere und geheimnisvolle Bilder des Lago Albano mit dem Castel Gandolfo und des einsameren und kleineren Lago di Nemi. Der Stimmung dieser Gemälde folgte die Nachbildung im Fonthill Park, die als „Bitham Lake" in den neunziger Jahren entstand.[224] Es scheint, dass mit diesem Projekt etwas Besonderes gelang: die völlige Entrückung des künstlich Geschaffenen ins Menschenfremde. Der Bitham Lake war ein Ort, der zur einsamen Meditation über eine abgründige Erde einlud. Was hier gefordert wurde, war ein – im Grunde bereits romantisches – Sich-Versenken in die stummen Kräfte einer alten Erde. Wie sehr Beckford die Einsamkeit romantischer Landschaftserfahrung suchte, zeigen seine Anordnungen für die Arbeit im Park: Er befahl seinen Gärtnern, nachts zu arbeiten, damit er bei Tage niemandem begegnen müsse. Der „Kratersee" des William Beckford existiert noch heute, große Teile des Riesenbaus der Fonthill Abbey stürzten dagegen schon bald nach ihrer Fertigstellung ein.

Eine kaum weniger eigenwillige Inanspruchnahme des Vulkanischen findet sich bei einem anderen Einsamen des ausgehenden 18. Jahrhunderts: bei dem Marquis de Sade. Von ihm und seinem erstaunlichen Lob der Vernichtungskraft des Vulkans soll im Folgenden die Rede sein.

Magmatische Anthropologie
Vulkan und Held bei Sade

Es gibt kaum Naturbilder im Werk des Marquis de Sade. Das ist erstaunlich, wenn man bedenkt, dass seine Hauptfiguren weit reisen und dass er Techniken des zeitgenössischen Romans übernimmt. So erscheint im Italien, das Sades Heldin Juliette bereist, zwar eine beträchtliche Anzahl von Kunstgegenständen, aber wenig ist zu sehen von den Bergen, Gärten und Küstenpanoramen, die am Ende des 18. Jahrhunderts zum Inventar der Italienromane gehören. Landschaften in Sades Texten – das gilt auch für die erhaltenen Manuskripte der von ihm geplanten „philosophischen Reiseführer"[225] – bleiben meist skizzenhaft und leblos.

Dabei waren Sades Hauptwerke gerade von einem Romantypus angeregt worden, für den Naturbilder von zentraler Bedeutung waren: vom englischen Schauerroman. Besonders die von Sade geschätzten Werke der Ann Radcliffe bezogen ihre Wirkung aus der Beschreibung der wilden Natur, in der das Düstere, das Unermessliche und das beängstigend Undeutbare vorherrschten. Doch Sades Anleihen an der Gattung *Gothic Novel* blieben begrenzt. Das Atmosphärische war seine Sache nicht, ebenso wenig wie die Mehrdeutigkeit von Landschaften. Am Schauerroman seiner Zeit zog ihn das Einsinnige an; das waren vor allem die Folterkammern und Verliese, die vom Menschen selbst geschaffenen Schreckensorte.[226]

Verwundert fragt man sich, warum gerade dieses Œuvre, das sich doch selber als eine einzige lange Abhandlung über die Gesetze und Kräfte der Natur präsentiert, der Anschauung der äußeren Natur so wenig Wert beimisst. Hätten seine Romane nicht an Tiefe gewonnen, wenn Sade sich an der Darstellung der außermenschlichen Natur versucht und seiner Grundthese von der Willkür und Morallosigkeit der Natur zu größerer Anschauung verholfen hätte? Es gibt nur wenige Passagen, in denen Sade sein Räsonnement und Körperkalkül zugunsten einer solchen Anschaulichkeit durchbricht. Hier zeigen Sades Texte literarische Qualitäten, die dort, wo das pornografische Prinzip der endlosen Multiplikation unangefochten herrscht, viel schwerer zu entdecken sind.[227]

Sades Kalkül und die Struktur der Reisedarstellung hängen eng miteinander zusammen. Man hat darauf hingewiesen, dass Sades Abenteurer auf ihrer langen Fahrt im Grunde nie etwas Neues entdecken.[228] Die Gesetze der (menschlichen) Natur manifestieren sich während der Reise, doch diese Gesetze waren schon zu Beginn bekannt. So zieht sich die Sade'sche Welt tendenziell auf den für das Verbrechen idealen Ort zusammen. Geografische Differenzierung wird nur insofern zugelassen, als fremde Orte sich durch das Maß unterscheiden, in dem sie die kriminelle Fantasie des Reisenden zu erhitzen vermögen. Wie stark das reduktive Prinzip die Topografie beherrscht, zeigen bereits die *Cent Vingt Journées de Sodome*. In diesem frühen Werk – vollendet in der Bastille

1785 – ist der Raum der Erfahrung auf die Grundfläche eines Schlosses geschrumpft: das abgelegene Silling, in das sich die Libertins mit ihren Opfern zurückziehen.

Die Reise bei Sade ist eine Form der Erfahrung, in der Begegnungen nicht zum Erlebnis des Anderen führen, sondern Spiegel des Selbst sind. Eine solche Auffassung vom Reisen weist erstaunliche Ähnlichkeiten mit einer der im 18. Jahrhundert bekanntesten literarischen Gattungen auf: der empfindsamen Reise. Der empfindsam Reisende staunt nicht über das Fremde und Neue, sondern findet sich immer schon in der Umgebung fühlender Seelen, die ihm in Haltung und moralischem Urteil gleichen. So entdeckt der Empfindsame nicht das Andersartige in einer fremden Kultur, sondern nur das, was er für das universal Gültige hält. Die empfindsame Reise ist auf einen Pakt des Vertrauens gegründet, der von den Gliedern einer überkulturellen, demokratischen Gemeinschaft getragen wird. Die Fühllosen, die dieser Gemeinschaft nicht angehören, erscheinen dagegen als verstockte Wesen, die sich selbst ausgegrenzt haben. So sieht sich die große Klasse der Fühlenden einer kleinen Klasse der Egoisten gegenüber, die gleichwohl das Reservoir künftiger Konversionen zum moralischen Leben bildet.[229]

Das Modell der Reise, das Sade entwirft, ist die genaue Umkehrung der sentimentalen Reise. Die polare Grundstruktur bleibt die gleiche, doch indem Sades Texte sich auf die Klasse der Egoisten und die Rechtfertigung ihrer Handlungen richten, verkehren sich die Wertungen. Die Libertins, die sich weigern, dem Bund der Fühlenden beizutreten, erscheinen nun als die wahren Jünger der Natur. Die fühlenden Seelen dagegen werden bei Sade zu einer Masse unentschiedener und unbeschriebener Wesen, deren Arglosigkeit sie zu vollkommenen Opfern im Reich des Schocks und der Folter macht.

Es ist deutlich, dass Sades Modell der Reise ohne elitär-aristokratische Züge nicht auskommt. Seine Texte können gelesen werden als eine Form des Widerstehens gegen den moralischen Universalismus des 18. Jahrhunderts mit seinen demokratischen Implikationen. Sade, der erkennt, wie in seinem Jahrhundert auch der Adel dem Sog der Moralisierung von Lebensformen ausgesetzt ist, hält der „drohenden“ Verbürgerlichung die Rechte des adligen Libertins entgegen. So erneuert er die aussterbende Gattung der Memoiren des Verführers, wobei er das Lustprinzip, das deren Handlung steuert, entscheidend radikalisiert.[230]

Diese Radikalisierung hat Folgen. Die Sade'sche Reise als Umkehrung der empfindsamen Reise lässt die Egoisten als im Prinzip einsame Rebellen erscheinen, die als Verweigerer des moralischen Bündnisses selbst keine wirkliche Gemeinschaft stiften. Denn was sich unter dem Strukturbegriff der „Klasse der Egoisten“ verbirgt, ist im Einzelfall selten mehr als die Clique und oft weniger als das: Die Egoisten können einander nicht trauen. Aus Sades aristokratischer Welt sind die traditionellen Normen der Ehre und Achtung verschwunden.

Die strukturelle Übereinstimmung von empfindsamer und Sade'scher Reise beruht auf einem vergleichbaren anthropologischen Defizit. Während die Empfindsamkeit, auf der „Moral-Sense“-Theorie fußend, an die natürliche Güte des Menschen glaubt, verteidigt Sade das Axiom von der angeborenen Grausamkeit. In beiden Formen der Reisebeschreibung weist die Zweiklassenstruktur mit ihrer scharfen Grenzziehung bereits auf die anthropologische Reduktion hin. Unvermittelt stehen sich die Menschenbilder gegenüber, ohne Raum für Differenzierung und Modifikation.[231]

Aus der anthropologischen Reduktion ist auch zu erklären, warum beide Formen der Reise nichts anderes sind als eine unaufhörliche Suche nach Bestätigung des jeweiligen Axioms. Was diesem nicht entspricht, rückt an die Peripherie und bleibt unverstanden. Transparenz ist das heimliche Ideal des suchenden Protagonisten, während das Fremde oder Undurchsichtige als Hindernis auf dem Weg zum Kongenialen begriffen wird. Der empfindsame Held lebt ebenso wie der Held Sades im Reich des hermeneutischen Despotismus: Sein Verständnis beschränkt sich auf die eigene Art.

Doch gerade der Sade'sche Held trifft auf große Schwierigkeiten im Verstehen der Gleichgesinnten. Während der empfindsame Held zumindest hoffen kann, in die Nähe des Zustands der Transparenz zu gelangen (das war, wie man gezeigt hat, das Lebensideal des Sentimentalisten Rousseau),[232] so sind ähnliche Hoffnungen des Sade'schen Helden fast immer zum Scheitern verurteilt. Seine erratische Natur wird dem Egoisten zum Problem. Freundschaft im Reich Sades stützt sich auf den stillen Appell an einen Gleichgesinnten: „Trau mir, ich bin wie du, ich will nur, was auch du willst." Doch unvermeidlich ist die schweigende Antwort: „Gut, aber weiß ich denn, was ich morgen will?" Wo jeder durch unberechenbare Impulse gesteuert wird, versagt sogar die rudimentäre Verlässlichkeit, die die düsteren Anthropologen der Frühaufklärung, Hobbes und Mandeville, noch in der Parallelität des Eigennutzes wahrnahmen. Selbst die lange, durch gemeinsame Verbrechen zusammengehaltene Freundschaft zwischen Juliette und ihrer Gefährtin Clairwil endet im Schock des Verrats.[233] So müssen die Libertins sich meist mit den kurzlebigen pragmatischen Verträgen begnügen, die alle Egoisten zur Ausführung ihrer Pläne brauchen.[234]

Nur in einem allgemeinen Sinn kennen die Sade'schen Helden einander, da sie sich radikal von der Masse der schwachen fühlenden Individuen unterscheiden. Die Egoisten sind allesamt aktive Verbrecher, haben vergleichbare orgastische Kapazitäten und sind sich ähnlich in ihrer psychischen Kälte. Unterschiede zwischen den Egoisten kommen vor allem durch Abstufungen ihrer kriminellen Energie und Fantasie zustande.

Es gibt ein Naturbild bei Sade, das wie kein anderes die Funktion des Spiegels für den Libertin hat: der Vulkan. Zwar wird auch dieses Bild nicht allzu oft eingesetzt, doch in einem Kontext, der Landschaft weitgehend ausklammert, erhält der Vulkan bereits die Stellung eines obsessiven Motivs. Auffallend an Sades Vulkanbild ist, dass es dem zeitgenössischen Programm der ästhetischen Umwertung der Naturgewalt kaum folgt. Zwar ist auch Sades Werk ohne die positive Neubewertung des Schrecklichen und Destruktiven in der Ästhetik des 18. Jahrhunderts kaum denkbar, doch Sade bricht mit der Poetik der vermischten Empfindungen. Während in Literatur und Kunst der Zeit das Schreckliche als vieldeutig Ästhetisches genossen wird, besteht Sade gerade auf der Nacktheit und Einsinnigkeit des Terrors.[235] Gewiss gibt es auch bei Sade eine Grunderfahrung der Ohnmacht (verstärkt durch die lebensgeschichtliche Erfahrung der Einkerkerung), doch Ohnmacht wird bei Sade nicht überwunden, indem das Schreckliche ästhetisiert wird, sondern indem es übertrumpft wird. Sades Helden setzen sich gleichsam an die Spitze des Zuges der Gewalt in der Natur. Die Lust am Schrecken, die hier entsteht, ist eine Lust an den Grenzverletzungen.

So erobert Sade das Terrain des Schreckens zurück, das er vom Ästhetischen usurpiert sieht. Dazu gehört auch, dass in Sades Werk das distanzierende Organ, der Gesichtssinn, nicht mehr unumschränkt herrscht, sondern dass die Sinne der Nähe – Geschmack, Geruch, Gespür – wieder in ihre Rechte eingesetzt werden. Bis an ihre Grenzen gereizt, produzieren diese Sinne gerade die delirierende Desorientierung, gegen die sich das Streben nach kontemplativer Ruhe im erhabenen Erlebnis durchzusetzen sucht. Ordnung und Kontemplation kehren bei Sade erst jenseits der Schreckenslust wieder: in dem vom Körper abgetrennten Werk des Verstandes, das den Grenzverletzungen die philosophische Legitimation liefern will.

In der Sade'schen „Poetik des Übertrumpfens" spielt die menschliche Fantasie die entscheidende Rolle. Sade glaubte nicht, dass es die gesellschaftliche Praxis aufnehmen könne mit den von der Fantasie entworfenen Szenen der Gewalt. (Nur einmal wurde er in diesem Glauben unsicher: als er, aus dem Gefängnis entlassen, die *Terreur* der Französischen Revolution erlebte.) Es scheint, als habe Sade auch im Reich der Natur keine Szenen gefunden, die an List und Grausamkeit die Fantasietätigkeit des Menschen übertroffen hätten. Dies ist wohl der entscheidende Grund für die Armut an Naturbildern in seinen Romanen. Die Ausnahme war der Vulkan; hier sah Sade eine der menschlichen Fantasie ebenbürtige und womöglich überlegene Kraft am Werk.[236]

In seiner leitmotivischen Ausrichtung auf den Vulkan zeigte Sades Hauptwerk, der Doppelroman *La Nouvelle Justine suivie de l'Histoire de Juliette* (1797), durchaus Übereinstimmungen mit den Reiseberichten und Romanen der zweiten Hälfte des Jahrhunderts, in denen das Risiko der Kraternähe ausdrücklich begrüßt wurde. Hier wie dort ging es um den verschärften Konflikt der Emotionen, den die Besucher des Vulkans erfuhren, wenn sie sich den Gefahren von Glut, Gas und Steinregen direkt aussetzten. Doch während die meisten Autoren den Vulkan ins Ästhetisch-Energetische verwandelten, richtete Sade sich auf den nichttransformierbaren Rest. Im Vulkan sah er den entscheidenden Beleg für seine Naturauffassung: So deutlich wie an keinem anderen Ort zeigte hier die grausame, unberechenbare und gleichgültige Natur ihr wahres Gesicht.

Im ersten Teil von Sades Doppelroman, in *La Nouvelle Justine ou les Malheurs de la vertu*, findet sich eine erste Vulkanszene. In den Bericht vom unglücklichen Los Justines, der tugendhaften Schwester Juliettes, ist die lange Erzählung von den Reisen des Mönchs Jérôme eingeschoben.[237] Die Ich-Erzählung dieses Sade'schen Egoisten ist bereits ganz im Stil des Juliette-Romans abgefasst: Dem Libertin wird die Welt zum Reservoir der Schauplätze für seine Verbrechen. Den stärksten Reiz übt Sizilien auf Jérômes Fantasie aus. Als er oben auf dem Ätna steht, verlangt er danach, selbst zum Vulkan zu werden:

„Höllenschlund", rief ich bei seinem Anblick aus, „wenn ich gleich dir alle Städte ringsum verschlingen könnte, wie viele Tränen ließe ich fließen!" Kaum hatte ich dies ausgerufen, als ich neben mir ein Geräusch vernahm: ein Mensch hörte mir zu.[238]

Dieser Fremde auf dem Gipfel des Ätna ist ein Chemiker namens Almani. Als Gleichgesinnter fasst er „Vertrauen" zu Jérôme, der sich ihm durch die Maßlosigkeit seiner Wünsche empfiehlt. Almani erklärt, er habe selber schon den Plan gefasst, in dieser Gegend ein Erdbeben auszulösen. Er sei im Besitz entsprechender Kenntnisse, und gemeinsam könnten sie das „Unterste der Insel zuoberst" kehren.

Almani, der die letzten zwanzig Jahre damit verbracht hat, seine „Entdeckungen dem Unglück der Menschen zu widmen", trägt dem neuen Verbündeten seine Ansichten von der Natur vor:

„Was mich zum Bösen treibt, entspringt meinem gründlichen Studium der Natur. Je mehr ich ihr die Geheimnisse zu entreißen suchte, desto mehr fand ich, dass sie nichts anderes kennt, als dem Menschen zu schaden. Folgen Sie ihr in ihrem Treiben; Sie werden sie stets gefräßig, zerstörend und boshaft, stets inkonsequent, widerspruchsvoll und verwüstend finden."[239]

Im Verlauf seiner Rede verliert sich Almanis ruhiger Zynismus und macht einer eigentümlichen Gereiztheit Platz. Almani, der sich als Kontrahenten Rousseaus bezeichnet, gerät in einen merkwürdigen Zwiespalt, wenn er der Natur schöpferische und wohltätige Eigenschaften zubilligt. Denn erstaunlicherweise leugnet Almani diese Seite der Natur nicht; die Natur ist auch für ihn die alles erzeugende und mütterliche Macht. Doch ihre Gaben gewährt die Natur dem Menschen nur, um sie ihm umso grausamer wieder zu entziehen:

„[N]eben dem heilsamsten Kraut lässt ihre verräterische Hand Gifte keimen; das schönste Land der Welt übersät sie mit Vulkanen, die es in Asche legen. [Und wenn] sie uns in der ersten Zeit des Lebens Kraft schenkt, so schlägt sie uns im Alter mit Leiden und Schmerzen."[240]

In Almanis Sicht ist die Natur eine „Mutter", die zum „Ungeheuer" geworden ist. Traumatisiert vom Erlebnis des Verrats, wünscht Almani sich an der Natur zu rächen, sie zu „beleidigen".

Die Grausamkeit des Helden als Antwort der Psyche auf eine elementare Kränkung: Das ist eine überraschende These in einem Werk, das die Triebverankerung der Grausamkeit verkündet. Sollte die Lust am Verbrechen doch nicht zur anthropologischen Mitgift gehören, sondern erst sekundär entstanden sein? Almanis Ätiologie der Grausamkeit weist auf ein fundamentales Problem hin: Sade, der sich selbst als den radikalen Vollstrecker am Vorurteil im Sinn der Aufklärung versteht, bleibt oft in einer eigentümlichen Wut im Netz alter Wertungen gefangen. Für einen, der das Territorium „jenseits von Gut und Böse" erschließt, spricht er erstaunlich oft vom Bösen.[241]

Im Kampf gegen die überkommene Moral setzt Sade – wie die Strukturskizze der Sade'schen Reise schon deutlich gemacht hat – oft die bloße Negation ein.[242] Der zugehörige literarische Kunstgriff ist der der Umkehrung. Geradeso wie die Sade'sche Reise die Umkehrung der empfindsamen Reise ist, so ist Sades Definition der Natur oft nicht mehr als die bloße Negation der Rousseau'schen Naturidee. Fixiert auf die Verkehrung eines herrschenden Denkens, dreht Sade kurzerhand die Bilder um: Aus der „guten Mutter" wird das Bild der „bösen Mutter". Almanis Rede hält die Spur dieser Verkehrung fest.

Doch Sades Denken erschöpft sich nicht in dieser mephistophelischen Verneinung. Die These von der Radikalisierung der Vernunft im Werk Sades ist zweifellos begründet. Sein Werk zeugt *auch* vom Abschied von der Moral: Es bietet den utopischen Entwurf eines bindungslos freiheitlichen Subjekts.[243] Diese Dimension seines Œuvres erzeugt eine Vorstellung von der Natur, die das mythische Bild von der verräterischen, bösen Mutter hinter sich lässt. Jenseits der bloßen Umkehrung entsteht die Idee der Natur als einer gleichgültigen kosmischen Macht, die mit dem Menschen nichts vorhat und von seinem Schicksal nichts wissen will. In dieser Auffassung von der Natur sind alle Formen des Hervorbringens und des Zerstörens aufbewahrt.

Da aber beide Einstellungen nebeneinander existieren und da der Philosoph Sade sich vom Hostienbeflecker Sade nie ganz lösen kann, entsteht die unübersichtliche Situation, dass in seinem Werk zwei Ansichten von der Natur miteinander konkurrieren. Es sind zwei Ansichten, die sich auch in ihrer bildlichen Dimensionierung unterscheiden: Die Vorstellung von der bösen Mutter ist das assoziationsreichere mythische Bild mit dem psychologischen Geltungsanspruch, während die Vorstellung vom gleichgültigen Kosmos mit ihrem gedanklichen Wahrheitsanspruch abstrakter bleibt.

Die besondere Leistung des Vulkanmotivs im Werk Sades besteht darin, dass es zum Träger *beider* Ansichten von der Natur wird. Im Motiv kommt zur Deckung, was sich in der argumentativen Entfaltung befehdet. Auch für Almani scheint der Vulkan eine zumindest zweifache Bedeutung zu haben, wie sich aus den beiden folgenden Episoden ergibt.

Am Ende des Dialogs auf dem Ätna bricht plötzlich ein Lavastrom hervor. Jérôme weicht zurück, doch Almani reagiert unerschrocken; er onaniert an der Ausbruchsstelle und ruft Jérôme zu:

> „Bleiben Sie nur ruhig stehen […]. Sie wollen meine Leidenschaften kennenlernen – hier sehen Sie eine […], sehen Sie meine Spermafluten sich in diesen Fluss von Pech und Schwefel ergießen, mit dem uns die liebenswürdige Natur hier umgibt; ich glaube in der Hölle zu sein, mich in ihre Flammen zu entladen; dieser Gedanke macht mich froh; nur um ihn zu befriedigen, bin ich hier."[244]

Vieles weist auf eine symbolische Handlung hin: auf die Verkehrung des Koitus. Die Szene beginnt mit einer Entladung der Erde, die in einer assoziativen Beziehung zu dem von Sade so oft beschworenen „foutre" (Samen, vaginales Sekret) steht. Die „liebenswürdige" Mutter bietet jedoch statt des Ergusses der Lust nur das höllische Exkrement. So richtet sich der Phallus gegen eine Öffnung, die als Bild der Zerstörungskraft und Verkehrung des mütterlichen Organs zu deuten ist.[245] Man ahnt den ungleichen Streit: Almani „flucht", „lästert Gott" und „tobt, und sein Sperma ergießt sich auf die Lava, um sie abzukühlen". Doch trotz der enormen physischen Leistungsfähigkeit Almanis ist seinem Spermafluss eine Grenze gesetzt, während der magmatische Strom unendlich ist.[246]

Als es Almani später gelingt, die explosive Mischung herzustellen, die das geplante Erdbeben auslösen soll, wird eine andere Dimension im Bild des Vulkans beschworen. Der wissenschaftliche Blick und die planende Fantasie triumphieren. Der Mensch dringt in das Verborgene der Natur ein und entwendet ihr eins ihrer Geheimnisse. Almanis chemische Mischung entspricht der, die Lémery um 1700 in dem oben beschriebenen Versuch verwendet hatte.[247] Der *Volcan de Lémery* hatte lange Zeit das Denken über Erdbeben und vulkanische Prozesse beeinflusst, doch als Sade am Ende des Jahrhunderts das Experiment noch einmal auferstehen lässt, hat es in der geologischen Diskussion schon viel von seiner Plausibilität eingebüßt.

Jérôme und Almani verarbeiten das Gemisch zu „runden Massen" und vergraben diese, wobei sie sie in einem riesigen Ring anordnen, der sich mit einem Umfang von zwanzig Meilen um den Gipfel des Ätna zieht. Als die Mischung durch Erhitzung explodiert, erlebt die Insel

> so furchtbare Erschütterungen wie seit Jahrhunderten nicht mehr; zehntausend Häuser stürzten in Messina ein, fünf öffentliche Gebäude wurden dem Erdboden gleichgemacht, und fünfundzwanzigtausend Seelen fielen unserer außerordentlichen Bosheit zum Opfer.[248]

Die vollkommene Nachahmung der in der Natur anwesenden Vernichtungsgewalt ist gelungen – wobei die Größenordnung der des kalabrischen Erdbebens von 1783 entspricht, das 40 000 Menschenleben gefordert und die Stadt Messina fast völlig zerstört hatte.[249] Doch die Absichten der Natur sind damit nicht entschlüsselt; sie selbst bleibt die undeutbare und rätselhafte Macht. Nicht die Verkehrung der wohltätigen in die höllische Mutter ist das Schlussbild dieser Begegnung mit dem Vulkan, sondern die das menschliche Leben erschütternde und selbst unerschütterliche Macht.

Nach beendeter Tat lösen Almani und Jérôme ihr Zweckbündnis. Dass die beiden Libertins ausdrücklich die Flucht ergreifen, bevor sie entdeckt werden können, ist ein Beleg für die auffallende Feigheit der Sade'schen Helden. Das ängstliche und lügnerische Verhalten seiner Protagonisten macht deutlich, dass es Sade auch in der Darstellung von Verbrechern nicht um das Bild des Erhabenen geht. Nicht Größe als eine Funktion des Ästhetischen, sondern Radikalität als eine Funktion des Philosophischen ist das Prinzip von Sades Charakterdarstellung.

Der Marquis de Sade war nie in Sizilien. Dafür kannte er den Vesuv, und er hatte die vulkanischen Felder von Pietramala im Apennin besucht. Im Manuskript seines ehrgeizigen philosophischen Reiseführers „Voyage d'Italie“ (entstanden nach der Flucht nach Italien 1775/76, die er unternahm, um der Strafverfolgung in Frankreich zu entgehen) zeigt er sich fasziniert von den Erdfeuern des Apennin.[250] Auch von den Phlegräischen Feldern ist Sade tief beeindruckt. Selbst in der Darstellung der Stadt Neapel ist etwas zu spüren von diesem Interesse an den Tiefenkräften, denn mehrfach betont Sade, dass Neapel auf Lava gebaut sei. Mit der Beschreibung der Ausgrabungen der Vesuvstädte bricht dann allerdings das Manuskript von Sades Italienführer ab. So sind es nur zwei kurze Notizen, erhalten auf losen Blättern, die von Sades Plan zeugen, den Vesuv zu ersteigen und das „spectacle vraiment horrible“ selbst in Augenschein zu nehmen.[251]

Der zweite Teil von Sades Doppelroman, *L'Histoire de Juliette ou les Prospérités du vice*, geht zum Teil wörtlich auf Sades frühe Reisebeschreibung zurück. Das gilt vor allem für Juliettes Begegnung mit der italienischen Kunst, doch auch für eine Episode wie Juliettes Besuch in Pietramala. Die Erdfeuer machen auf Juliette einen tiefen Eindruck. Beim Anblick dieser „irregularités de la nature“ spürt sie eine Erregung, die der von Jérôme und Almani am Krater des Ätna gleicht.

Juliette verhält sich zunächst wie jeder andere Tourist. Nachdem sie mit ihrem Begleiter Sbrigani in der Herberge zu Pietramala gegessen hat, schlägt sie mit ihm und den beiden Dienern den Weg zu den vulkanischen Feldern ein; er führt durch eine „trockene, verbrannte Ebene“, deren Boden „sandig, unfruchtbar und mit Steinen übersät“ ist:

Je näher man kommt, desto stärker spürt man die Hitze, und man atmet den Geruch des Kupfers und der Kohle, die der Vulkan ausdünstet.[252]

Zu den Besonderheiten dieses „Vulkans“ (es handelt sich um eine Fumarole) gehört, dass den Besuchern Flammen entgegenschlagen, wenn sie die heiße Erde aufreißen:

„Dies ist“, sagte ich zu Sbrigani, der mit mir dieses Wunder betrachtete, „dies ist meine Einbildungskraft, welche sich unter den Rutenschlägen entzündet, die mein Arsch empfängt.“[253]

Als Juliette an einem anderen Punkt entdeckt, dass man mit einer brennenden Kerze das ausströmende Gas – vermutlich Methan – anzünden kann, setzt sie die ganze Fläche in Brand. Das ekstatische Gefühl, von dem sie ergriffen wird, nennt Juliette eine „Flamme, die meinen Geist entzündet“. Was sie in Pietramala gesehen hat, fasst sie in einem Ausruf zusammen, der noch die rhetorische Struktur des empfindsamen Dialogs mit der Natur zeigt:

O Natur! wie unberechenbar du bist! Und du solltest nicht wollen, dass die Menschen dich nachahmen?[254]

Am Ende dieser Episode ahmen Juliette, Sbrigani, Dienerin und Diener die Natur auf ihre Weise nach: in einer komplizierten Stellung des analen Geschlechtsverkehrs. Dabei werden sie von einem seltsamen Bewohner der Berge beobachtet: dem Riesen Minski. Dieser in die Toskana verschlagene „Moskoviter“, der sonst alles, was ihm begegnet, vergewaltigt und verspeist, sieht in den Reisenden, die sich ihm durch ihre sexuellen Vorlieben empfehlen, die Gleichgesinnten. So werden sie von diesem „Eremiten des Apennin“ in sein Schloss eingeladen, das – ähnlich wie das Folterschloss in Sades Sodom-Roman – in einer kraterähnlich von Bergwänden umgebenen Tiefe liegt. Hier werden sie zu Zeugen der Unersättlichkeit ihres Gastgebers, der mit seinem enormen Organ einen schier unerschöpflichen Vorrat an Mädchen und Jungen verwundet und seine Opfer anschließend ermordet.[255] Auch Juliette und Sbrigani werden angehalten, von der immergleichen, aber stets verschieden zubereiteten Speise des Riesen zu kosten. In Sades Reich ist Minski die Ausnahme, und zwar nicht nur, weil selbst Juliette vor diesem Allesverzehrer immer wieder von Furcht beschlichen wird – was nur zu berechtigt ist, da sie ihm Dienerin und Diener opfern muss –, sondern weil Minski ein Verbrecher ist, der durch die völlige Autonomie seines Handelns und durch die Selbstverbannung in die Bergwildnis Züge des Erhabenen erhält. Doch macht Sade auch hier Abstriche: Der schwerreiche Minski kann seinem Trieb ohne Risiko nachgehen, da er die korrupte toskanische Obrigkeit mit Geld zum Schweigen bringt.

Auch Minskis Praktiken beschwören die zuvor schon von Juliette gefühlte Nähe zwischen vulkanischen Phänomenen und dem berüchtigten Zentrum der Sade'schen Sexualität, dem Anus. Bereits in den *Hundertzwanzig Tagen von Sodom* hatte Sade den Anus einer alten Dienerin mit dem Krater eines Vulkans verglichen.[256] Der Anus als die unproduktive, exkrementelle Öffnung ist im Reich Sades der produktiven Vagina überlegen. Heißt das nun, dass die eigentliche Bildassoziation des Vulkans der Anus und nicht die Vagina ist?

Es ist die Frage, ob die Bilder sich wirklich widersprechen, ob sie nicht vielmehr miteinander kommunizieren. Denn da die Mutterschoß-Konnotation des Vulkans (die sich in der Almani-Episode andeutet und in der späteren Vesuvszene aufgenommen wird) das Mütterlich-Gebärende in der Verkehrung zeigt, bleibt die Vagina im Bildbereich des exkrementellen Kraters. Umgekehrt ist es immer wieder der verwerfende, auf die Frau gerichtete Blick Sades, der ihren Körper umdreht und den Anus als Ort der Begehrens an die Stelle der Vagina setzt.

Die Verkehrung ist das steuernde Prinzip der Sade'schen Fantasie. Die Verkehrung ist aber auch Teil der Bildtradition des Vulkans. Bereits die alten kollektiven Vorstellungen vom feuerspeienden Berg enthalten – wie oben beschrieben – Elemente einer verkehrten Welt. So stößt Sades Einbildungskraft im Berg, der ein Loch ist, auf ihr kongeniales Bild. Von allen anderen Beimengungen „befreit“, wird der Vulkan für Sade zum Ort der Verkehrung an sich. Zum obsessiven Motiv wird der Vulkan überdies, weil durch ihn die Spur der traumatischen Erinnerung an die Entstehung aller Verkehrungen hindurchgeht. Sie führt zu jener

„Ur-Verkehrung", auf die Almanis zornige Kosmogonie hinwies: der exkrementelle Mutterschoß, der das erzeugte Leben vernichtet.

Trägt ihr Besuch in Pietramala noch die Merkmale der Initiation, so ist Juliette bereits eine durchtriebene Nachahmerin der Natur, als sie die Gegend um Neapel erkundet.

Nirgendwo in Europa ist die Natur so schön, so überwältigend wie in der Umgebung dieser Stadt; dies ist nicht die traurige und eintönige Schönheit der lombardischen Ebenen, welche die Fantasie einschläfert und wehmütig macht. Das Durcheinander der Vulkane dieser stets verbrecherischen Natur bringt die Seele in eine Erregung, die sie zu großen Taten und heftigen Leidenschaften treibt. „Dies sind wir", sagte ich zu meinen Freundinnen, „und die tugendhaften Menschen gleichen den trostlosen Landstrichen Piemonts, deren Eintönigkeit uns so trübsinnig werden ließ."[257]

Zu welchen Taten die vulkanische Landschaft Juliette inspiriert, zeigt sich am Ende ihres Aufenthalts in Neapel. Mit ihren Freundinnen startet Juliette eine Expedition zum Vesuv, zunächst noch mit allen Zeichen einer touristischen Unternehmung (Kutschfahrt bis Resina, Bergführer hinauf zum Krater). Doch der Leser erfährt, dass ein Mord geplant ist. Nur das Opfer, Olympe, wiegt sich noch in der Sicherheit ihrer Freundschaft mit Juliette und Clairwil. Olympe de Borghèse hat Juliette auf einem Teil ihrer italienischen Reise begleitet, und obwohl Olympe fantasiebegabt ist und die Ausschweifungen des Körpers liebt, trägt sie bereits das in Sades Welt todbringende Stigma: Sie langweilt ihre Gespielinnen. Hinzu kommt, dass Olympe nie eine „Philosophin" war; stets hatte sie mit „Vorurteilen" zu kämpfen und war nie wirklich interessiert an den Prinzipien ihrer Handlungen. Olympe ist der Typus der Sade'schen Heldin, der sein Versprechen der Kälte und Unbarmherzigkeit nicht gehalten hat. Da Olympe nicht mehr zu inspirieren vermag, wird sie aus dem Kreis der Egoisten ausgestoßen. So fällt sie zurück in die Klasse der Sanftmütigen und Fühlenden und wird zum Opfer.

In einem Werk, in dem die Namen vieler Figuren sprechend sind, hat auch der Name „Olympe" eine zusätzliche Bedeutung. Während der Berg Olympus auf einen lebendigen Götterhimmel verwies, meint „Olympe" in Sades philosophisch-moderner Welt nur die Langeweile göttlicher Ordnung und die Leere des Himmels. Es passt zu Olympe und ihrem Namen, dass sie auf dem Gipfel des Vesuv eine einfache Steigerung der körperlichen Lust erwartet. Die Naive sucht die Höhe des Erhabenen in dem Berg, der gerade die Aufwärtsbewegung des Sublimen in ihr Gegenteil verkehrt. Auch im körperlichen Sinn ist Olympe die „Frau vom Berge": Vor ihrer Ermordung muss Olympe eine lange Folterung der „Wölbungen und Hügel" ihres Körpers über sich ergehen lassen:

[W]ir griffen ihre schöne Brust an, wir peitschten ihren entzückenden Arsch, wir stachen in ihre Hinterbacken, wir enthaarten ihren Hügel; ich biss ihre Klitoris bis aufs Blut.[258]

Abb. 57: Illustration aus D. A. F. de Sade, *Justine/Juliette*, 1797

Im Sinne Sades ist es ein ideales Verbrechen, das an Olympe verübt wird, denn es verbindet Sexualität, Folter, Mord, Verrat – und schließlich auch noch Diebstahl, da Clairwil und Juliette die Besitztümer Olympes an sich reißen.

Nachdem sie Olympe über den Rand des Kraters gestoßen haben, hören Juliette und Clairwil ihren Körper noch einige Minuten lang gegen die Felsen schlagen (Abb. 57). Dann tritt vollkommene Stille ein. Als sie sich davon überzeugt haben, dass der Vulkan ihre verbrecherische Tat annimmt, feiern Juliette und Clairwil ihre Vereinigung mit der Natur. Am Kraterrand sitzend „entladen" sie sich, wobei sie sich bestätigt fühlen von der Natur, die offenbar nur das Sinnliche, Exkrementelle und Verbrecherische will.

Doch gehören solche Szenen des Einklangs mit der Natur zu den unsichersten Situationen in Sades Romanen. Denn es gibt keine Garantie, dass die Verbrechen der Sade'schen Helden in mehr als einer bloßen Analogiebeziehung zur Natur stehen. So ist es bezeichnend, dass Juliette und Clairwil für einen Augenblick sogar verwirrt sind, unsicher, ob ihr Verbrechen nicht doch die Gesetze der Natur verletzt habe: Als Olympes Körper in den Krater stürzt, machen die beiden sich auf ein Zeichen des Unwillens und der Rache gefasst. Diese überraschende Reaktion weist auf die extreme Schwierigkeit hin, die Absichten der Natur zu entziffern. Gerade in dem Augenblick, in dem die Gewissheit der Dominanz des Bösen in der Natur am dringendsten gebraucht wird, scheint die Natur zurückzuweichen. Übrig bleibt jenes Andere der Natur: das Erratische, Gleichgültige und Unzugängliche. Der Vereinigung mit der Natur, von der Sade träumt, fehlt an der entscheidenden Stelle die mythische Dimension, die andere zeitgenössische Modelle des Einklangs mit der Natur für sich in Anspruch nehmen; das gilt für den arkadischen Lebensentwurf der Einbettung des Menschen in die Natur ebenso wie für die enthusiastische Spiegelung des Genies in der erhabenen Natur.[259] Im Zentrum von Sades Vision der Einheit von Mensch und Natur befindet sich nicht die Gewissheit der Mythe, sondern die Konstruktion des Verstandes. Wie die Sade'schen Helden einander nur trauen auf der Basis des unterstellten gemeinsamen Interesses, so bleibt bei Sade die Beziehung von Mensch und Natur ein Verhältnis der spekulativen Parallele.

„Die Lava der Revolution fließt majestätisch"
Eruption als Geschichtsmetapher

Die Verwendung von Naturmetaphern für gewaltsame geschichtliche Vorgänge hat eine lange Tradition. Seit jeher greifen die Chronisten von Aufständen und Kriegen zu Sprachfiguren, die sich der Anschauung von Naturgewalt und dem Wortschatz religiös-apokalyptischer Schriften verdanken: Die geschichtliche Gewalt erscheint dann als „Feuer" oder auch als „Sturm", „Flut" und „Erdbeben".[260] Solche Metaphern sind traditionell Teil einer Sprache der Abwehr, die scharf und axiomatisch zwischen schützenswerter Ordnung und gefährlicher Verwüstung unterscheidet.

Am Ende des 18. Jahrhunderts schwillt der Strom politischer Metaphorik auf eine bis dahin völlig unbekannte Weise an. Die Ereignisse in Frankreich fordern die Zeitgenossen ständig zu Stellungnahme und Deutung heraus; unzählige Schriften nehmen ihre Zuflucht zu Bildern aus dem Reich der Natur. Neu an dieser Situation ist nicht nur die explosive Zunahme der Reaktionen auf einen geschichtlichen Vorgang, sondern auch, dass die historischen Akteure selbst die alten katastrophischen Naturmetaphern verwenden. Die Folge ist, dass diese Sprachfiguren ihren eindeutig wertenden Charakter verlieren. Wenn zum Beispiel die Befürworter der konstitutionellen Monarchie in den Jahren 1789 und 1790 die Revolution ein „Gewitter" nennen, entsteht eine charakteristische Ambivalenz: Das revolutionäre „Unwetter" verbreitet Schrecken und ist bedrohlich, zugleich aber leitet es als „reinigendes Gewitter" eine Zeit moralischer Erneuerung und Versöhnung ein. Konsequenter noch ist der Verlust der alten Wertungen in der Sprache der Republikaner. Wenn diese die Revolution als „Sturm", „Feuer" und „Vulkanausbruch" bezeichnen, erscheint die extreme Naturgewalt als unvermeidliche *force des choses.* Die Republikaner sind beherrscht von dem Gedanken, dass ihre Taten einem erhabenen Geschehen zugehören, an dem jeder Versuch individueller Steuerung scheitern muss. Camille Desmoulins spricht vom *torrent révolutionnaire*, dem zu widerstehen unmöglich sei. Wer aber zum Fürsprecher des reißenden Flusses wird, begreift sich nicht mehr als ein Wesen, das zu freiem Handeln fähig ist.[261] Im Winter 1793/94 ruft der Jakobiner Collot d'Herbois aus: „Einige wollen die revolutionäre Bewegung mäßigen. Wie? Lässt sich ein Sturm denn lenken? Die Revolution ist ein Sturm. Wir können und dürfen seine Bewegung nicht zügeln."[262] Das führt zu einem Dilemma: Den Jakobinern beginnen ihre eigenen Aktionen, die nun Teil der katastrophisch sich verselbständigenden Geschichte werden, fremd gegenüberzutreten. Die Folge ist, dass im Frühjahr und Sommer 1794 – als die Ereignisse sich beschleunigen – unter den Jakobinern eine eigentümliche Hoffnungslosigkeit um sich greift. Die Furcht, dass die nicht mehr steuerbare Revolution ihr Ziel verfehlen könnte, führt zu einem Gefühl der Zukunftsohnmacht, von dem zunächst die Gruppe um Danton, schließlich aber auch Robespierre und Saint-Just befallen werden.[263]

Die seismischen Bilder

Kaum ein Ereignis der ersten Revolutionsjahre hat die Fantasie der Zeitgenossen so sehr beflügelt wie der Sturm auf die Bastille. Da die Bastille schon lange vor dem 14. Juli 1789 zum Monument der Grausamkeit und absolutistischen Willkür erklärt worden war, griff die symbolisierende Deutung rasch um sich: Mit der Erstürmung der Bastille, hieß es, war die Unmenschlichkeit des alten Systems selbst zu Fall gebracht worden (Abb. 58). Dass die Bastille in Wirklichkeit schon seit langem nicht mehr der grausame Kerker war, zu dem eine im 18. Jahrhundert stark anwachsende Literatur der Anklage sie erklärt hatte, wirkte sich in der Symbolbildung von 1789 nicht aus.[264] In Deutschland dichtete Schubart (er hatte eine „Reliquie" der Bastille, d. h. einen Stein aus ihren Trümmern, erhalten):

> Dank Dir, o Freund, aus voller Herzensfülle,
> Für die Reliquie der greulichen Bastille,
> Die freier Bürger starke Hand
> Zermalmend warf in Schutt und Sand.
> Zertrümmert ist die Schauerklause,
> Die einst, o *Voltaire*, dich in dumpfe Nacht verschloß.[265]

Es wurde zur verbreiteten Redeweise, dass die Bastille zum Einsturz gebracht worden war. In Wirklichkeit freilich vollzog sich die Zerstörung des Gefängnisses nur langsam; noch am 14. Juli 1790, als die Pariser Bevölkerung den ersten Jahrestag der Erstürmung feierte, waren die schweren Grundmauern nicht völlig geschleift.

Nachdem im Jahre 1790 auch in Marseille drei Forts erobert worden waren, hieß es im Brief des Marseiller Stadtrates an die Pariser Revolutionsklubs: „Ihr, tapfere Pariser, habt den ersten Schlag gegen den Koloss des Despotismus geführt. [...] Wir haben nicht mehr getan, als eurem Beispiel zu folgen. Mit euren Fesseln sind auch die unseren gefallen. Ohne die gewaltige Erschütterung, die vom Fall der Bastille ausging, hätten wir diese drohenden Bollwerke, diese Schlupfwinkel der Tyrannei vielleicht niemals vernichtet."[266]

Durch die enge symbolische Verbindung von Bastille und Ancien Régime weitete sich das Bild des gefallenen Bauwerks rasch auf das zum Einsturz gebrachte Ancien Régime aus, das nun selber als gefallener „Koloss" und zerstörtes „gotisches Raubschloss" erschien. Gekoppelt an die seit dem Lissaboner Erdbeben geläufige Vorstellung von den noch in großer Entfernung spürbaren Folgen, eröffneten die Bilder von Fall und Erschütterung ein besonders fruchtbares Metaphernfeld. Es war die Rede davon, dass nicht nur in den französischen Provinzen, sondern überall in Europa die Erschütterung von Paris zu spüren war. „Alle

Abb. 58: Hubert Robert, *Die Bastille während der ersten Tage ihrer Zerstörung* (1789, Paris, Musée Carnavalet)

französischen Einrichtungen stürzten mit Getöse zusammen, und die Rückwirkung dieser großen Bewegung erschütterte ganz Europa.“[267]

Die Erdbebenmetapher wurde im revolutionären Jahrzehnt zu einer der verbreitetsten Figuren politischer Rede überhaupt. Allerdings fällt auf, dass sie – anders als die Vulkanmetapher, der sie nahesteht – einen etwas größeren Erfolg im Ausland hatte als bei den Revolutionären selbst. Gerade die Fernwirkung von Erdbeben ließ die Metapher Revolutionsfreunden und Revolutionskritikern in Europa gleichermaßen passend erscheinen. Edmund Burke schrieb:

Viele Gegenden Europas sind in offenkundiger Unordnung. In vielen anderen gibt es ein dumpfes Grollen unter der Erde; eine undeutliche Bewegung ist spürbar, die die politische Welt durch ein allgemeines Erdbeben bedroht.[268]

In Deutschland sprach man davon, dass der „Einsturz“ des absolutistischen Regimes nun auch die deutschen Fürstentümer „erzittern“ lasse. „Throne erbeben, Königszepter entfallen den Händen.“[269] Eine besondere Plausibilität gewann die Erdbebenmetapher für Goethe: Während des Frankreichsfeldzuges „bebte“ die Erde „im ganz eigentlichsten Sinne“. Die „ungeheure Erschütterung“, die er 1792 erfuhr, war zugleich das Beben der Erde während der Kanonade von Valmy.[270] Am Ende des Jahrzehnts war die Metapher dann so sehr Allgemeingut geworden, dass Friedrich Schlegel in seinem 424. Athenäumsfragment ihren Erkenntniswert in Zweifel zog.[271]

Dass die Vorstellung eines Erdbebens – auch wenn es sich nur um ein figürliches handelte – überhaupt begrüßt werden konnte, wie es im Jahr 1789 überwiegend geschah, bleibt allerdings erstaunlich. Hatten nicht die Ereignisse von Lissabon universelle Ängste in Europa ausgelöst? Der Optimismus der Aufklärung war ins Wanken geraten, eine Debatte über die göttliche Vorsehung und das Wesen der Natur entfacht worden. Dieser philosophische Streit war keineswegs zu einem befriedigenden Ende gebracht worden. Allerdings war die Debatte um 1789 schon weitgehend verstummt; die jüngere Generation hatte an ihr nicht mehr teilgenommen. Aufgewachsen in der Zeit nach der „Zäsur von Lissabon", fühlten die nach 1750 Geborenen sich gleichsam entlassen aus der Suche nach Stetigkeit in der Geschichte und Benevolenz in der Natur. Sie entwickelten neue Naturvorstellungen, in denen Zerstörung und Wohltat dicht beieinanderlagen. So konnte eine positive Metaphorik der Erderschütterung entstehen: Man wünschte das soziale und politische Beben herbei. Die alten Mauern sollten fallen. Normen, Standesgrenzen und absolutistische Institutionen verursachten künstliche Scheidungen und galten als Wände, die die Menschen voneinander trennten. Auch auf andere Gebiete griff der Wunsch nach dem Fall der Mauern über: „Tombez, tombez, murailles!", rief Mercier und meinte das klassische System der literarischen Gattungen.[272] In solchen Erschütterungsfantasien wurde die gewalttätige Natur zur hilfreichen Macht.[273]

Einige Kommentatoren freilich machten auf die Gefahr aufmerksam, auf die die Bildlichkeit des Erdbebens selber hinwies. Denn wenn die Mauern nicht durch behutsames Abtragen, sondern durch ein revolutionäres Erdbeben fallen sollten, dann war nicht ausgemacht, wo diese Gewalt enden würde. Das Hoffnungsbild, dass die Wirkungen der katastrophischen Gewalt begrenzt bleiben würden, war in sich widersprüchlich. Begrub ein Erdbeben nicht alles in seinem Bereich, Freund wie Feind? Dem republikanisch gesinnten, metaphernfreudigen Jean Paul gelang das schöne Bild:

> Aber desto schlimmer, wenn die ungestüme Notwendigkeit spricht, nicht die lange sanfte Freiheit; wenn nicht der fromme Kirchner, sondern ein Erdbeben die Glocken läutet.[274]

Während hier noch geschichtliche Notwendigkeit geltend gemacht wird, forderten Revolutionskritiker wie der aufklärerische Volksschriftsteller Rudolph Zacharias Becker ein deutlicheres Abrücken von aller politischen Gewalt. Für Becker war „der Ausgang gewaltsamer Erschütterungen der Staaten ungewiß". Der Mensch darf kein „Menschenblut [...] vergießen, außer im Falle der Notwehr"; vielmehr solle er es allein „der Vorsehung überlassen, die Erde durch dieses heroische Mittel, wie durch Pest und Erdbeben, eines Teils ihrer Bewohner zu entladen, wenn sie es für nötig erachtet".[275] Der Volksaufklärer will darauf hinwirken, dass alle politische Macht der natürlichen unähnlich wird.

Die Revolutionäre selbst bevorzugten „klassischere" Bilder, um das Dilemma der entfesselten Gewalt darzustellen. Immer wieder benutzten

Abb. 59: Hubert Robert, *Imaginäre Ansicht der Grande Galerie du Louvre als Ruine* (1796, Paris, Louvre)

sie das Bild vom Sturm auf hoher See, der in Orkan und Schiffbruch enden kann.[276] Oder sie wiesen in mythischen Bildern auf die Grundambivalenz der revolutionären Bewegung hin: Während die Revolution ein „saturnisches Zeitalter“ des Glücks verspricht, zeigt Saturn sich in der Gestalt jener anderen Überlieferung, dem Schreckensmythos. Es sei zu befürchten, dass die Revolution „wie Saturn“ ihre Kinder verschlinge, sagte der Girondist Vergniaud in einer berühmten Rede.[277]

Während die Bildgrafik der Revolution so gut wie keine Bilder von Erdbeben zeigte, näherte sich die Malkunst der Revolutionsjahre dem Erdbebenthema an: in den Gemälden von Hubert Robert. Robert hatte sich bereits vor 1789 einen Namen als Maler von Ruinen gemacht.[278] Während der Revolution nahm sich Robert wie kein anderer Künstler seines Ranges eines neuen Themas an: des Abbruchs von Bauten, der von den Revolutionsorganen verfügt wurde. Von Robert stammen Gemälde mit Titeln wie *Die Zerstörung eines Tempels* (ca. 1792). Fällt bei diesen Bildern schon die gewählte Perspektive auf, die den Größenunterschied zwischen arbeitenden Menschen und riesigen Mauern betont, so ist in dem Gemälde, das den Louvre als Ruine darstellt (*Imaginäre Ansicht der Grande Galerie als Ruine*, Abb. 59), schließlich überhaupt keine zerstörende Hand mehr sichtbar. Während gerade der

Louvre als öffentliches Museum ab 1793 ein neues Existenzrecht erhalten hatte, wird er durch Roberts Zukunftsblick melancholisch eingereiht in die Serie verfallener Herrschaftsbauten. Bei dieser ins Endlose fortgeschriebenen Zerstörung werden die historischen Akteure unauffindbar. So zieht Robert aus der naturalen Gleichung der Revolutionsrhetorik die extreme Konsequenz: Als Mächte der Zerstörung werden Geschichte und einebnende Natur ununterscheidbar.

Der strafende Berg der Jakobiner

Dass Revolutionen ausbrechen wie Vulkane, dass sie unaufhaltsamen Glutströmen vergleichbar sind: Dies ist ein dem 19. und dem 20. Jahrhundert geläufiger Vergleich. Zu Beginn der Französischen Revolution aber war die Metaphorik des Vulkanausbruchs noch kaum entwickelt – im Gegensatz zur Metaphorik des Erdbebens. Erst im Fortgang der Revolution wurde der Vulkan zur Figur politischer Rede.

Es ist leicht zu begreifen, warum es der Vulkanmetapher zunächst an Popularität mangelte. Während Bilder wie „Sturm“, „Unwetter“, „Überschwemmung“, „Feuer“ eine jedermann zugängliche Anschauungsbasis hatten, blieb der Vulkan für Mittel- und Westeuropäer eine entlegene Naturerscheinung. Zwar war die Vorstellung vom Vulkan inzwischen durch Reiseliteratur und Bildmaterial vielen zugänglich, doch lag es im wahrsten Sinne nicht nahe, bei der Darstellung des historisch Neuen auf vulkanische Erscheinungen zurückzugreifen. Anders war es bei dem neapolitanischen Aufstand des Masaniello im Jahre 1647 gewesen. Hier hatte der Chronist wie selbstverständlich auf die vulkanische Qualität der Revolte gegen die spanische Herrschaft hingewiesen.[279]

Zunächst gab es Vorstellungsbrücken. Nicht nur die frühe Erdbeben-Metaphorik konnte mit der Vorstellung des Vulkanischen verbunden werden, auch die häufige Rede vom Ausbruch der Revolution bereitete der Vulkanmetapher den Weg. Allerdings war gerade das Wort „Ausbruch“ in seiner Bedeutung wenig spezifisch. Der semantische Bereich von „Ausbruch“ (*éruption*) reichte vom Medizinisch-Biologischen (Vorgänge in der Vegetation, menschliche Krankheiten) bis zum Psychologischen (Enthemmung der Gefühle) und stellte keine genaue Vorstellung physikalischer oder gar geologischer Prozesse bereit.[280] Doch in der Nachbarschaft der Metaphern „Explosion“ und „Gärung“ (etwa: „schon lange hatte es im Volk gegärt“) wurde „Ausbruch“ zur chemischen Metapher und deutete eine radikalere und bedrohliche Form der Gewalt an.

Ein weiterer Wegbereiter war die Feuermetapher. „Feuer“ war nicht nur ein altes Bild des Aufruhrs, sondern das Wort bezeichnete auch ganz reale Ereignisse der Revolution selbst. In gewissem Sinn setzte die Französische Revolution sogar mit dem Feuer ein, denn eine der ersten revolutionären Handlungen bestand im Anzünden der Pariser Zollhäuser (*barrières*) in der Nacht vom 12. auf den 13. Juli 1789 (Abb. 60). Vierzig der insgesamt vierundfünfzig Zollwachen, die seit 1785 von Claude

Abb. 60: „Erstürmung der Zollhäuser", 1789, Kupferstich

Nicolas Ledoux erbaut worden waren, fielen den Flammen zum Opfer. Auch im weiteren Verlauf des Sommers 1789 wurden Brände gelegt, vor allem während der *Grande Peur*, als Bauern die Schlösser des Landadels stürmten, um die verhassten Rechtsdokumente über Abgaben und Herrschaftsdienste zu vernichten.

Das Feuer war denn auch in einem so wörtlichen Sinn Teil der Revolution, dass man zögern könnte, von einer Revolutions*metapher* zu sprechen. Als Revolutionsbild tendiert „Feuer" zur Synekdoche: Die Eingängigkeit der Sprachfigur basiert darauf, dass ein Teilaspekt auf das Ganze bezogen wird. Doch durch die Übertragung des Konkreten aufs Abstrakte bleibt auch diese Figur letztlich eine Metapher. Die eigentümliche Zwischenstellung des Feuerbildes zeigt ein früher Ausspruch von Desmoulins an, dem „Mann der ersten Stunde"; er spricht beim Anblick der brennenden Zollgebäude vom „um sich greifenden Feuer" der Revolution.[281]

Diese ersten Stunden der Revolution werden dann in einem 1790 erscheinenden Rückblick als vulkanisches Feuer gedeutet:

> Im Palais Royal jagten sich die heftigsten Aufrufe mit ungeheurer Schnelligkeit, die heftigsten Redner sprangen auf die Tische, entflammten die Köpfe ihrer Zuhörer, die sich um sie drängten, um sich anschließend wie die brennende Lava eines Vulkans in der Stadt auszubreiten.[282]

Noch ist hier allerdings nicht das Gesamtereignis gemeint. Das Bild der brennenden Lava stützt sich auf das Wort *volcaniser*, das bereits bei Buffon zu finden ist und als Metapher *têtes volcanisées* die Erhitzung der Gemüter meint.

Gleichsetzungen von Revolution und Vulkan finden sich dagegen schon im Herbst 1789. Die spontane Gewalt der Ereignisse des 5. und 6. Oktober erscheint im Kommentar der Zeitschrift *Révolutions nationales* als Lavaausbruch. Im Rückblick auf die Julitage sieht der Kommentator auch dort vergleichbare Kräfte am Werk:

> Wir haben am 14. Juli den schrecklichen und donnernden Durchbruch des Vulkans erlebt, wir hatten geglaubt, dass wir das Ende der Explosion gesehen hätten; und nun speit er erneut einen Strom feuriger Lava, der uns weitere Erschütterungen befürchten lässt.[283]

In Deutschland begrüßt Schubart die Französische Revolution in der Hoffnung, dass „das Beispiel [Frankreichs] wie unterirdisches Feuer durch alle Adern des Erdkreises flockt".[284] Auch hier kündigt sich mit der traditionellen Sicht auf tellurisches Feuer und Erdleib die Vorstellung der Revolution als Vulkan an. Doch sind solche Beispiele vulkanischer Metaphorik im Jahr 1789 noch selten.

Häufigere Verwendung findet die Vulkanmetapher der Revolution erst im Jahre 1792. Das *Feuille du Jour* schreibt über den Jahrestag des Ballhausschwurs (1789), dass halb Paris auf den Beinen gewesen sei:

> In welcher anderen Stadt als Paris würde man gleichzeitig zwei gegen das Gesetz meuternde Faubourgs [...] erleben, und andererseits die Hälfte der Bevölkerung gleichgültig gegenüber dem, was sich in einem Stadtteil abspielt, der vom ihrigen weit abliegt? Dort geht jeder seiner Beschäftigung nach, als ob alles ruhig wäre. Jede Straßenecke ist mit 30 blauen, gelben oder roten Plakaten bepflastert, die Possen für den Abend versprechen, und 3000 Müßiggänger richten ihren Tageslauf danach ein, [...] während ein schrecklicher Vulkan unter ihren Füßen tobt.[285]

Die Beschreibung der nichtsahnenden oder leichtfertigen Festteilnehmer, die sich ihrer Bedrohung „von unten" nicht bewusst sind, wird sich im 19. Jahrhundert in der bekannten Redewendung festsetzen: „Nous dansons sur un volcan."[286] Auch von Robespierre ist ein ähnlicher Ausspruch überliefert – „Nous marchons sur un volcan" –, der nun allerdings jede Leichtfertigkeit hinter sich lässt und eher von bewusst risikovollem Handeln zeugt.

Wie sehr die Revolutionäre den Vulkan als Bild der Bedrohung und nicht von vornherein schon als erhabene Rechtfertigung der eigenen Gewalt sehen, zeigt die Rede vom „volcan dangereux“. In einer Konventsrede des Girondisten Journu-Auber heißt es im Jahre 1792: „[D]ies ist ein Vulkan, der Flammen speit, doch entfernt die Brennstoffe, die ihn nähren, und er wird nicht zögern zu erlöschen.“[287] Während des Aufstandes in der Vendée schreibt Saint-Just: „Die Eruption der Vendée ist stärker geworden“,[288] und Barère ruft im Nationalkonvent aus:

Bürger, die unbegreifliche Vendée gibt es noch immer, und die Anstrengungen der Republikaner gegen die Raubzüge und Komplotte der Royalisten haben bisher nicht ausgereicht. Die Vendée, dieser Schmelztiegel, in dem die nationale Bevölkerung geläutert wird und der schon lange zerschlagen hätte sein müssen, droht noch immer ein gefährlicher Vulkan zu werden.[289]

Während die Hitze des Schmelztiegels begrüßt wird, weil sie die Nation läutert, ist offenbar von diesem Vulkan nur Zerstörung und Verunreinigung zu erwarten. Auch danach bleibt Barère dem Bild verhaftet, wenn er sagt, dass das Unerklärliche der Vendée vor allem darin bestehe, dass sie eigentlich keine Munition und Waffen mehr haben dürfe, dass ihr Brandherd sich aber ständig nähre – Folge der Ausrüstung durch die englische Flotte und eines vermuteten Paktierens mit Abtrünnigen der Revolutionsarmee.

Gerade die Ereignisse in der Vendée führen zur Verwendung vulkanischer Bilder. Allerdings schwankt hier die Wertung ständig. Zunächst werden der Aufstand und der anfängliche Erfolg der Vendéens zur schwer einzudämmenden Lava eines verderbenbringenden Vulkans erklärt; er gefährde die Einheit der Revolution und ihre Errungenschaften. Dann aber wird vor allem die Strafexpedition der revolutionären Armee als der in seiner Furchtbarkeit notwendige und erhabene Vulkanausbruch gesehen.[290]

Dass der Vulkan in der Rede der Revolutionäre zum Bild der Revolution selbst wird, hängt vor allem mit dem zentralen Symbol der radikalen Fraktion im Nationalkonvent zusammen: dem Berg. Mit dem Aufstieg der *Montagne* zur einflussreichsten politischen Kraft nimmt auch die Neigung der Redner in den Clubs und im Nationalkonvent zu, das Wort „Berg“ metaphorisch und symbolisch zu gebrauchen. Für die Rhetorik der Jakobiner ist es eine willkommene Fügung, dass sie sich im Nationalkonvent auf den obersten Rängen befinden. In ihren Reden nutzen sie die positiven Konnotationen des Berges und des erhöhten Standortes: Klarsicht, Überblick, strategische Überlegenheit. Robespierre, der sich bis in die Diktion seiner Reden von Rousseau leiten lässt, übernimmt auch dessen Deutung des Berges als des Ortes der Entrückung und der erhabenen Zivilisationsferne:

Wer den Tumult der Städte flieht, um sich zum Gipfel der Berge zu erheben, spürt, wie die Ruhe der Natur seine Seele durchdringt, und mit dem Horizont erweitern sich seine Gedanken.[291]

Abb. 61: „Ansicht des Berges, errichtet auf dem Champ de la Réunion", zeitgenössischer Kupferstich

Ihren Widerpart sieht die Bergpartei im *Marais*, dem „Sumpf", zu dem sie die Mehrheit der gemäßigten Abgeordneten rechnet. Der „Sumpf" ist in der Rhetorik der Bergpartei ein Ort der Orientierungslosigkeit und des blinden Kompromisses. Hoch über diese Niederungen erhebt sich die *Montagne*, der Berg, der die „sublimen Ideen" der Freiheit und der Tugend verteidigt.

In den Jahren 1793 und 1794 wird dieser Berg zum anschaulichen Symbol. Es gibt zwischen dem Frühjahr 1793 und dem Ende der Jakobinerherrschaft am 27. Juli 1794 kaum eine Revolutionsfeier, für die nicht ein Berg errichtet würde.[292] Fast immer sind diese Berge bepflanzt; meist handelt es sich um massive Aufschüttungen, die eine beträchtliche Höhe erreichen können. Allerdings gibt es auch Berge, die aus Holz, Tuch und Gips konstruiert werden. Die Prozession während einer *Fête de la Révolution* endet gewöhnlich am Berg, von dem Ansprachen und Gesänge erschallen (Abb. 61). Berge werden sogar im Inneren von Kirchen errichtet, wenn während der *Fête de la Raison* am 10. November 1793 die Orte des „Aberglaubens" umfunktioniert werden zu Kultstätten der Vernunft.

Der Berg der Revolutionsfeiern erscheint vor allem als Ort des erneuerten Lebens. Doch die Tatsache, dass dieser Berg nicht nur begrünt ist, sondern oft auch felsig und steil, verleiht ihm Züge des Erhabenen. An den vaterländischen Altären, die sich auf den künstlichen Bergen befinden, werden öffentlich Gelöbnisse abgelegt und Kinder im neuen republikanischen Geist getauft. Der Berg wird zum sakralen Ort: Auf ihm brennt das *feu sacré*, das in allen Herzen den Geist der Revolution entzünden soll.

Besonders wirksam wird die Rede vom heiligen Berg, wenn sie sich mit älteren religiösen Vorstellungen verbindet: Die erhabene *Montagne* wird zum neuen Sinai erklärt. Wie Moses auf dem Berg Sinai die Zehn Gebote empfangen hatte, um sie dem Volk Israel zu bringen, so erhält das französische Volk Gesetze und Dekrete vom „heiligen Berg“ der Revolution. Bereits im Oktober 1792 sagt Garnier de Saintes im Jakobinerklub: „Auf einem ‚Berge‘ fand Moses seine Gesetze; der ‚Berg‘ der Nationalversammlung wird Frankreich gleichfalls seine Gesetze geben.“[293] Entsprechend heißt ein Katalog von politischen Geboten, der im Winter 1792/93 erscheint, *Commandements révolutionnaires de la Montagne, Sinaï des Français*. Eine willkommene Assoziation des alttestamentarischen Berges ist außerdem, dass sich am Sinai die Erneuerung des Bundes vollzogen hatte: Hier war die Auserwähltheit des Volkes, das den „wahren Glauben“ hatte und sich auf einer entbehrungsreichen Wanderschaft befand, bekräftigt worden.

Auf diese Weise wird die Abstraktheit des Rousseau’schen Berges in das verständlichere Idiom einer bekannten biblischen Erzählung überführt. Die von der klassischen Rhetorik geprägte und zum griechisch-römischen Exempel neigende Sprache der Abgeordneten bedarf solcher Übersetzungen ins Christlich-Volkstümliche.[294] Dass man sich der Kluft bewusst ist, zeigt ein Ausspruch aus dem Jahr 1791: Man solle in der Sprache der Leute reden, die vom Fanatismus geschlagen seien („accablés de fanatisme“).[295] Vom Sommer 1793 an wird der Berg zum zentralen Symbol der Revolution; nach dem Ausschluss der Gironde aus dem Konvent am 31. Mai herrscht die Bergpartei praktisch unumschränkt. Damit verschärfen sich die Bildkonnotationen des Berges. Der Berg ist nicht mehr nur Ort der Gesetzgebung, sondern von ihm geht nun auch alle Gewalt aus. Er wird zur *terrible Montagne*. Es sind insbesondere die Vorstellungen des zornigen Bebens und des sich über die Gegner ergießenden Strafgerichts, die dem erhabenen Berg der Revolution vulkanische Eigenschaften zuweisen. Schon am 8. Juli 1792 hatte Billaud-Varenne im Jakobinerklub ausgerufen: „Warum denn nicht fürchten, dass der ‚Berg‘ bebt, um die ‚Ebene‘ umso besser zu verschlingen?“[296]

Die Abgeordneten der „Ebene“ und des „Sumpfes“ sind bereits von der Macht ausgeschlossen, als am 11. August 1793 ein neuer Gegner ausgemacht wird. Es ist der Föderalismus, der Einheit und Fortbestehen des Revolutionsstaates bedroht. Gemeint sind vor allem die Aufständischen in Lyon, in Toulon und in der Vendée.

Ach, Kameraden, Freunde! Unsere Gefühle sind zu stark, um viel sagen zu können: Mögen diejenigen erzittern, die Frankreich föderalisieren wollten! Wir haben auf die Einheit der Republik einen Eid geleistet, und dieser Schwur bedeutet das Todesurteil für alle Ränkeschmiede, Verräter und Verschwörer. Den Sumpf [*Marais*] gibt es nicht mehr; wir bilden hier einen einzigen gewaltigen, furchtgebietenden Berg, der seine Lava auf alle Royalisten und Helfershelfer der Tyrannei ergießen wird.[297]

Am 5. September wird offiziell die Schreckensherrschaft verkündet: „Il faut mettre la terreur à l'ordre du jour." Im verschärften politischen Klima des Herbstes 1793 soll die Revolution wehrbar und unnachgiebig erscheinen. Zwei Tage nach der Erklärung der *Terreur* zur Maxime politischen Handelns kommt es zu einer Eingabe im Konvent, in deren Metaphorik nun sogar der Berg Sinai zum Vulkan wird:

Und ihr, auf immer in den Annalen der Geschichte gepriesene Mitglieder des Berges, seid der Sinai der Franzosen! Schleudert inmitten der Blitze ewig gültige Dekrete der Gerechtigkeit und des Volkswillens! Ihr, die kein von der Aristokratie angefachter Sturm erschüttern konnte, rührt euch und erschauert vor der Stimme des Volkes! Lange genug hat das hehre Feuer der Liebe zum öffentlichen Wohl in eurem Schoße gebrodelt: Möge es mit Gewalt ausbrechen! Geheiligte Montagne, werde ein Vulkan, dessen heiße Lavaströme die Hoffnung der Bösewichter für alle Zeiten zerstört und jene Herzen verbrennt, denen noch ein Gedanke an das Königtum innewohnt! Weder Gnade noch Erbarmen mehr mit den Verrätern! Denn kommen wir ihnen nicht zuvor, werden sie uns zuvorkommen. Errichten wir zwischen ihnen und uns die Schranke der Ewigkeit! (Beifall.)[298]

Zunächst scheint es sich um einen jener überraschenden Bildsprünge zu handeln, die im synkretistischen Kosmos der revolutionären Symbolik keineswegs selten sind. Auch in der Bildgrafik der Revolution kommt es immer wieder zur Anhäufung völlig heterogener Elemente.[299] Doch bei näherer Betrachtung zeigt sich, dass die Metaphorik der Konventsrede bestimmte Elemente der mosaischen Erzählung beim Wort nimmt. In der Bibel ist die schreckenerregende Annäherung Gottes nicht nur von Rauch, sondern auch von Feuer und Beben begleitet: „Der ganze Berg Sinai aber rauchte, darum dass der Herr herab auf den Berg fuhr mit Feuer; und sein Rauch ging auf wie ein Rauch vom Ofen, dass der ganze Berg sehr bebte" (2. Mose 19, 18). Zwar ist der Sinai des Alten Testaments kein Vulkan, doch ist gerade diese Stelle eine der wenigen in der Bibel, die überhaupt Spuren seismischer und vulkanischer Bildlichkeit enthalten. Die Suche nach der Legitimation des Bildes findet so den größtmöglichen Nenner: den biblischen Sprachschatz, der allen Zuhörern gegenwärtig ist. Er soll dem Schrecken die Aura des Heiligen verleihen. In der Geschichte der Französischen Revolution ist dies der Augenblick, in dem die Vulkanmetapher Allgemeingut zu werden beginnt.

Erstaunlich ist, dass der Vulkan zur Zeit der Französischen Revolution nur als Metapher, kaum aber als bildliches Symbol präsent ist. Anders als die Metaphern „Sturm", „Unwetter" und „Blitz" wird die Vulkanmetapher nicht Teil der revolutionären Bildgrafik. In dieser Hinsicht teilt sie das Schicksal der Erdbebenmetapher. In der Bildpublizistik erscheint zwar der Berg Sinai, doch zeigt er keine eindeutig vulkanischen Attribute; die Abbildung des Sinai beschränkt sich auf Gesetzestafeln, blendend helles Licht, Rauch und Blitz. Erst nach 1795 – und dann auch nur sporadisch – kommt es zu bildlichen Darstellungen des Vulkans als Revolutionssymbol (Abb. 62).

Auch in den Inszenierungen der Revolutionsfeste sucht man vergebens nach der Bildlichkeit des Vulkans. Die Frage ist, ob es nicht gerade hier nahegelegen hätte, einem der zahlreichen künstlichen Berge eine vulkanische Gestalt zu geben. Doch ging es in den Revolutionsfeiern nur selten darum, den Berg als Ort des Schreckens erscheinen zu lassen.[300] Das Fest zeigte nur am Rande die gewalttätige Gegenwart, denn diese galt als eine notwendige und bald schon zu verlassende Zwischenzeit; das Fest war Vorgriff auf die Zukunft. Im utopischen Raum der Revolutionsfeier war der Berg vor allem Ort der Versöhnung und des erneuerten Lebens.

Am ehesten konnte der Eindruck des Vulkanischen noch in der Revolutionsarchitektur entstehen. An der Bildlichkeit des Vulkans partizipierten zum Beispiel die rauchenden Grabpyramiden, die für die Märtyrer der Revolution errichtet werden sollten. Viele der sich im Bildfeld des Düster-Erhabenen bewegenden Entwurfszeichnungen für Krematorien und Grabmonumente erinnern an die Kontur eines rauchenden Vulkans.

In seiner entscheidenden Gestalt allerdings – als eruptive Naturgewalt – war auch hier der Vulkan nicht zu sehen. Diese zu zeigen blieb einem Theaterstück vorbehalten: Am 17. Oktober 1793 kam es auf der Bühne des Théâtre de la République zu einem spektakulären „Vulkanausbruch“.

Das Stück hieß *Le Jugement dernier des rois* („Das Jüngste Gericht der Könige“) und stammte von Pierre-Sylvain Maréchal, einem jener zahlreichen kleineren literarischen Talente und selbsternannten Philosophen, die in den Jahren vor der Revolution nicht recht Fuß hatten fassen können.[301] Nach Anfängen in der Idyllentradition (er nannte sich zunächst Berger Sylvain) hatte Maréchal am Vorabend der Revolution einen Almanach verfasst, in dem die Tage nicht mehr die Namen von Heiligen, sondern von historischen Figuren trugen. Diese radikale Unternehmung wies auf Fabre d’Eglantines späteren Revolutionskalender voraus; sie trug dem Autor eine Gefängnisstrafe ein.

Maréchals Stunde kam, als einen Tag nach der Hinrichtung von Marie Antoinette sein *Jugement dernier des rois* in Premiere ging. Der Einakter hatte einen durchschlagenden Erfolg und wurde in der Folge noch 25-mal in Paris gegeben. Da auch Bühnen anderer Städte das Stück aufführten, wurde es insgesamt von mehr als 100 000 Menschen gesehen.[302] Am 30. Oktober 1793 veröffentlichte der *Moniteur* den folgenden Bericht:

Abb. 62: „Der dritte Ausbruch des Vulkans“ (1833, kolorierte Lithografie aus der Zeitschrift *La Caricature*)

THÉÂTRE DE LA RÉPUBLIQUE.
Ein Landwirt aus der Umgebung von Versailles hat das Unglück, eine schöne Tochter zu besitzen, die einem der Höflinge des französischen Königs gefällt. Man entführt ihm sein Kind, er verlangt es zurück, und man bringt ihn auf ein Schiff, das ihn auf eine einsame Vulkaninsel wirft.

Schon zwanzig Jahre wohnt er an diesem trübsinnigen Ort. In einen Stein am Fuße des Vulkans hat er die Worte eingeschnitten: „Es ist besser, einen Vulkan zum Nachbarn zu haben als einen König." Seine Freunde sind die Wilden, die vor seiner Ankunft auf der Insel dem Vulkan wie einem Gott gehuldigt haben. Er klärt sie auf, unterrichtet sie mithilfe einer Zeichensprache, da sie seine Sprache nicht lernen können. Die Wilden haben ihn zu ihrem König wählen wollen, doch er hat diesen verhassten Titel verworfen. Inzwischen legt ein Schiff an der Insel an. Einige Europäer gehen von Bord und berichten dem Alten von der erstaunlichen Revolution, von deren Beginn in seinem Land und dem Weg, den sie durch Europa genommen habe. Alle Völker haben ihre Rechte zurückerobert, alle Könige sind entthront, und in der Versammlung der universellen Republik, gehalten zu Paris, ist beschlossen worden, dass alle Menschenfresser auf eine einsame Insel verbracht werden sollten. Der Alte umarmt seine Brüder und sagt ihnen, dass seine Insel sehr geeignet sei, um die Fracht ihres Schiffes aufzunehmen. Dann führt ein Sansculotte eines jeden Landes jeweils herein: den König von Österreich, Preußen, England, Spanien, Neapel, Polen, den Heiligen Vater und die Kaiserin aller Reußen. Man lässt sie zurück; sie streiten sich, sie werfen sich gegenseitig die Vergehen vor, deren sie sich allesamt schuldig gemacht haben. Sie kämpfen um ein Fass mit Schiffszwieback, welches man ihnen aus Barmherzigkeit gelassen hat – als plötzlich der Vulkan sie alle vereinigt, indem er sie verschlingt.

Dies ist *Le Dernier Jugement des rois*, „Prophezeiung in einem Akt", am 26. Vendémiaire mit dem größten Erfolg im Théâtre de la République aufgeführt.

Le Jugement dernier wurde als ein Stück zur richtigen Zeit empfunden. Der fröhliche Untergang der europäischen Könige in Maréchals Stück schuf ein Gegengewicht zu der eigentümlich gedrückten Stimmung, die Augenzeugen zufolge bei der Hinrichtung Marie Antoinettes am Tag zuvor geherrscht hatte. Trotz der Unbeliebtheit von Marie Antoinette in der französischen Bevölkerung war die Hinrichtung kaum auf Billigung oder gar Enthusiasmus gestoßen. Auf dem Theater nun zeigten die Monarchen durch ihr grotesk ichsüchtiges Verhalten, dass sie allesamt kein besseres Los verdienten. Unter ihnen waren Kaiser Franz II., der Neffe von Marie Antoinette, und die Zarin Katharina, deren lasziven Ruf das Stück bekräftigte – was noch einmal die Witze und obszönen Karikaturen, die während der Revolution über Marie Antoinette in Umlauf waren, ins Gedächtnis rief.

Dass das Stück die Mächtigen Europas auf burleske Weise vom Erdboden verschwinden ließ, war zum Zeitpunkt der Aufführung eine willkommene Form des Spotts. Die noch immer starken Gegner der Revolution erschienen nun klein und leicht besiegbar. Zwar stellten sich erste Erfolge der Revolutionstruppen an den Fronten ein, doch es sollte noch mehr als ein halbes Jahr dauern, bis die Heilige Allianz keine wirkliche Bedrohung mehr darstellte.

Wie sehr *Le Jugement dernier* als Waffe im Kampf gegen das antirevolutionäre Europa begriffen wurde, zeigt der Beschluss des Wohlfahrtsausschusses, sechstausend Exemplare des Textes für die Revolutionsarmee drucken und an die Front schicken zu lassen. Darüber hinaus wurde dem Théâtre de la République bewilligt, bei seinen Aufführungen zwanzig Pfund Salpeter und zwanzig Pfund Schießpulver zu verbrauchen: Der Vulkanausbruch am Ende des Stücks sollte auf die Zuschauer einen unauslöschlichen Eindruck machen.[303] Auch hier hatten die Überlegungen eine strategische Dimension, denn gerade im Herbst 1793 fehlte es den kämpfenden Truppen an Munition; nur ein Drittel des benötigten Pulvers war vorhanden. Inzwischen war die Bevölkerung aufgerufen worden, in alle Keller und Gewölbe hinabzusteigen, um den für die Pulverherstellung nötigen Salpeter von den Wänden abzukratzen. In dieser Situation entschied der Wohlfahrtsausschuss, dass ein Teil des knappen Gutes ins Theater umgelenkt werden sollte. Sein symbolischer Einsatz war fast ebenso wichtig geworden wie sein militärischer.

Maréchal hatte das Thema des Gerichts über die Könige zum ersten Mal im Jahre 1788 behandelt, in einer Episode seines Buches *Apologues modernes à l'usage du Dauphin*. Auch dort werden die Monarchen auf eine einsame Insel gebracht, auf der sie schließlich zugrunde gehen. Allerdings fehlt der Vulkan: Die Könige zerfleischen sich selbst. Sieht man genauer hin, dann ist auch im Theaterstück von 1793 der Vulkan für die Handlung nicht wirklich nötig. In ihrem zänkischen Egoismus sind auch hier die Könige bereits dabei, sich gegenseitig umzubringen, als der Vulkan mit einem ungeheuren Schlag ausbricht und die Erde sich auftut, um die Streitenden zu verschlingen.

Als Maréchal sein Stück schreibt, ist das Vulkanbild bereits zu einem wichtigen Instrument der revolutionären Rede geworden. Inzwischen dient der Vulkan dazu, Gewalt zu legitimieren. So ist der Vulkanausbruch in *Le Jugement dernier* das Signal des Einverständnisses mit der extremen Tat des Königsmordes, deren Rechtfertigungen im juristischen Diskurs – die widersprüchlichen Anklagereden gegen Ludwig XVI. zeigen es – immer wieder misslingen.[304] Das Zeichen der Natur schließt die Lücke in der argumentativen Rede der Revolution.

Umso eigenartiger ist es, dass Maréchal zu Beginn seines Stückes den Vulkan nur als verderbenbringende Macht darstellt. Gewiss, das Motto des auf die Insel verbannten einsamen Alten lautet: „Es ist besser, zum Nachbarn einen Vulkan als einen König zu haben."[305] Doch geht es hier nur um ein Abwägen. Gegenüber der monarchischen Bosheit, die bewusst den Schwachen trifft, bedeutet die unbewusste Zerstörungskraft der Natur, der alle gleichermaßen zum Opfer fallen können, das erträglichere Los. Weil der Vulkan für den Alten eben doch nur die dunkle und vernichtende Kraft ist, bringt er die Wilden von ihrem Vulkankult ab und lehrt sie, die Sonne zu verehren. So kommen die Eingeborenen der Nachbarinsel jeden Morgen zu dem Alten, um mit ihm zusammen der aufgehenden Sonne zu huldigen. Dieser aufgeklärte Kult des Lichts, der die dunklen und chthonischen Kräfte der Natur schlichtweg vergisst, steht freilich im Widerspruch zur Logik des Stückes, in dem gerade das *Ganze* der Natur verehrt wird.[306]

Doch wäre es wohl falsch, an Maréchals *Prophétie* allzu strenge Maßstäbe der Konsistenz zu legen. Gerade weil das Stück nicht mehr sein will als ein Stück im Geist der Sansculotten, liegt seine Leistung auf einem anderen Gebiet. Es ergänzt nämlich die bedeutungsschwangeren Revolutionsfeiern, die sich der Natur nur andächtig und in zeremonialisierter Form nähern. Neben diesen Feiern gab es auch andere, spontanere Feste, bei denen die Formen karnevalisiert waren.[307] Während dieser oft ländlichen Feiern bediente man sich der Bräuche traditioneller Umkehrungsfeste, setzte Masken auf, stellte Fürsten und Priester in verunglimpfendem Spiel dar, verbrannte Puppen und ließ das Ganze in Tanz und Gelächter enden.

Maréchals Stück schlägt sich auf diese karnevaleske Seite des revolutionären Fests. Der strengen Choreografie der offiziellen Revolutionsfeiern antwortet die Burleske, die der Pantomime und der Improvisation Platz einräumt. Der eigentümlichen Verneinung des Körpers, die für die Revolutionsfeiern charakteristisch ist (Tugendrhetorik, weihevoller Gesang, Aufzug weißgekleideter Jungfrauen), setzt *Le Jugement dernier* ein sinnenfrohes Spiel entgegen. Und der Vulkan, der in den Revolutionsfeiern keinen Platz hat, darf in Maréchals Prophetie „auftreten". Hier wird der Berg zur Macht der Verkehrung selbst: nicht heiliger und unwandelbarer Ort, sondern wilde und proteische Kraft, die die Geringen schont und die Großen in einer Schreckenskomödie vernichtet.

Vielleicht war es die Verbreitung des Vulkanbilds durch Maréchals wirksame Darstellung, die dazu führte, dass schließlich selbst Robespierre die Vulkanmetapher benutzte. In seiner letzten Rede im Konvent blickte er zurück:

> Eine gerechte Empörung, unterdrückt von der *Terreur*, gärte still in allen Herzen. Ein schrecklicher Ausbruch kochte unvermeidlich in den Eingeweiden des Vulkans, während die kleinen Philosophen dumm auf seinem Gipfel mit den großen Schurken spielten.[308]

Hier werden verschiedene Elemente der metaphorischen Tradition zu einer komplexen Vorstellung verbunden. Darunter leidet allerdings die Stimmigkeit der Metapher. Der bildliche Vorgang beginnt mit der „Gärung" in den Herzen und führt bis zum „schrecklichen, unvermeidlichen Ausbruch", der gleichwohl nur „im Innern" des Vulkans „kocht" und daher die „kleinen Philosophen" und „großen Schurken" auf dem Vulkangipfel weiterspielen lässt.

Ein Grund für die mangelnde Kohärenz des Bildes liegt sicher auch darin, dass Robespierre sich hier auf ein sonst wenig betretenes Gebiet wagt; in seinen Reden vermeidet er fast durchweg die entfaltete Metapher. Seine Rhetorik des Erhabenen neigt zur Knappheit. So spricht er gelegentlich vom „torrent de la révolution" und von den „circonstances orageuses",[309] mit Vorliebe aber redet er in Wendungen, deren metaphorischer Gehalt gering ist: „énergie du peuple", „sublime vertu" und „cause sacrée".[310]

Gerade weil die *Terreur* für Robespierre eng an die Tugend gebunden ist und dazu dienen soll, dieser zum Sieg zu verhelfen, dürfen die Taten des Schreckens nicht unrein sein. So eignet sich das ambivalente Bild des Vulkans, das Assoziationen von Schmutz und unkontrollierter Wut mit sich führt, kaum dazu, der *Terreur* den Glanz und die Durchschaubarkeit zu verleihen, die sie in Robespierres Augen stets haben muss. Dem dichotomischen Denken Robespierres, das scharf zwischen dem Reich der Tugend und dem des Lasters unterscheidet, muss die Vorstellung der amorphen Kraft des Vulkans im Grunde fremd bleiben. Das – häufig gebrauchte – Bild des gewaltsamen Schnittes steht seinem Denken näher: Das Schwert der Gesetze („le glaive des loix") fährt blitzend und in berechenbarer Bewegung nieder, um die Tugend für immer vom Laster zu trennen.[311]

Forster oder die Verzweiflung im Erhabenen

Von allen deutschen Revolutionären ließ Georg Forster sich am stärksten von der Vulkanmetaphorik der Revolution fesseln. In Forster verband sich politischer Enthusiasmus mit einem bedeutenden schriftstellerischen Talent; hinzu kam sein wissenschaftliches Interesse an Naturerscheinungen. Georg Forster war von seinem Vater auf die zweite Weltumsegelung des Captain Cook mitgenommen worden und hatte als junger Wissenschaftler die Verschiedenheit der Naturphänomene und menschlichen Lebensformen beobachtet und kommentiert. Doch bereits während dieser Reise hatte sich ein weiteres Interesse gezeigt: das am ästhetischen Genuss einer von Menschen entblößten Landschaft.

Im Dezember 1773 erlebte Forster die Erhabenheit des südlichen Eismeers.[312] Ein halbes Jahr später, während der Fahrt durch die Neuen Hebriden, sah Forster zum ersten Mal einen aktiven Vulkan. Schon die nächtliche Annäherung des Schiffes an die Insel Tanna wurde zum Erlebnis. Forster wurde „unterschiedne Feuer gewahr", „darunter das eine stosweise in die Höhe schlug".[313] In den darauffolgenden Tagen erkundete Forster diesen Vulkan, wobei sich wissenschaftliche Beobachtung (Sammeln von Lavabrocken, Messen der Bodentemperatur) und ästhetische Wahrnehmung verbanden:

> Das aufbrennende Feuer desselben verschaffte uns jedesmal ein angenehmes und zugleich prächtiges Schauspiel. Es theilte dem Rauche, der in dicken Wolken kräuselnd emporstieg, wechselsweise, die glänzendsten Schattirungen von gelber, Orange-Scharlach- und Purpur-Farbe mit, welche endlich in ein röthliches Grau und dunkleres Braun verloschen. So oft ein solcher Flammen-Auswurf erfolgte, so oft ward auch die ganze waldigte Gegend des Berges plötzlich durch ein gold- und purpurfarbnes Licht erhellet, welches die verschiedenen Gruppen von Bäumen, nach Maaßgabe ihrer Entfernung, bald lebhafter, bald sanfter colorirte.[314]

Zu welcher landschaftlichen Schönheit bereits erloschene Feuerberge beitragen können, wird Forster auf Tahiti bewusst, wo er die vulkanisch entstandenen, steil aufragenden Berge bewundert und die seltsam geformten Basalte in den Kaskaden des Tuauru-Tals untersucht[315] (Abb. 63). Dem ästhetischen Affront des Vulkanismus begegnet er dagegen in der schwarzen Ödnis der Marianeninsel Asunción und in der

Abb. 63: William Hodges, *Ein Wasserfall im Tuauru-Tal* (ca. 1775, London, National Maritime Museum)

Lebensfeindlichkeit der Osterinsel, deren Vegetationsarmut er als Folge früherer Eruptionen deutet.[316]

Als Revolutionsmetapher erscheint die Vorstellung des Vulkans zunächst in einem Brief Forsters an den Buchhändler Voss (21. Dezember 1792): „Der Vulkan Frankreichs könnte Deutschland vor dem Erdbeben sichern.“[317] Hier wird Frankreich unter dem Eindruck der Vorgänge vom August und September 1792 als der Schauplatz explosiver Gewalt gedeutet, die die Entstehung der Republik notwendig begleitet. Forster bezieht sich auf die schon erwähnte und noch immer gängige geologische Vorstellung, wonach ein Vulkanausbruch den durch „Gärungen“ aufgebauten unterirdischen Druck reduziere und große Gebiete vor verheerenden Erdbeben zu schützen vermöge.[318] Forsters Hoffnung ist, dass die politische Erneuerung in Europa sich ohne Chaos und Gewalt vollziehen wird, wenn der Druck sich in einem lokalen Schauspiel der Energie entladen kann. So ist auch das Ende des Revolutionsabschnitts in Forsters *Erinnerungen aus dem Jahr 1790* als politische Referenz zu deuten: „‚Dieser Ausbruch rettet Kalabrien vom Untergang‘, sagte ein alter Einsiedler“, Zeuge eines Vesuvausbruchs. In dem Text, in dem Forster eine fremde Erzählung vom Vesuv mit dem eigenen Erlebnisbericht von den Vorbereitungen zum Föderationsfest 1790 verbindet, wird das Vulkanische zur Allegorie: „Der Lavastrom durchbrach die Felsengewölbe, floss majestätisch am Rande des Berges hinab, und füllte die Thäler mit geschmolzener Gluth. Es war ein erhabener, furchtbar schöner Anblick."[319]

Während seines zweiten Aufenthalts im revolutionären Paris (ab März 1793) ist Forster, der aufgrund des Kriegsgeschehens nicht nach Mainz zurückkehren kann, zur politischen Tatenlosigkeit verurteilt. Zu den wenigen offiziellen Handlungen, die er in Paris verrichtet, gehört die Eingabe an den Nationalkonvent, die den Geltungsbereich der französischen Verfassung auf das Gebiet der Mainzer Republik ausdehnen soll. Der Text übernimmt die Sinai-Gleichung der Revolutionsrhetorik; der Konvent ist auch für Forster der „neue Sinai, auf dem die Vernunft der Völker ihren Donner hören ließ".[320]

Während Forster in Paris auf eine „Aufgabe" wartet, schreibt er eine Vielzahl von Kommentaren zur Revolution, die er in seinen Briefen und in den *Parisischen Umrissen* niederlegt.[321] Überraschend ist, wie oft sich Forster vom Alltag der Revolution enttäuscht zeigt. Inzwischen fällt es ihm schwer, noch etwas von dem vernunftbestimmten Enthusiasmus zu entdecken, den er während seines ersten Besuchs im revolutionären Paris im Juli 1790 wahrgenommen hatte. „[A]lles ist blinde leidenschaftliche Wut, rasender Partheigeist und schnelles Aufbrausen, das nie zu vernünftigen ruhigen Resultaten gelangt."[322] Doch Forster hält trotz seiner Kritik an der Leidenschaft und dem Egoismus der Akteure an der Notwendigkeit revolutionärer Gewalt fest. „[W]illkommen, Revolution, mit allen deinen Übeln und Greueln!", heißt es im Brief vom 9. November 1793.[323]

Schon Friedrich Schlegel erkannte in seinem Forster-Essay die eigenartige Doppelperspektive, aus der Forster die Pariser Ereignisse wahrnahm und kommentierte. Forster habe die Revolution aus dem Blickwinkel des beobachtenden Deutschen dargestellt, an anderen Stellen aber einem deutschen Publikum die Sache der Franzosen nahebringen wollen und sich dort mit ihr viel stärker identifiziert.[324] Es ist diese Spannung aus Identifikation und Abstand, die in Forsters letzten Schriften zu einem ständigen Registerwechsel führt. Dadurch wird auch das folgende Zitat bis zu einem gewissen Grad relativiert, das – isoliert betrachtet – an Furchtbarkeit wohl kaum zu überbieten ist:

> Wir haben die Vendee nun *ausgerottet*, und so werden wir *ausrotten*, was sich uns widersetzt. Es ist eher an keine Ausgleichung zu denken, als bis man *bittend* zu uns kommt. Die Lava der Revolution fließt majestätisch und schont nichts mehr. Wer vermag sie abzugraben?[325]

In extremer Identifikation begrüßt Forster hier die *Terreur*, die sich gegen die aufständische Vendée richtet. Das Bild des ausbrechenden Vulkans steht im Bedeutungshorizont der Entvölkerung: Der Lavastrom der Revolution macht aus der bewohnten Kulturlandschaft die Tabula rasa. Die Lava, der eine „majestätische" Qualität zugesprochen wird, erscheint im Kontext einer unbefragten Ästhetik der Macht. Der potentiellen Frage nach der moralischen Legitimation wird durch das Bild des sich selbst genügenden Erhabenen kein Raum gegeben. Was als eine Tat des freien Willens beginnt und für einen kurzen Augenblick die Möglichkeit der menschlichen Reaktion offenlässt („bis man bittend zu uns kommt“), endet mit der Abdankung des handelnden Subjekts. Denn der Satz „Wer vermag sie abzugraben?“ weist ja nicht nur auf die Unfähigkeit der *Vendéens*, der gegen sie in Gang gesetzten Vernichtung Einhalt zu gebieten, sondern auch auf die Unmöglichkeit des Eingreifens durch die Revolutionäre selbst.[326] Die Naturmetapher macht diesen Vorgang kenntlich: Die Metapher entzieht das Tun dem „Wir“-Subjekt und lässt es als einen allem Menschlichen entfremdeten Prozess enden.[327]

Dass sich Forster dieser Problematik bewusst ist, zeigen andere Briefe, so auch eine Passage über die Rache an den aufständischen Royalisten in Lyon:

> Die lyoner Nachrichten mögen leider wahr seyn! Die Revolution ist ein Orkan, wer kann ihn hemmen? Ein Mensch, durch sie in Thätigkeit gesetzt, kann Dinge thun, die man in der Nachwelt nicht vor Entsetzlichkeit begreift. Aber der Gesichtspunkt der Gerechtigkeit ist hier für Sterbliche zu hoch. Was geschieht, *muß* geschehen. Ist der Sturm vorbei, so mögen sich die Überbleibenden erholen, und der Stille freuen, die darauf folgt.[328]

Auch hier stellt Forster die rhetorische Frage, wer denn der Naturkraft Einhalt gebieten könne. Allerdings entsteht im Blick auf Lyon nicht die gleiche Zustimmung zur schrankenlosen Gewalt wie im Brief über die Vendée. Nun wird auch die Frage der Rechtfertigung der Vergeltungsaktionen aufgeworfen, und die Taten des Einzelnen werden nicht gänzlich von naturhafter Gewalt gelöscht. Damit ist das Gewissen nicht von vornherein stillgelegt – auch wenn es in den Augenblicken des erhabenen Einklangs von Mensch und Orkan eine inadäquate Instanz wird. Am Ende freilich folgt auf den Sturm nur die Stille: Ist die revolutionäre Handlung beendet, beginnt keine Zeit des politischen Urteils und der moralischen Bewertung, sondern nur eine Zeit der Erholung.

Die katastrophische Metapher wird für Forster zum einzig adäquaten Mittel der Darstellung.[329] Das mag überraschen, wenn man bedenkt, mit welch großem Interesse bereits der junge Georg Forster der Verschiedenheit menschlicher Handlungsweisen und Kulturen nachgespürt hatte und wie leistungsfähig seine schon früh entfaltete Kunst der anthropologischen Beschreibung war. Doch auch seine um Unvoreingenommenheit bemühte Anthropologie bleibt letztlich eine vernunftbestimmte Menschenkunde – an den Vorgängen der Revolution muss sie scheitern. Für Forster ist es die Diskrepanz zwischen der Humanität des revolutionären Impulses und der Entsetzlichkeit des revolutionären Tuns, die sich jeder Begrifflichkeit entzieht. Vom Menschen selbst gehen Kräfte aus, die nicht mehr unter den Kategorien der Moral und Vernunft, sondern nur noch unter dem Aspekt der Gesetzlichkeit materialer Prozesse zu fassen sind. Bewusstloses Tun, Entfesselung und synergetischer Effekt weisen in ein anderes Reich als das der aufgeklärten Seelen- und Menschenkunde: Die Revolution stürzt „wie eine Schneelawine mit beschleunigter Geschwindigkeit dahin“, gewinnt „an Masse“ und „vernichtet jeden Widerstand auf ihrem Wege".[330] Dem Naturforscher und Revolutionär Forster geht an der Naturanalogie die ungeheure Komplexität auf, die für katastrophische Ereignisse in Natur und Geschichte gleichermaßen kennzeichnend ist. Sie in „ihren eigenthümlichen Gesetzen kennen" zu wollen, ist ein ebenso vergeblicher Wunsch wie das Verlangen nach ihrer Steuerung.[331]

Übrig bleibt eine kaum deutbare Energie, deren Manifestationen als erhabene Erscheinungen erlebt werden können, die aber auf die konkreten Glückshoffnungen des Einzelnen nicht antwortet. Die letzten Äußerungen Georg Forsters sind beherrscht von der Verzweiflung, die aus dieser Entfremdung herrührt. Am 10. Januar 1794 stirbt Forster vereinsamt in Paris.[332]

Die Ebenen des Thermidor

Obwohl die Geschichtsperiode, die mit dem Sturz Robespierres und seiner Anhänger am 27. Juli 1794 (9. Thermidor II) einsetzt, noch alle Kennzeichen revolutionärer Erneuerung trägt, erfahren die Franzosen den „Thermidor" als eine Zeit, in der „der Vulkan erloschen ist". Zwar hört die *Montagne* nicht sofort auf zu existieren, doch ihr politischer Einfluss geht stark zurück. Auch der Symbolik der *Montagne* sagen die Thermidorianer den Kampf an: Während der revolutionären Feiern des Thermidor dürfen keine Berge mehr errichtet werden, und was von den Bergen früherer Revolutionsfeste noch vorhanden ist, wird abgetragen.[333]

Die Thermidorianer entfesseln gegen die *Montagne* eine Polemik, die sich vor allem der gefährlichen Konnotationen des Berges bedient. Damit wird der Vulkan, der vorher so oft erhabene Eigenschaften angenommen hatte, einsinnig zum verderbenbringenden Krater erklärt. „Montagne [...], dein Gipfel [*crête*] zeigt nur noch den furchtbaren Krater eines Vulkans, dessen Inneres jene verzehrende Lava der Plagen und Verbrechen ausgespien hat", steht im Entwurf einer Rede für den Konvent im Februar 1795.[334] Und im April des gleichen Jahres heißt es in einer Rede der Sociétés Populaires de Cuisery et de Bergues: „Dieser vulkanische Gipfel wird also nicht mehr Schrecken und Tod speien; die versengende Lava wird nicht länger die Erzeugnisse einer fruchtbaren Erde vernichten."[335] *La Crête*, der zerklüftete und ausgebrannte Gipfel, ist nun alles, was vom einst majestätischen Berg übriggeblieben ist. *Crête* wird zum geflügelten Wort, das im Kreuzfeuer der Reden ähnlich negativ verwendet wird wie *Marais* zur Zeit der Schreckensherrschaft.

Den Thermidorianern erscheint der Vulkan als gefährliches Mahnmal einer Zeit, die zerstört hatte, ohne genau zu wissen, was an die Stelle des Zerstörten treten sollte. Nach einer Phase sublimer Aufstiege ist nun eine Zeit angebrochen, in der keine übermenschlichen Anstrengungen mehr verlangt werden. Der Blick aus der Ebene ist nicht mehr der die Energie verklärende Blick, sondern einer, der die Bedürfnisse des Alltags neu entdeckt. Die Wahrnehmung befreit sich vom Zwang erhabener Ästhetisierung. Geradezu erleichtert ergreifen die Thermidorianer die Möglichkeit, vom Vulkan wieder in einer Sprache der Moral und nicht mehr der Ästhetik sprechen zu können.

Doch die erhabene Erfahrung der Revolution hatte Bedürfnisse und Fantasien in Gang gesetzt, die mit dem Thermidor keineswegs verschwunden waren. In der Romantik sollte man sich solcher Wünsche und Fantasien erinnern.[336] Künstler und Intellektuelle der ersten Hälfte des 19. Jahrhunderts sahen sich beengt vom Geist der Nützlichkeit und fühlten sich abgestoßen von der Banalität, mit der die *bourgeoisie victorieuse* alle Lebensformen bedrohte. Vor allem die zweite Romantikergeneration zeigte sich ergriffen von der Größe und Intensität der Erfahrung, die gerade im Paris der neunziger Jahre für kurze Zeit möglich gewesen war. Es waren die geschichtsschreibenden Autoren dieser Generation, insbesondere Carlyle, Michelet und Hugo, die für die schwer deutbaren Geschehnisse der Revolution erneut auf die Naturmetapher zurückgriffen. Der aktive Vulkan erschien ihnen als höchstes Bild kollektiver Energie und als faszinierendes Symbol gewaltsamer Veränderung. Wenn Michelet die Gestalt Dantons oder den Club des Cordeliers ins Bild des Vulkans fasste oder wenn Hugo das Vernichtungsfeuer in der Vendée als glühende Lava beschrieb,[337] wurde die schon totgesagte Dimension des Erhabenen in der Geschichte erneut beschworen.

Jenseits von Schönheit und Schrecken
Vom Alltag der Vulkane

Der erloschene Vulkan

Dass der Vulkanausbruch etwas Unerhörtes und den gewohnten Gang der Dinge zutiefst Störendes sei, galt den radikalen Revolutionären als ausgemacht. Die Thermidorianer dachten im Grunde nicht anders, wenn sie in ihrem wiedererwachten Verlangen nach Stetigkeit das Vulkanische und seine tiefreichende Symbolik mit negativen Vorzeichen versahen. Die Vulkaneruption war das Außerordentliche, der Riss im Weltlauf. Auch im geologischen Denken des 18. Jahrhunderts herrschte lange Zeit Übereinstimmung, dass vulkanischen Erscheinungen ein Zufälliges, mit den Naturgesetzen nicht völlig zu Versöhnendes innewohne.[338] Doch gegen Ende des Jahrhunderts begann dieser Konsens zu zerbrechen. Es mehrten sich die Stimmen derer, die den Vulkan nicht mehr für eine außerordentliche Erscheinung hielten. Hamilton hatte schon um 1770 vermutet, dass Vulkane keineswegs so ungewöhnlich seien, wie durchweg angenommen. Allerdings hatte die Bildstrategie der *Campi phlegraei* diese Vermutung nicht recht unterstützt. Die Bildtafeln vom „phlegräischen" Süditalien boten eine bizarre Landschaft mit einem schwankenden, gas- und wärmereichen Erdboden, eine Landschaft, die in Europa, wenn man von dem fernen und wenig bekannten Island absah, ihresgleichen nicht zu haben schien. Eine Bestätigung der Hamilton'schen These von einem weitverbreiteten Vulkanismus brachten dagegen die erloschenen Vulkane in West- und Mitteleuropa, von denen im letzten Drittel des Jahrhunderts immer mehr

Abb. 64: Chaîne des Puys, Blick vom Puy Chopine (Kupferstich aus George Poulett Scrope, *Memoir of the Geology of Central France*, 1827)

Abb. 65: Renaissance-Brunnen in Moulins

gefunden wurden. Als eine wahrhaft überwältigende Ansammlung erloschener Vulkane erwies sich die Auvergne (Abb. 64).

Es war Jean-Etienne Guettard, ein 36-jähriger Naturforscher aus Paris, dem bereits im Juli 1751 das Schlüsselerlebnis zuteil wurde. Als Guettard, der in Begleitung seines Freundes Malesherbes reiste, einen kurzen Aufenthalt in Moulins zu einem Gang durch das Bourbonnais-Städtchen benutzte, fiel ihm die eigentümliche Beschaffenheit des grauen Steins der Renaissancebrunnen auf (Abb. 65):

Dieser Stein ist hart, wenn auch schwammig; seine Löcher sind klein, unregelmäßig, verschieden geformt und von verschiedener Größe; die Anzahl der Löcher macht diesen Stein mehr oder weniger fest und scheint ihm ausgezeichnete Eigenschaften zu verleihen [...].[339]

Sofort wird Guettard, der noch nie einen aktiven Vulkan gesehen hat, deutlich, dass dies nichts anderes als Vulkangestein sein kann. Denn der Botaniker und Mineraloge besitzt eine Naturaliensammlung, die auch Gesteinsproben vom Vesuv, vom Ätna und von La Fournaise – dem Vulkan der Insel Réunion – enthält. Auf seine Nachfragen im Ort wird ihm erklärt, dass der Stein *pierre de Volvic* heiße und aus Steinbrüchen in der nördlichen Auvergne stamme. Obwohl Guettard und Malesherbes nicht die Absicht hatten, die Auvergne zu besuchen, entschließen sie sich zu einem Umweg. Schwer fällt ihnen das nicht, da ihre Reise der Verbesserung einer mineralogischen Karte Frankreichs dient. Guettard hatte diese Karte, die erste ihrer Art, im Jahr 1746 angefertigt – mit dem Zweck der Lokalisierung von Mineralien, industriellen Erden und Bausteinen.[340] Doch was nun nach dem Erlebnis von Moulins vor allem zählt, ist die erregende Möglichkeit der Aufdeckung eines noch nie beschriebenen Zusammenhangs:

[I]ch glaubte von jetzt an, dass sich ein Vulkan in der Region befinden müsse, aus der, wie man mir gesagt hatte, die Steine hergebracht worden waren. Mein Verlangen, diese Gegend zu sehen, nahm noch zu an den verschiedenen Orten, zu denen der Weg mich führte. [...] ich hätte es als einen wahren Verlust für mich betrachtet, hätte ich diesen Ort nicht sehen können.[341]

In der Stadt Riom sieht Guettard, dass hier die Häuser und Brunnen und selbst das Straßenpflaster aus dem gleichen festen und leicht zu bearbeitenden Stein bestehen. Zu dem Örtchen Volvic sind es von Riom aus nur noch zwei Meilen, und im Westen Volvics erhebt sich tatsächlich ein Berg, dessen Kegelform der von bekannten Vulkanen entspricht.

Ich hatte noch nicht einmal angefangen, den Berg zu besteigen, der das Dorf Volvic beherrscht, als ich erkannte, dass er beinahe vollständig aus verschiedenen Materialien aufgebaut ist, die bei Vulkaneruptionen ausgeworfen werden. [...] Der Vulkan von Volvic ist aus seinen verschiedenen übereinanderliegenden Lavabetten geformt, die auf diese Weise enorme Massen bilden.[342]

Guettard beschreibt in seinem Tagebuch die einzelnen Schichten aus Schlacken, Bimsstein und Lava, die insgesamt auf einer granitischen Basis aufruhen.[343] Bei seiner Weiterreise sieht Guettard, dass auch die Stadt Clermont zu großen Teilen aus dem *pierre de Volvic* erbaut ist. Und die heißen Quellen in Stadtnähe sind für ihn ein entscheidender Hinweis, dass auch hier ein Vulkan nicht weit sein kann. Als Guettard und Malesherbes, begleitet von dem naturkundigen Clermonter Apotheker Ozy, den berühmten Puy de Dôme besteigen, auf dem Blaise Pascal einst seine Höhenmessungen mit dem Barometer hatte durchführen lassen, sind keine Zweifel mehr möglich: Die Bodenbeschaffenheit weist auf einen Vulkan hin. Der Puy de Dôme

ist dem Auge angenehm und schön; doch wenn man genauer hinsieht, zeigt er ausschließlich düstere und selbst erschreckende Dinge. Er ist eine Masse, die an die schrecklichsten Wirkungen des gewalttätigsten Feuers erinnert, welches die härtesten Körper in einen solchen Schmelzzustand versetzt, dass sie nur noch grobes Glas oder eine Art Schlacke von verschiedener Form und Schwere sind. Es fiel mir vor allen Dingen nicht schwer zu erkennen, dass der Puy de Dôme wie der von Volvic einst ein Vulkan gewesen war.[344]

Der Blick vom Puy de Dôme enthüllt den Reisenden, was seither vielen Generationen von Besuchern zur lehrreichen Anschauung geworden ist, was aber bis zu jenem Zeitpunkt niemand erkannt hatte: dass alle benachbarten Puys mit ihrer Kegelgestalt – oft auch mit trichterähnlicher Vertiefung – eine klassische Vulkanform besitzen. Auch Ozy muss gestehen, er habe dies zuvor nicht gesehen.[345] Die auffällige Gestalt der Puys hatte man stets für menschengemacht erklärt: Sie seien Überreste römischer Schmelzöfen und Abraumhalden.

Als Guettard und Malesherbes nach Mont-Dore weiterreisen, weisen ihnen die heißen Quellen des Kurorts und das Baumaterial der Bäder auch hier den Weg: Die Berge der mittleren Auvergne sind ebenfalls Vulkane, wenngleich die meisten in ihrer Form weniger charakteristisch wirken. Guettard und Malesherbes belassen es bei einer eintägigen Erkundung. In den Monaten danach wird Guettard durch seinen Briefwechsel mit Ozy weitere Details über die Puys erhalten. Diese Wahrnehmungen nimmt er in seinen Text über die Vulkane der Auvergne auf, den er 1752 in der Académie des Sciences in Paris vorträgt.

Guettards Vortragstext, der erst im Jahre 1756 erscheint, enthält eine – aus heutiger Perspektive erstaunlich klarsichtige – Warnung: Die Vulkane der Nord-Auvergne seien keineswegs als gänzlich erloschen zu betrachten. Guettard ist der Ansicht, dass sie lediglich „der geringsten Ursache und Bewegung [bedürfen], um wieder in Flammen auszubrechen".[346] Guettard sagt dies ausdrücklich nicht, um die Bewohner der Auvergne zu schrecken, sondern um sie zu Besonnenheit und Vorsicht zu mahnen. Denn, so fragt er, ist das Wissen um eine wirkliche Gefahr nicht einem dumpfen Sich-Wiegen in Sicherheit vorzuziehen? Nur wer sich dieser prekären Nachbarschaft bewusst bleibe, könne – wie in Erdbebenregionen – „die Vorsichtsmaßnahmen treffen, die zu ergreifen niemals schmachvoll und stets weise" sei.[347]

Die aufklärende Rede, die zukünftiger Panik durch Wissen zuvorkommen will, scheint den Zeitgenossen freilich auf einer großen Spekulation zu fußen. Denn wie sollten diese begrünten und seit Menschengedenken ruhig dastehenden Berge je wieder zu aktiven Vulkanen werden können? Guettard weist nicht nur auf die heißen Quellen hin, die „sich nach allgemeiner Ansicht einer Art von verborgenen Vulkanen verdanken",[348] er betont auch, dass das bituminöse Material, das auf den Kegelbergen zu finden sei, auf einen noch nicht erschöpften Brennvorrat hindeute. Mit dieser Begründung folgt Guettard der ehrwürdigen – seit Strabon immer wieder vertretenen – Ansicht, dass das Feuer der Vulkane sich von bestimmten brennbaren Materialien nähre und dass es erst dann erlöschen könne, wenn diese aufgezehrt seien.[349]

In einer entscheidenden Hinsicht löst sich Guettard allerdings vom traditionellen Denken. Wenn Vulkane auch ihr Brennmaterial verzehren, so sind sie damit für ihn nicht in einem hergebrachten Sinn zerstörerisch. Vulkane produzieren durch ihre Schmelze ein hartes, dem Menschen zu vielen Zwecken dienendes Gestein. Die typische Form von Vulkanen weist auf einen sukzessiven Aufbau hin: Auswurfschicht legt sich auf Auswurfschicht. So sind Vulkane für Guettard nicht Berge wie alle anderen, wobei der besondere Charakter nur darin bestünde, Brennbares im Inneren zu bergen, sondern Vulkane sind Berge, die sich zum Teil selber aufbauen.

Wenn er diesen Gedanken auch nicht ausführt und gewiss nicht bei dem deutlichen Standpunkt anlangt, den Hamilton fünfzehn Jahre später einnehmen wird – wonach das Ganze eines Vulkanapparats Produkt magmatischer Tätigkeit ist –, so bedeutet Guettards Einsicht doch einen Erkenntnissprung gegenüber den sporadischen Beobachtungen an „verbrannten Bergen“, von denen seit dem 16. Jahrhundert in Mitteleuropa gelegentlich berichtet wurde. So hatte schon Agricola 1546, auf Wahrnehmungen von Valerius Cordus fußend, auf Spuren alter Erdbrände in Böhmen hingewiesen und hinzugefügt, dass auch die Gegend um Koblenz von altem Feuer zeuge.[350] Es folgten vereinzelte Wahrnehmungen in den zweihundert Jahren danach – etwa auch an Bimsvorkommen am Vogelsberg –, doch diese Erkundungen führten nicht weiter als zur Feststellung, dass an verschiedenen Orten die Erde einst gebrannt habe. Zum Bau der erloschenen Vulkane und zu ihrer gesteinserzeugenden Kraft enthielten sie keine Erkenntnisse.

So sensationell die Entdeckung war, dass sich auch in Frankreich Vulkane finden ließen, und so unwidersprochen diese Entdeckung von der Pariser Akademie und den naturforschenden Mitgliedern der Société litteraire in Clermont aufgenommen wurde, so ruhig blieb es um die Auvergne und ihre Vulkane in den Jahren, die auf die Publikation von Guettards „Mémoire“ folgten. Erst ab 1771 entstand ein wissenschaftlicher Austausch über Vulkane. An seiner Entfaltung hatte Nicolas Desmarest großen Anteil, der bereits 1763 die Auvergne besucht hatte und nun ungleich dezidierter und gewissenhafter arbeitete als der reisende Mineraloge Guettard, der sich nur einen kurzen vulkanologischen Abstecher gegönnt hatte.[351]

Nicolas Desmarest besuchte als Inspektor der Manufakturen der Généralité Limoges die Auvergne. Zweifellos war dieser große Empiriker, der zuvor zwei geologische Artikel in der *Encyclopédie* und eine Preisschrift veröffentlicht hatte, von Guettards Entdeckung zu eigener Untersuchung des Auvergne-Vulkanismus angeregt worden. Es kam zu einem Initialerlebnis, ähnlich dem Guettards in Moulins: Desmarest sah auf einer Geländestufe im Westen Clermonts plötzlich einen säulenförmigen Basalt. Bis zu diesem Zeitpunkt war der Basalt in Säulengestalt für ein seltenes Naturwunder gehalten worden, dessen Formen sich vor allem an dem berühmten Giant’s Causeway im Nordwesten Irlands studieren ließen. Durch Beschreibungen und Kupferstiche war dieser irische Basalt in der naturkundlichen Diskussion präsent; dass er, wie alle Basalte, dem Wasser seine Entstehung verdankte, galt als ausgemacht. Desmarest entdeckt nun am Fundort Pradelle, dass dort der Basalt in deutlichem Kontakt zu poröser Lava und zu vulkanischer Schlacke steht.

Bei einem benachbarten Säulenbasalt gelingt es Desmarest, den Lavafluss bis zu seinem Ursprung, einem Krater, zu verfolgen.[352] Nach der Erkundung weiterer Beispiele der Verbindung von Lava und Basalt entschließt sich Desmarest zu einer künftig gründlicheren Untersuchung. Im Jahr darauf kehrt er in Begleitung des Kartografen François Pasumot in die Auvergne zurück. Als Hauptarbeitsgebiet nehmen Desmarest und Pasumot sich allerdings nicht den jungen Vulkanismus der Chaîne des Puys vor, sondern die ungleich komplexeren Überlagerungen junger und alter Laven im Gebiet Mont-Dore (Abb. 66). Während der Kartograf hier auch im Jahr 1765 arbeitet, erkundet Desmarest inzwischen die vulkanischen Phänomene Italiens und kehrt 1766 zu gemeinsamer Arbeit in die Auvergne zurück.[353]

Wichtig werden nun Desmarests Überlegungen zu Abtragungsvorgängen. Es ist vor allem die Kraft des Wassers, die die aus eher lockerem Material aufgebauten Vulkankegel abträgt. In einer späteren Abhandlung sagt Desmarest:

> Die Beobachtung hat mich belehrt, dass die Schlacken und schwammigen Substanzen eine deutlich wahrnehmbare Zerkleinerung erfahren und schließlich in einem ziemlich kurzen Zeitraum zu zermahlenen Erden reduziert werden. Außerdem hat sie mir gezeigt, dass das Wasser des Regens und geschmolzenen Schnees diese beweglichen Materialien ständig verschiebt. Als Ergebnis dieser doppelten Arbeit des Wassers müssen die Ränder von Kratern, die hauptsächlich aus Schlacken gebildet wurden, stumpf werden; dann füllen sich die Trichter in unmerklichen Abstufungen, und schließlich verschwinden sie ganz.[354]

Abb. 66: Vulkanisches Gebiet östlich von Mont-Dore (Karte von Pasumot aus *Mémoires de l'Académie Royale des Sciences*, 1774). Die kleinen Kreise bezeichnen Säulenbasalte.

Zugleich ist die Abtragung verantwortlich für die Erosion älterer Laven, die über Hänge und Plateaus geflossen sind. Und in den Tälern bewirkt das strömende Wasser, dass alte Schichten von einstmals eingeflossener Lava auf dem Talboden verschwinden, während sie an den Talwänden noch erhalten sind. Oft füllen dann jüngere Laven den tief eingeschnittenen Talgrund teilweise auf.

Es sind diese Abtragungen, die dafür verantwortlich sind, dass prismatischer Basalt meist isoliert steht. Da Krater und „Zufluss" schon lange verschwunden sind, ist die vulkanische Natur dieses Phänomens nur selten offensichtlich. Für Desmarest, der einen unumstößlichen Beweis in der konkreten Anschauung noch bestehender Verbindungen von Krater und Basaltsäulen gefunden hatte, galt im Analogieschluss, dass alle Basalte vulkanischen Ursprungs waren. Der Giant's Causeway konnte keine Ausnahme sein.[355] Nicht jeder freilich mochte ihm hierin folgen. Als es nach 1788 zu dem berühmten Basaltstreit kam, waren es diejenigen, die die Auvergne bereisten, die sich der Argumentation Desmarests am wenigsten entziehen konnten. Desmarest hatte inzwischen das Seine gesagt, und es heißt, dass er, wenn er mit den Zweifeln anderer Geologen konfrontiert wurde, geantwortet haben soll: „Allez et voyez!"

Wenn Desmarest über die erloschenen Vulkane sprach, ging es ihm um die großen geologischen Zeiträume. Er gab ihnen, fast gleichzeitig mit Buffon, den Namen *époques*.[356] Doch die Differenz zu Buffons *Époques de la Nature* (1778) hätte kaum deutlicher ausfallen können: Während Buffon mit großer imaginativer Gebärde eine Gesamtgeschichte der Erde mit genau festgelegten Zeithorizonten und in ihrer Verschiedenheit deutlich zu charakterisierenden Perioden schilderte, beschränkte Desmarest sich auf die Sequenz vulkanischer Ereignisse in einer eng umschriebenen Region. Hier war kein Ehrgeiz, die Schichtungen zeitlich absolut festzulegen; sie existierten nur in ihrem Verhältnis zueinander. Dass es bei der Erosion harter Vulkanite oft um enorme Zeiträume ging, konnte nicht zweifelhaft sein, doch auf deren exakte Bestimmung musste der Empiriker des 18. Jahrhunderts verzichten. Festzulegen war nur die Spur der Zeit im Raum. Auf sie richtete sich das Unternehmen der geologischen Kartierung, das hier zum ersten Mal eine erstaunliche Präzision erreichte.

Desmarest stellte seine Erkenntnisse zur Vulkanität des Basalts 1768 zunächst in der Form eines erläuternden Beitrags zu einem der Tafelbände der *Encyclopédie* dar.[357] Der Artikel war kurz und enthielt auch noch keine genaue Beweisführung, doch ging er auf die Entstehung der polyedrischen Form der Basaltsäulen ein, die bereits als Folge der besonders langsamen Abkühlung gedeutet wurde. Der Aufsatz begleitete einen Stich des Giant's Causeway und zwei weitere mit Säulenbasalten der Auvergne (Abb. 67 und 68). Es war dieser Artikel, der den deutschen Dichter und Naturkundigen Rudolf Erich Raspe dazu brachte, die nordhessischen Basalte genauer zu untersuchen.

Der 31-jährige Raspe, Professor der Altertümer und Kustos der landgräflichen Sammlungen in Kassel, erkannte in Desmarests Beitrag den entscheidenden Fingerzeig, das Rätsel basaltischer Felskuppen im nörd-

Abb. 67: „Giant's Causeway" (Kupferstich, *Recueil des planches, Encyclopédie*, Paris 1768)

lichen Hessen zu lösen. Er benutzte die Monate nach der Lektüre, um sich eingehender mit diesen eigenartigen Felsgebilden zu beschäftigen. Schließlich, im Oktober und November 1769, schickte er kurze Berichte an die Königliche Societät der Wissenschaften in Göttingen und an die Royal Society in London.[358]

In seinen Berichten von den „niederhessischen Basalten" weist Raspe ausdrücklich auf die Schrift Desmarests hin; sie habe ihn an seiner früheren Interpretation des Basalts als „wäßriger Krystallisation" zweifeln lassen. Raspes Artikel zeigen, wie sein Blick durch Desmarests Erkenntnis neu gelenkt wird: Die polyedrischen, meist fünfeckigen Säulen des „Habichtswalds bei Weißenstein" sind nun aus ihrer unmittelbaren Umgebung deutbar. Denn nicht anders als in der Auvergne befindet sich hier der Säulenbasalt in deutlicher Nähe zu amorphem Basalt, zu porösen Lavabrocken und Schlacken. Raspe erwähnt die aus Lavasteinen errichteten Kaskaden, die Landgraf Karl an dem Berg habe anlegen lassen, und so wird deutlich, dass es sich bei diesem erloschenen Vulkan um den 523 m hohen Karlsberg mit Oktogon, Herkulesfigur und Kaskaden – angelegt seit 1696 – handelt, an dessen Fuß das Schlösschen Weißenstein liegt (das dann am Ende des 18. Jahrhunderts dem Schloss Wilhelmshöhe weichen sollte).

Raspe bedauert, dass die Basaltberge der weiteren Umgebung, deren Säulen eine besser ausgeprägte prismatische Struktur aufweisen – die beigefügten Stiche von Gudensberg und Felsberg vermitteln einen guten Eindruck –, nicht mit gleicher Klarheit ihre vulkanische Entstehung verrieten, da Lava und Schlacken fehlten. Die Erosion hatte hier die eindeutig vulkanische Spur vernichtet. Raspe weist damit auf ein – auch für

Abb. 68: „Rocher de Pereneire [Auvergne]" (Kupferstich, *Recueil des planches, Encyclopédie*, Paris 1768)

Sachsen typisches – geologisches Phänomen hin: Säulenförmiger Basalt sitzt in Nordhessen oft als Kuppe einem Berg auf, schützt die darunterliegenden sedimentären Schichten vor Erosion, während dieses weniger harte Material in der Umgebung bereits abgetragen ist.

Doch es geht Raspe nicht nur um eine geologische Demonstration. Sehr dezidiert spricht er auch von Nutzen und Ästhetik des Basalts. Basalt ist ein verlässlicher felsiger Grund: Auf ihm stehen Burgen wie die von Felsberg und das mächtige Oktogon des Karlsbergs. Und es ist offensichtlich, dass die Residenzstadt Kassel mit ihrer Straßengestaltung und dem Bau ihrer Kirchen und Häuser von der Beständigkeit des Basalts profitiert hat. Schließlich empfiehlt Raspe auch den Liebhabern der Kunst mehr Beachtung dieses Steins, der in so vielen Epochen schon Verwendung gefunden habe.[359]

Den kunstsinnigen Raspe beschäftigt überdies der naturästhetische Aspekt der Basaltberge. Das zeigt seine Wahl der Illustrationen für den englischen Artikel. Raspe hatte am 16. Oktober 1769 selber Berg und Schloss Felsberg gezeichnet, von einem Standort oben auf dem Berg, der die Schichten von schrägen bis steil aufsteigenden polyedrischen Säulen gut erkennen lässt. Diese akkurate und architekturmäßig glatte Zeichnung wurde als Stich dem deutschen Artikel von 1771 beigefügt. In einem Briefentwurf vom 14. November 1769 sagt Raspe dann aber, dass er sich als Illustrator zu seinen Arbeiten einen Piranesi wünsche.[360] Tatsächlich findet er kurz darauf in Johann Heinrich Tischbein einen Zeichner, der entsprechende Vorlagen für die Stiche zum englischen Artikel schafft. Tischbein stellt, wenn auch nicht ganz in der Manier Piranesis, so doch auf eine erstaunlich düster-erhabene Weise die Basaltgebilde von Felsberg dar (Abb. 69). Der Standpunkt ist nun nach unten verlegt; die hier ruinöser wirkenden und zum Teil wie wild hingeworfenen Basaltsäulen türmen sich hoch hinauf zur Burg. Der Vordergrund wirkt öde. Große Dunkelheit herrscht am Himmel, die nur durch eine Wolkenöffnung durchbrochen wird und aus der ein scharfes Schlaglicht auf Burgmauern und Basalt fällt. Die Basalte erhalten durch das starke Helldunkel eine enorme Plastizität. In diesem sublimen Bild geht es um die steinernen Kräfte einer alten Erde, deren mysteriöse Wahrheiten es aufzufinden gilt. Der Stil dieser Darstellung passt zu jener anderen Seite des vielbegabten Rudolf Erich Raspe, der die erste deutsche Ritterromanze schrieb und der einer der ersten in Deutschland war, die die Bedeutung der Gesänge Ossians und der *Reliques of Ancient Poetry* für die neue „nationale“ Richtung der deutschen Literatur erkannten.[361]

Dem Göttinger Artikel ist die deutsche Fassung eines Briefes hinzugefügt, der sich an William Hamilton richtet.[362] Raspe, soeben zum Mitglied der Royal Society gewählt, fragt Hamilton, ob dieser bei seinen Erkundungen des Vesuv auf erkaltete Laven gestoßen sei, die wie die Lavaströme in der Auvergne an ihren Ausläufern prismatischen Basalt erkennen ließen. Hamiltons im gleichen Heft abgedruckte Antwort ist negativ. Weder am Vesuv noch am Ätna habe er prismatischen Basalt angetroffen, doch gebe es dort Basalt in anderer Form, und er sei im Übrigen schon lange der Überzeugung, dass Basalt nichts anderes sei als eine Form der Lava.[363]

Aufgrund dieser Antwort – Hamilton fand erst später kleine Vorkommen von säulenförmigem Basalt am Fuß des Vesuv[364] – verfällt Raspe auf den Gedanken, einen grundsätzlichen Unterschied in der Entstehung von massivem Basalt, wie er an aktiven Vulkanen anzutreffen sei, und Säulenbasalt anzunehmen. Er beruft sich auf die sedimentären Grundschichten des Habichtswaldes und kommt zu dem Schluss, dass säulenförmiger Basalt – bei schneller Abkühlung – submarin entstehe,

Abb. 69: Johann Heinrich Tischbein, „Felsberg, eine Burg auf einem Basalthügel in Hessen“ (Kupferstich aus *Philosophical Transactions of the Royal Society*, 1769)

während massiver Basalt dem Ausströmen auf festem Land seine Entstehung verdanke. In einer späteren Buchpublikation macht Raspe diese Theorie zum Angelpunkt seiner Darstellung der nordhessischen Basalte. Vor allem die englische Fassung dieser Schrift findet Anklang. Raspe veröffentlicht sie nach dem unglücklichen Ende seiner Kasseler Anstellung und der anschließenden Flucht nach England (der rastlose Korrespondent und Bücherkäufer hatte seinem Geldmangel abzuhelfen versucht, indem er Münzen und Medaillen aus der landgräflichen Sammlung, die unter seiner Aufsicht stand, versetzte). In Raspes Schrift werden die englischen Leser zum ersten Mal mit der auf dem Kontinent diskutierten These von der vulkanischen Natur des Basalts bekannt gemacht.[365]

Aus Raspes Publikationen wird deutlich, dass er Grundansichten Hamiltons teilt: Der Vulkanismus, von entscheidender Bedeutung für die Gestalt der Erde, ist eine große chemische Operation, die nicht destruktiv, sondern aufbauend und produktiv zu denken ist.[366]

Wer William Hamilton dazu angeregt hatte, im Oktober 1777 die erloschenen Vulkane des Siebengebirges zu besuchen, lässt sich nicht mehr feststellen. Die Route, die er und seine erste Ehefrau nach einem langen Londoner Aufenthalt für die Rückreise nach Neapel gewählt hatten, war immerhin ungewöhnlich. Bei früheren Gelegenheiten waren sie durch Frankreich gereist, jetzt nahmen sie den Weg durch das Rheintal. Möglicherweise hatte Hamilton in London Kontakt zu Raspe gehabt, der sich auch nach dem Verlust seiner Mitgliedschaft in der Royal Society nicht hatte niederwerfen lassen und schon wieder eine gewisse Anerkennung genoss. Raspe hätte Hamilton auf noch unerforschte Vulkanlandschaften Deutschlands hinweisen können.[367] Vielleicht war es aber auch schlicht der dem Zeitgeist entsprungene Wunsch des Ehepaars Hamilton, die neuerdings gepriesenen Reize des Rheintals kennenzulernen; in seinem Bericht an die Royal Society spricht Hamilton von der Schifffahrt von Bonn nach Mainz als einer „most delightful passage“.[368]

Bereits in Düsseldorf sieht Hamilton, dass die neue Pflasterung im Hof des kurfürstlichen Schlosses aus „Lava“ besteht, die der des Ätna und Vesuv vollkommen gleicht. Die Nachfrage ergibt, dass das Material aus einem kurfürstlichen Steinbruch bei Unkel stammt. Auf der nächsten Station der Reise nehmen die Zeichen des Vulkanischen noch zu:

> Als ich bei den Toren von Köln ankam, war ich beeindruckt vom Anblick der zahllosen basaltischen Säulen, die in die Mauern der Stadt eingesetzt waren; und mir fiel auf, dass Säulen der gleichen Art überall in den Straßen und an allen Türen als Ecksteine gebraucht wurden. Sie sind hauptsächlich fünfeckig, doch manche sind sechseckig, und einige haben nur vier Seiten; sie sind den Basalten des Giant's Causeway sehr ähnlich, aber ohne deren regelmäßige Artikulation.[369]

Dieser Basalt stammt ebenfalls aus dem Unkeler Steinbruch, an dem die Kölner alte Rechte besitzen. Nicht minder überraschend ist das Baumaterial, aus dem die Mauern der älteren Gebäude in Köln bestehen; für Hamilton ist es eine Form des Tuffs, wie er auch in der Umgebung von Neapel reichlich vorhanden ist. Eine besondere Art des vulkanischen

Abb. 70: Jacob Fürchtegott Dielmann, „Ansicht von Rolandseck, Nonnenwerth und dem Siebengebirge“ (aus *Rheinisches Album*, 1844). Kolorierter Stahlstich, der die Farbunterschiede von zwei Vulkangesteinen wiedergibt: dunkler Basalt am Rolandseck (links) und heller Trachyt am Drachenfels (Bildmitte).

Tuffs sieht er in Bonn: die stark verschweißte, grobkörnige und harte Form, die er in den Phlegräischen Feldern als „Piperno“ kennengelernt hat. Wegen seiner Festigkeit – es handelt sich nach heutiger Auffassung um einen durch Glutwolken entstandenen Ignimbrit – könne man diesen Stein zunächst für einen gewöhnlichen Baustein halten.

Hamiltons Neugier auf die Orte der Herkunft all dieser Materialien ist nun geweckt, und so besteigt er im Siebengebirge, dessen Kuppen ihm als Vulkankrater erscheinen, drei Berge: den Drachenfels, die Wolkenburg und den Petersberg (damals Stromberg genannt). Die beiden ersten deutet er als gänzlich aus Tuff bestehend, während er am Petersberg neben Tuff auch Lava erkennt. Vielleicht ist es der Kürze der Besichtigung zuzuschreiben, dass Hamilton an Drachenfels und Wolkenburg nicht den Übergang von der Tuffumgebung zum ebenfalls hellen Ergussgestein im oberen Bereich – heute als Trachyt- und Latitschmelzen gedeutet – sieht[370] (Abb. 70).

Die Basaltsteinbrüche weiter stromaufwärts bieten Hamilton einen „höchst erfreulichen, ungewöhnlichen Anblick“: Der Unkelstein weist Basaltsäulen auf, die nicht nur aufrecht, sondern auch waagerecht ausgerichtet sind und sich sogar zum Rhein hin neigen, in dessen Flussbett weitere Basaltsäulen zu erkennen sind. Während an dem Unkeler Berg die „Millionen von Steinen“, die schon gewonnen worden waren, den Vorrat noch nicht erschöpft haben, ist der Steinbruch im Nachbarort Erpel bereits aufgelassen. Dies bringt Hamilton auf den Gedanken, dass die – hier noch unterstellte – Unmöglichkeit, am Vesuv säulenförmigen

Basalt zu finden, vielleicht daher rührt, dass bereits im Altertum aller zum Straßenbau taugliche Basalt verbraucht worden sei; die Via Appia bestehe ja „meist aus Lava in fünf- und sechseckiger Form".

Der Trass des Brohltals markiert das Ende von Hamiltons Erkundung des Vulkanismus im Mittelrheintal. Von dem Material, mit dem in Andernach gehandelt wird, berichtet Hamilton, dass es der Pozzolanerde in der Umgebung von Neapel ähnlich sei, denn auch der Trass werde als Grundstoff eines Unterwasserzements verwendet. Es gebe einen lebhaften Handel mit den Niederlanden, wo dieser Tuff durch das Zermahlen in Windmühlen in den „ursprünglichen Zustand der Pozzolanerde" zurückversetzt werde.

Hamilton, der offensichtlich keine Kenntnis von Cosimo Collinis im Jahr zuvor erschienenem geologischen Reisebericht über das Rheintal hat,[371] wundert sich, dass „solche sichtbaren Zeichen großer vulkanischer Hervorbringungen in einem so einwohnerreichen Land keine stärkere Aufmerksamkeit von Naturkundigen haben auf sich ziehen können, als dies offenbar der Fall ist".[372]

Hamilton ist sich der Kürze und Oberflächlichkeit seiner eigenen Beschreibungen nur allzu sehr bewusst. Ihm geht es vor allem darum, mit dem Bericht weitere Untersuchungen dieser „eigentümlichen Gegend" anzuregen. Für ihn selbst freilich ist der Besuch des Rheintals eine weitere Bestätigung, „dass vulkanische Operationen weit größere Werkzeuge der Natur sind, als man sich gemeinhin vorstellt".[373]

Hamiltons Bericht entstand in einer Zeit, als aus den verschiedensten Gegenden Europas Nachrichten kamen, dass man alte Vulkane gefunden habe: aus Regionen wie dem Vivarais, dem Oberrheintal (Kaiserstuhl) und der Rhön, aus Nordböhmen, Südtirol und Venetien, aus Portugal und aus Schottland. Von größter Bedeutung war stets der Basalt (zusammen mit seinen helleren, vorläufig noch etwas schwierig zu bestimmenden Verwandten wie Rhyolith und Trachyt). Denn es war ein Trugschluss, wie Desmarest gezeigt hatte, dass allein „Brandspuren" wie Schlacke und Bimsstein von einem vergangenen Vulkanismus zeugen konnten. Gerade bei den ältesten Vulkanen hatte die Erosion nichts übriggelassen als das harte Gestein, das als Schmelze einst den Schlot gefüllt hatte oder als Lavadecke auf starke Effusionen verwies. Wer den Basalt als Lava erkannte, musste zu dem Schluss kommen, dass der Vulkanismus nicht nur eine erstaunlich häufige Erscheinung der Erde war, sondern dass er in der Erdgeschichte möglicherweise auch weit zurückreichte.

Hieß das aber auch, dass der Vulkanismus einen entscheidenden Anteil am Aufbau der Erdoberfläche hatte? Hier schieden sich die Geister. Im Grunde gab es im 18. Jahrhundert nur wenige Naturforscher, die dem Prinzip des Feuers eine ebenso große Bedeutung wie dem des Wassers einräumten. Guettard und Desmarest blieben ihrer neptunistischen Überzeugung treu. Selbst der in vielen Fragen des Vulkanismus außerordentlich scharfsichtige Déodat de Dolomieu blieb Neptunist und nahm nicht an, dass mehr als fünf Prozent aller Gesteine magmatischen Ursprungs seien. Und wer zur Freiberger Schule gehört hatte, sich aber durch eigene Erkundungen erloschener Vulkane von Werners extremer Marginalisierung des Vulkanismus distanziert hatte, blieb – wie Voigt und Aubuisson de Voisins – der Grundüberzeugung nach ebenfalls ein Neptunist. So ging selbst Alexander von Humboldt 1799 in der Überzeugung nach Südamerika, in den Vulkanen der Anden die geologische Theorie seines Freiberger Lehrers bestätigt zu finden; erst viele Jahre nach seiner Rückkehr gelangte er durch den Austausch mit anderen Vulkanforschern zur Annahme eines „glühenden Erdkerns".[374]

Als hilfreich hat sich in diesem Zusammenhang die wesentlich später eingeführte Unterscheidung von Vulkanisten und Plutonisten erwiesen. Vulkanisten waren fast durchweg Empiriker, die durch ihre Feldforschung, gelegentlich auch durch petrologische Untersuchungen, zum Verständnis vulkanischer Erscheinungen beitrugen, ohne sich von dem allgemein akzeptierten neptunistischen Fundament loszusagen.[375] Plutonisten dagegen wagten den Sprung in ein neues Denken, das der feurigen Entstehung der Gesteine einen mindestens ebenso großen Stellenwert einräumte wie der Sedimentation. Überblickt man die Vulkanforschungen vor dem Erscheinen von Huttons Abhandlung „Theory of the Earth" von 1788, so sind eigentlich nur die Schriften Hamiltons und Raspes als plutonistisch zu bezeichnen.[376]

Ein Licht auf diese Differenz kann ein kürzlich aufgefundenes Dokument werfen, das allem Anschein nach von Nicolas Desmarest stammt.[377] Es besteht aus einem handschriftlichen Kommentar zu Hamiltons *Campi phlegraei*, in dem kritisch angemerkt wird, dass Hamilton in seinen Schlussfolgerungen zu weit gegangen sei. So sei der Monte Nuovo nicht grundsätzlich als Modell für die Entstehung von Vulkanen aufzufassen, wie Hamilton behauptet hatte; entsprechend seien der Vesuv und andere Vulkane in ihrem Aufbau nicht durch vulkanische Prozesse allein zu erklären. Auch weise nichts darauf hin, dass sich das vulkanische Feuer in der von Hamilton vermuteten großen Erdtiefe befinde. Und im Hinblick auf Bild und Beschreibung der runden Seen in den Phlegräischen Feldern erklärt der Kommentator – der diese selbst in Augenschein genommen hat –, dass noch keineswegs ausgemacht sei, dass all diese Geländeformen auf Vulkankrater zurückzuführen seien (vgl. Abb. 71). Insgesamt findet sich in diesem Kommentar immer wieder eine deutliche Zustimmung zu den empirisch gewissenhaften Beschreibungen Hamiltons, doch darüber hinausgehende Erklärungsversuche werden abgelehnt. Es handelt sich unverkennbar um die Grenzziehung eines Vulkanisten, der plutonistischer „Spekulation" nichts abgewinnen kann.

Ähnlich klar wird die Differenz der Standpunkte, wenn James Hutton in seinen Schriften – nun von seiner eigenen plutonistischen Warte aus – die „volcanic philosophers", zu denen er Desmarest und Dolomieu rechnet, angreift, weil sie zwar schöne Beobachtungen gemacht und zitierfähige Berichte produziert hätten, in ihrem Denken über die erdinneren Kräfte jedoch unentschieden geblieben seien.

Abb. 71: Vier Ansichten der Phlegräischen Felder (Kopien nach Fabris, *Campi phlegraei*, als Deckengemälde im Pompejanischen Zimmer, Luisium bei Dessau)

Tiefenfeuer und Experiment

James Hutton hat seine Theorie der Erde vermutlich bald nach 1760 entworfen, doch er trug sie erst 1785 vor und publizierte diesen Text in redigierter Form drei Jahre später.[378] Zur Zeit der ersten Konzeption war Hutton, der einen Hang zu chemischen Experimenten besaß und in Leiden Medizin studiert hatte, Landwirt in Berwickshire. Zwischen 1754 und 1768 arbeitete er an der Verbesserung agrarischer Methoden auf einem der beiden Bauernhöfe, die ihm als väterliches Erbe zugefallen waren. Danach zog Hutton nach Edinburgh, um sich ganz seinen wissenschaftlichen und philosophischen Interessen zu widmen.[379]

Die Landwirtschaft machte Hutton mit geologischen Problemen bekannt, wobei ihn besonders die Frage nach Entstehung und Abtragung von Ackerböden beschäftigte. Sie wurde für ihn, der auch auf Reisen seinen Blick an Gesteinen und Böden übte, zum zentralen Antrieb dessen, was er sein „System of the Earth“ nannte. Darin ging es ihm um den Nachweis der gütigen und weisen Einrichtung der Erde, die durch den Kreislauf ihrer Materie allem Leben den Boden bereitete:

> jenes weise System der Dinge, das so genau die wohltätige Absicht seines Urhebers erfüllt – indem es den animalischen Teil erhält und den vernunftbegabten Wesen Unterweisung bietet, die in diesen Werken der Natur vieles erkennen, was ihre Gemütsruhe und ihr Geistesglück berührt.[380]

Hutton steht damit noch einmal deutlich in der Tradition der *natural theology*, deren physikotheologische Frühphase bereits zur Sprache gekommen ist. Was Hutton von den älteren Advokaten des *wise design* unterscheidet, ist die Verengung seiner Teleologie: Höchstes Ziel der Schöpfung ist für Hutton der *denkende* Mensch, dem es Vergnügen bereite, den Bau der Erde forschend und reflektierend zu ergründen. Damit verschwindet jenes andere Vergnügen: die unmittelbare Anschauung des Baus der Welt, die eine bewunderungswürdige Ordnung enthüllt. Bei Hutton ist diese Ästhetik des Raumes verschwunden, denn er sieht nirgendwo die bleibende Stabilität einer Struktur. In den festesten Gebirgen erkennt er bereits den zukünftigen Verfall, und in den fruchtbarsten Landstrichen sieht er die künftige Ödnis. Die weise und wohltätige Einrichtung der Erde ist für Hutton kein Meisterwerk des Raumes, sondern eins der Zeit.

Huttons Denken richtet sich auf die großen Zyklen. Die von den Bergen durch die Einwirkung von Sonne, Wasser und Frost herabstürzenden Steine werden auf ihrem Transport zerkleinert und von den Flüssen in die Ebenen getragen, wo sie schließlich zu dem guten Boden werden, der alles Lebendige unterhält. Doch da die abtragende Kraft des Wassers vor diesen Böden nicht haltmacht, verschwinden auch sie wieder. Ihr Material wird in die Meere geschwemmt, setzt sich dort in Schichten ab und wird in der Tiefe schließlich wieder zu Gestein.

Während die Vorgänge der Erosion und des aquatischen Transports der menschlichen Wahrnehmung durchaus zugänglich sind – Hutton zitiert eine instruktive Stelle über den Gesteinstransport in Gebirgsflüssen aus Saussures *Voyages dans les Alpes* –,[381] bleibt die Verfestigung zu Gestein unter dem Meeresboden dem Auge grundsätzlich verborgen. Auf eine andere Weise der Wahrnehmung entzogen, da jenseits aller menschlichen Zeithorizonte, ist der sich anschließende Prozess: Die in der Tiefe geformten mächtigen Gesteinsschichten werden unendlich langsam gehoben, bilden Kontinente mit Gebirgen – die dann aufs Neue der Erosion anheimfallen.

Die Abtragung, die in der physikotheologischen Kontemplation der Erde als das ruinöse Prinzip in der Schöpfung erschienen war: Hier erhält sie in einer neuen Ordnung eine positive Stellung.

> Aber für diesen großen Zweck der Welt muss die feste Struktur dieser Erde geopfert werden; denn die Fruchtbarkeit unseres Erdbodens hängt von dem lockeren und unzusammenhängenden Zustand seiner Materialien ab; und dieser Zustand unseres fruchtbaren Bodens setzt ihn notwendigerweise den Verwüstungen des Regens auf der geneigten Oberfläche der Erde aus. Indem wir diesen Teil der Haushaltung der Natur untersuchen, können wir die vollkommenste Weisheit in der Beschaffenheit der Dinge erkennen [...].[382]

Da die Erdgeschichte bei Hutton nicht eigentlich Geschichte ist, weil sie – anders als bei den chronologisch denkenden Neptunisten – keine unwiederholbaren Epochen mit jeweils charakteristischen Gesteinszeugnissen kennt, wird die Frage nach dem Anfang der Erde unbeantwortbar. Es wird sinnlos, nach dem Beginn zu suchen, denn die Gesteine, auf die der Forschende stößt, sind immer schon sekundär; sie sind aus anderen Gesteinen oder aus biologischem Material entstanden: „[...] soweit wir sehen können, kann im Bau dieser Erde nichts in einem ursprünglichen Zustand angetroffen werden."[383] Dies führt zu dem berühmten Schlusssatz der „Theory": „[...] that we find no vestige of a beginning, – no prospect of an end."[384]

Das entscheidende Agens in Huttons Theorie ist die erdinnere Hitze. Bei der Verfestigung von Gestein wirken Druck und Hitze zusammen, wobei eine besondere Konstellation entsteht:

> Der wesentliche Unterschied [...] zwischen der natürlichen Hitze der mineralischen Regionen [in der Tiefe der Erdkruste] und der Hitze, die wir auf der Oberfläche der

Erde erzeugen, besteht hierin: dass die Natur Wärme unter Bedingungen einsetzt, die wir nicht nachahmen können, das heißt bei einem so großen Druck, dass es nicht zum Zerfall der Bestandteile kommt, indem die flüchtigen von den festen Teilen geschieden werden.[385]

Wärme ist zugleich die Grundkraft, die die unter den Ozeanen entstandenen mächtigen Gesteinsschichten in die Höhe treibt. Da Hutton mehrfach die Prozesse der Erde ins Bild der Maschine fasst,[386] liegt der Gedanke nahe, dass ihn die Konstruktionsversuche seines Freundes James Watt, der zunächst die Newcomen'sche Dampfmaschine verbesserte und schließlich seine eigene Expansionsmaschine entwickelte, angeregt haben könnten.[387] Gerade die aufrecht stehenden Dampfzylinder des 18. Jahrhunderts vermitteln ein eindrucksvolles Bild von der kraftvollen vertikalen Expansion eines Gases durch Erhitzung. Doch Hutton selbst hatte Zweifel an der Stimmigkeit der Maschinenmetapher. Wenn er an die notwendigen „Reparaturen" eines solchen Apparats dachte, schien ihm der Vergleich der Erde mit einem sich selber korrigierenden Organismus plausibler.[388] Auffallend ist allerdings, dass er dann doch die Organismusmetapher nicht weiter verwendete. Letztlich blieb die Frage nach dem geeigneten Bild offen: Das Menschenfremde und mit alltäglichen Mitteln nicht Imitierbare blieb notwendigerweise ohne überzeugenden Vergleich.

Was in Huttons Theorie der Sedimentation aus heutiger Sicht als gravierender Irrtum erscheint – dass er dort nämlich ausschließlich Druck und Hitze am Werk sieht und chemischen Vorgängen keinerlei Bedeutung zumisst –, das ist bei seiner Erläuterung der Hebung von Gesteinsschichten ein zukunftsweisender Gedanke. Hutton ist der Erste, der das Erdinnere als Wärmemotor in seiner ganzen Tragweite zu verstehen beginnt. Gewiss war bereits gegen Ende des 17. Jahrhunderts gezeigt worden, dass Wärme expandierend auf feste Stoffe und Gase wirkt, und so hatte Hooke – ähnlich wie später Moro und Raspe – hier eine Erklärungsmöglichkeit der Gebirgsentstehung gesehen. Auch hatte Hamilton, Hutton vorwegnehmend, vom „großen Pflug" gesprochen, der einer „allerweisesten Vorsehung" entspreche: Die Natur bediene sich dieses Instruments, „um die Eingeweide der Erde umzukehren, und uns frische Felder zum Anbau zu geben, weil wir diejenige, so wir jetzt besitzen, durch häufige Erndten etc. erschöpfen"; ohne diese Umkehrung müssten überdies „viele kostbare Mineralien […] ganz unerreichbar" bleiben.[389]

Doch es ist Hutton, der schärfer und genauer argumentiert und der mitunter auch an konkreten Beispielen seiner Feldforschung zu zeigen vermag, was Aufschmelzung, Gesteinsdurchbrechung und -umwandlung durch das erdinnere Feuer bedeuten. Dass der Granit kein sedimentäres „uranfängliches Gebirge" ist, wie im 18. Jahrhundert allgemein angenommen, sondern eine Gesteinsschmelze, die als das jüngere Material mitunter die darüberliegenden alten Sedimentschichten durchbricht, kann Hutton an Aufschlüssen in Schottland demonstrieren.[390] Ausführlich geht Hutton auch auf die basaltischen Ganggesteine ein, die sogenannten *whinstones*, bei denen bis dicht unter die Erdoberfläche sehr fließfähiges Magma gefördert wird, ohne zu eruptieren. Granit und *whinstones* tragen für Hutton deutlich zur Aufstockung der Kontinente bei.[391] Allerdings zieht Hutton aus der Fließfähigkeit des *whinstone* oder Basalts einen überraschenden Schluss. Da sein Hauptaugenmerk auf einige schottische Basaltaufschlüsse gerichtet bleibt, die in ihrer Mehrzahl Gänge (*dykes*) und Lagergänge (*sills*) darstellen, ist für ihn Basalt grundsätzlich nicht-eruptierte Lava (Abb. 72). Zwar vermutet er einen gemeinsamen Ursprung von Basalt und Lava in der gleichen Tiefenschmelze, doch zwischen beiden Gesteinen herrscht für ihn keine Identität. Lava, das weniger dichte und oft poröse Material, ist eruptiert, Basalt, das massige Gestein, ist für Hutton unterirdisch intrudiert. Vulkanprodukte sind für ihn ausschließlich Laven, die die Spuren plötzlicher Entgasung tragen. In einer bemerkenswerten Passage weist er auf die Folgen der Entgasung hin. Er nennt vor allem „fixed air", Kohlendioxid, das bei Druckentlastung explosiv entweicht, während der Rest der Lava verglast. „Deshalb ein solches Aufbrausen in Vulkanen, und deshalb auch der Auswurf von so viel Bimsstein und Asche, welche gleicher Natur sind."[392] Diese Erklärung ist ebenso triftig wie begrenzend. Hutton übersieht – im Gegensatz zu Hamilton –, dass die Förderung fließfähiger basaltischer Lava geschieht, *nachdem* ihre Entgasung bereits stattgefunden hat, wobei meist der Hauptkrater der (explosiven)

Abb. 72: John Clerk of Eldin, „‚Whinstone Dykes' bei Fairlie, Firth of Clyde", aquarellierte Zeichnung (1786, Privatsammlung). Der Verlauf von alten Basaltgängen, die nur als kleine Felsen vor der Küste und als Erhebungen im grasigen Gelände an die Oberfläche treten, wird hier mit dem Mittel des geologischen Anschnitts verdeutlicht: Die basaltische Lava hat ältere Sedimentschichten vertikal durchbrochen, dabei zwei Gänge gebildet, von denen der rechte eine Spaltung zeigt.

Gasabfuhr dient, während der Basaltfluss aus einem Flankenriss oder -krater austritt.

Durch die Beschränkung seiner Vulkanvorstellung auf ein reines Explosivverhalten konnte Hutton auch die erloschenen schottischen Vulkane – bereits das Stadtgebiet von Edinburgh wies zwei alte, stark erodierte Vulkanbauten auf – nicht als solche anerkennen. So war Arthur's Seat für ihn kein Vulkan, da hier durch die Abtragung nur noch der Unterbau mit seinem Schlotinhalt stand, einer zu kompaktem Gestein abgekühlten basaltischen Lava. Hutton scheint seine vulkankundigen Besucher Faujas de Saint-Fond und Hamilton zu diesem Berg geführt zu haben, doch deren Erkenntnis, dass es sich unzweifelhaft um einen Vulkan handle, konnte ihn nicht umstimmen.[393] Hier rächte sich, dass Hutton nie aktive Vulkane gesehen und auch nicht in die „Schule der Auvergne" gegangen war.

So kam es, dass Vulkane in Huttons Denken eine merkwürdig begrenzte Rolle spielten. Dies vielleicht auch deswegen, weil das Katastrophische in Huttons Auffassung eines unendlich langsamen Gangs der Erdgeschichte keinen Platz hatte – in auffallender Übereinstimmung mit den Ansichten der Neptunisten. Vulkane hatten für Hutton vor allem die Funktion, ein weiteres Aufsteigen der Kontinente zu verhindern, wenn diese schon „genügend", das heißt bis zu einer Höhe, die Leben auf ihnen ermöglichte, aus den Ozeanen herausgehoben seien:

> Ein Vulkan ist weder in der Absicht geschaffen, abergläubische Menschen zu erschrecken und sie in Anfälle von Frömmigkeit und Ergebung zu jagen, noch um fromme Städte mit Gewalt zu zerstören; ein Vulkan sollte als Luftloch (*spiracle*) des unterirdischen Schmelzofens betrachtet werden, um die unnötige Hebung des Landes und die tödlichen Wirkungen der Erdbeben zu verhindern; und wir dürfen sicher sein, dass sie [= die Vulkane] im Allgemeinen ihrer Absicht entsprechen, ohne dass sie selber schon ein Endzweck wären [...].[394]

Es ist deutlich, dass Hutton hier auf die ehrwürdige Deutung des Vulkans als Sicherheitsventil zurückgreift und damit an einer Stelle, wo gerade von seiner Theorie eine tiefere Einsicht in eruptive Vorgänge zu erwarten wäre, eine allzu traditionelle These auferstehen lässt. Hinzu kommt eine besondere Schwierigkeit im Kontext von Huttons Hebungsthese. Denn es bleibt dunkel, wie hoch die Kontinente steigen dürfen, um die Vulkane tätig werden zu lassen; und es bleibt ungeklärt, wann und warum der Aufstiegsdruck nachlässt, so dass die Vulkane ihre Tätigkeit wieder einstellen.

Doch so eigenwillig Hutton die Funktion der Vulkane auch bestimmt, sie gehören für ihn in den großen und mächtigen Prozess des Schmelzens, des Aufstiegs und der Umwandlung von Gesteinen. Grundsätzlicher noch als bei Hamilton wird hier gezeigt, dass, da die erdinnere Hitze überall Schmelzprozesse in Gang setzen kann, der Verbreitung von Vulkanen auf der Erde prinzipiell keine Grenzen gesetzt sind: „Deshalb erscheinen Vulkane nicht als Zufallsprodukte oder auf einzelne Orte begrenzt; sie gehören ganz allgemein zur Erde, in dem

Sinne, dass es keinen Ort auf der Erde gibt, der nicht einen Ausbruch dieser Art haben könnte [...].“[395]

Hutton rückt von allen Vorstellungen einer Vergleichbarkeit zwischen dem gewöhnlichen Feuer und dem erdinneren Feuer ab. Eine Hitzeentwicklung, wie sie für das Verfestigen von Gesteinen, ihre Hebung und Schmelzung benötigt werde, sei schlechterdings mit den bekannten Brennmaterialien nicht zu erreichen. Ursprung, Art und Stärke des erdinneren Feuers bewegten sich außerhalb bekannter Dimensionen. (Tatsächlich bedurfte es der Entdeckung der Radioaktivität hundert Jahre später, um die entscheidende Quelle der Erdwärme benennen zu können.[396]) In diesem Zusammenhang ist es kaum überraschend, wenn Hutton geochemische Versuche zur Erhärtung seiner Theorie ablehnte. Ihm schien es nicht möglich, Prozesse der Gesteinsentstehung mit experimentellen Mitteln nachzuahmen. Es sei falsch, „die großen Operationen des mineralischen Reichs zu beurteilen, indem man ein Feuer anzündet und auf den Grund eines kleinen Schmelztiegels schaut“.[397]

Es half der Anerkennung der Hutton'schen Theorie nicht, dass sie sich geradezu programmatisch der experimentellen Überprüfbarkeit entzog. Hinzu kam die Einstellung der europäischen Geologen, die überwiegend in dem praxisbewährten „wernerianischen“ Rahmen arbeiteten.[398] Falls sie überhaupt von Huttons Theorie Notiz nahmen, sahen sie mit Erstaunen, dass eine eigentlich desavouierte wissenschaftliche Gattung – die Theorie der Erde – auferstanden war, zugleich mit einem ihrer ältesten und nie bewiesenen Glaubensartikel: dem erdinneren Feuer. Die geologische Beobachtung des 18. Jahrhunderts hatte diese Feuerthese schlicht nicht bestätigt. Zwar konnte nicht ausgeschlossen werden, dass die Erdgeschichte einen „heißen Beginn“ gekannt hatte, doch daraus zu schließen, wie es Descartes und Leibniz getan hatten, dass der Planet nur äußerlich erkaltet und die Glut in seinem Inneren noch nicht erloschen sei, erschien als ein waghalsiges Postulat. Dann schienen die Berechnungen Buffons schon überzeugender, der ebenfalls von der Erde als einem vormals heißen Stern sprach, aber mithilfe von Abkühlungsexperimenten in seinen Gießereien meinte nachgewiesen zu haben, dass das Erdinnere weitgehend erkaltet war, so dass in den jüngeren Phasen der Erdgeschichte nur ein „feu sécondaire“ – es entsprach in allem den bekannten Vorstellungen, denn es war oberflächennah und wurde von Schwefel, Kohle und Bitumen erzeugt – die Vulkane nähren konnte.[399]

Huttons jüngerer Freund Sir James Hall, ein Chemiker, teilte zunächst die verbreitete Skepsis. Er wurde aber zum überzeugten *Huttonian*, als er entgegen dem Experimentierverbot des Freundes mit geochemischen Versuchen begann. Als Hall 1798 – Hutton war inzwischen gestorben – die Resultate einer Versuchsserie in der Royal Society of Edinburgh vortrug, war es ihm gelungen, Basalt aus Lava herzustellen. In einer Eisengießerei hatte er – unter Verwendung des Wedgwood'schen Pyrometers – verschiedene Proben von Lava und Basalt erhitzt und wieder zur Abkühlung gebracht. Bei rascher Abkühlung entstand Glas. Dies entsprach der alten Erfahrung, dass Feuer auf Gesteine und Erden entweder vitrifizierend (verglasend) oder kalzinierend (zersetzend) einwirkt, jedoch nicht kristallbildend. Es war dieses Erfahrungswissen, das lange Zeit die Vorstellungsmöglichkeit ausgeschlossen hatte, dass der feinkristalline Basalt dem Feuer seine Entstehung verdanken könne. Einige Tage später erhitzte aber Hall diese glasigen Körper aufs Neue und ließ sie unter verschiedenen Bedingungen langsam abkühlen:

Als der Schmelztiegel kalt war, wurde er zerbrochen; in ihm fand sich eine Substanz, die sich in jeder Hinsicht von Glas unterschied und in der Textur dem Basalt vollkommen glich. Ihr Bruch war rau, steinartig und kristallin; und eine Anzahl von glänzenden Kristallflächen war in das Ganze der Masse eingestreut. Die Kristallbildungen waren noch auffälliger in den blasigen Hohlräumen, deren Innenflächen mit deutlichen Kristallen überzogen waren.[400]

Hall hatte hiermit deutlicher und kontrollierter, als das bei früheren Versuchen im Zusammenhang mit der Glas- und Porzellanproduktion der Fall gewesen war,[401] den bekannten Wirkungen des Feuers die der Kristallbildung durch Schmelzung hinzugefügt. Nun war auch auf chemischem Wege nachgewiesen, dass der Basalt ein vulkanisches Produkt war.

Die Bedeutung Halls für die allmähliche Durchsetzung der Hutton'schen Theorie beruht auf einer weiteren Versuchsserie, in der es ihm gelang, das Ausbleiben der kalzinierenden Wirkung des Feuers bei hohem Druck zu demonstrieren. Hutton hatte von dem Zusammenwirken von Druck und Temperatur bei der Formung und Umwandlung von Gestein gesprochen und erklärt, dass die erdinnere Hitze bei den enormen Drücken, denen Gesteinsschichten bei ihrer Bildung ausgesetzt seien, nicht „verbrennend“, sondern kompaktierend und kristallisierend wirke. Hall brachte in Hunderten von Versuchen Kalk oder Kreide in Kanonenrohre ein, die durch Legierungen verschlossen und danach stark erhitzt wurden. Am 3. März 1801 erlangte er bei einem sehr hohen Druck und etwa 1000° C ein besonderes Resultat:

[...] das Karbonat war in sehr vollkommenem Zustand; es war von gelblicher Farbe und hatte einen deutlich halbdurchsichtigen und salinischen Bruch. Aber was diesem Resultat seinen größten Wert verleiht, ist die Tatsache, dass nach dem Aufbrechen der Masse mehr als ein Zehntel Quadratzoll völlig kristallisiert angetroffen wurde, mit dem rhomboedrischen Bruch des Kalkspats.[402]

Kalziumkarbonat wird bei hohem Druck und großer Hitze, wie Hutton vorausgesagt hatte, nicht zu gebranntem Kalk unter Abgabe von Kohlendioxid, sondern behält seine Masse. Doch verändert es sich, indem es (zum Teil) in das kristalline Umwandlungsgestein des Kalksteins, Marmor, übergeht. Mit diesem von Hutton nicht für durchführbar gehaltenen Versuch hatte die plutonistische These, dass die Hitze im Erdinneren durch die dort herrschenden Drücke ganz anders wirke als das alltägliche Feuer, erheblich an Plausibilität gewonnen. Es sollte allerdings bis weit ins 19. Jahrhundert dauern, bis die zentralen Gedanken Huttons von den europäischen Geologen allgemein akzeptiert wurden.

Geochemische Versuche wie die von Sir James Hall bezeichneten eine neue Stufe im Prozess der Ermächtigung gegenüber dem Vulkan. Experimentelle Vulkanforschung begnügte sich nicht mehr mit dem phänomenologischen Blick auf die Wirkung magmatischer Prozesse, sondern richtete sich auf das nachahmende Begreifen dieser Prozesse selbst. Erreichbar schien nun, was Kant für den entscheidenden Durchbruch in jedem Naturverständnis hielt: „Wir verstehen [...] nichts recht als das, was wir zugleich machen können, wenn uns der Stoff dazu gegeben würde."[403]

Mit einer Geologie, die ihre Erkenntnisse aus dem Laboratorium bezog – und die, wie bei Hutton, mit komplexen Modellen auf induktiver Basis arbeitete –, war die Zeit des ausschließlich beschreibend-beobachtenden Erfassens von vulkanischen Erscheinungen unwiderruflich vorüber.[404] Die Beschreibungskunst hatte ihre Leistungsfähigkeit im 18. Jahrhundert demonstriert, dem Jahrhundert, das dem Augenschein so sehr vertraut hatte. Doch nun war eine Zeit angebrochen, in der die wissenschaftliche Erfahrung nicht mehr unter dem Primat des direkten sinnlichen Zugriffs stand. Dass dies auch als Verlust empfunden wurde, zeigt das Beispiel Alexander von Humboldts. In der „ästhetischen Behandlung naturhistorischer Gegenstände", die er schon in der ersten Auflage der *Ansichten der Natur* (1807) in Aussicht stellte und die er vor allem in den „Naturgemälden" der *Kosmos*-Bände (1845–1862) verwirklichte, gelang ihm, bei aller Genauigkeit des instrumentellen und kartografischen Erfassens, die seine Forschungen an den Vulkanen selbst ausgezeichnet hatten, noch einmal die panoramatische Beschreibung vulkanischer Gewalt.[405] Doch dies war bereits ein Nachhutgefecht. Zugleich war deutlich, dass vulkanologisches Wissen sich mehr denn je aus der Abstraktheit des Messens und der Künstlichkeit von Versuchsanordnungen speisen würde.

Epilog: Die Trauer des Empedokles

Um 1800 wird das Vulkanische in der Literatur noch einmal zur mythischen Gewalt. In Friedrich Hölderlins Dramenfragment *Der Tod des Empedokles* ist der Ätna ein heiliger Berg, auf dem der Held sich den Göttern nahe fühlt. Die Kraft des Vulkans ist Teil eines von göttlichen Kräften durchwirkten Kosmos, der nichts mehr gemein hat mit dem Bild der Natur, das das aufgeklärte Jahrhundert im Vertrauen auf die grundsätzliche Erkennbarkeit aller Naturvorgänge entfaltet hatte. Stattdessen erscheint hier aufs Neue die Schranke des Geheimnisses, die das Menschliche vom Anderen der Natur trennt. Sie kann, wie Empedokles leidvoll erfährt, nur auf Augenblicke überwunden werden und wird unübersteigbar, wo der Mensch seine Ehrfurcht vor der göttlichen Allnatur vergisst.

So sind die Einzelheiten von Hölderlins Ätnabild notwendigerweise andere als die, die den Zeitgenossen aus den Reiseberichten und geologischen Schriften der Zeit bekannt waren (Abb. 73). Folgenlos bleibt, dass der Autor die italienischen Vulkane selbst nicht kannte und an „vulkanologischen" Fragen kaum interessiert war. Es sind nur wenige Details, die auf eine mögliche Vertrautheit Hölderlins mit den Ätna-Beschreibungen der Zeit hindeuten: Empedokles spricht beim Aufstieg zum Ätna erwartungsvoll von dem ganz Sizilien umfassenden – oft gerühmten – Gipfelblick, und der Jünger Pausanias bereitet seinem Meis-

Abb. 73: Jean Houël, „Ansicht des Ätnagipfels" (Aquatinta, *Voyage pittoresque*, 1782–1787, Tafel 105)

ter ein Nachtlager in einer Lavagrotte – was an die „Ziegengrotte" erinnert, in der die Ätna-Touristen des 18. Jahrhunderts übernachteten.[406] Komplexer ist dagegen der Einfluss, den Wilhelm Heinses Italienroman *Ardinghello und die glückseligen Inseln* auf die Empedokles-Tragödie ausübte. Hölderlin bewunderte das 1787 erschienene Werk. Als er im Jahre 1796 mit Wilhelm Heinse mehrere Wochen verbrachte, konnte der ältere Autor überdies, der drei Jahre in Italien gelebt hatte, dem jüngeren etwas von seinen Landschafts- und Antike-Erlebnissen vermitteln.[407] Für Hölderlin, der zu dieser Zeit an seinem Hyperion-Roman arbeitete, wurde Heinse zum Mentor („mein ehrlich Meister").

Im *Ardinghello* lässt Heinse seinen Helden den Vesuv besteigen. Die innere Bewegung, in die Ardinghello durch den Anblick des aktiven Vulkans gerät, spiegelt bis in die Formulierungen die Erregung wider, mit der der Autor bei seiner eigenen Vesuvbesteigung 1782 das Naturphänomen begrüßt hatte:

> [...] den dritten Tag schon waren wir oben auf dem Vulkan und genossen den Anblick der höchsten Gewalt in seinem Krater, die man auf Erdboden schauen kann. Die Risse von unten heraus, trichterförmig, gehen über alle Macht von Wetterschlägen, auffliegenden Pulvertürmen und Einbrüchen stürmenden Meeres. Erdbeben, die Länder bewegen wie Winde Wasserflächen, sind dagegen nur schwache Vorboten. Man glaubt in die Wohnung der Donnerkeile wie ein Schlangennest hineinzusehen, so blitzschnell ist alles aus unergründlicher Tiefe gerissen, von Metall bespritzt und Schwefel beleckt; ein entzückend schauerig Bild allerhöchster Wut. [...] Der Vesuv ist [...] so stolz und erhaben, dass die höchsten Alpen davor verschwinden. Er sieht aus wie ein Wesen, das sich selbst gemacht hat, alles andre ist wie Kot dagegen, und der Dampf aus seinem offenen Rachen ist im eigentlichsten Verstand entsetzlich schön. [...] Unten am Fuß sind die Menschen mit ihren Wohnungen wie unschuldige Lämmer, die er sich zur Beute herschleppte [...].[408]

In keinem anderen Werk des 18. Jahrhunderts findet sich eine vergleichbar enthusiastische Bildsprache für die Schreckensgewalt des Vulkans. Für den als Stürmer und Dränger empfindenden Ardinghello enthält das „Wesen, das sich selbst gemacht hat", einen besonderen Appell: Die Natur wird auch in dieser extremen Gestalt noch zum Spiegel des Genies.

Zwar wird man in Hölderlins Werk diesen Ton kraftgenialer Verzückung, der zu einer inzwischen vergangenen Literaturperiode gehörte, vergeblich suchen, doch blieb die Intensität der erhabenen Vulkanerfahrung ein deutlicher Bezugspunkt. Hinzu kamen weitere Elemente in Heinses Roman, die für Hölderlin bedeutsam wurden. Hier fand er den „dionysischen" Blick auf das Griechentum, der der gefassten Ruhe der Winckelmann-Goethe'schen Deutung den Kampf ansagte; geradezu programmatisch hatte das Erscheinen des *Ardinghello* gewirkt, als das Werk im gleichen Jahr wie die Erstfassung von Goethes Drama *Iphigenie* publiziert wurde. Eine wichtige Anregung für Hölderlin war überdies das utopische Ende von Heinses Roman: Der Renaissance-Held Ardinghello gründet zusammen mit einigen Freunden ein Reich der Freiheit und des Schönheitsgenusses auf zwei griechischen Inseln. Hölderlins

Hyperion versucht es ihm nachzutun, scheitert freilich an der härteren Realität einer nicht mehr historisch und geografisch entlegenen Welt. Und schließlich fand Hölderlin bei Heinse eine alchemistische Deutung der Naturkräfte. Sie führte ihn zu seiner eigenen Sicht der bewegten Elemente und wies ihn auf den Begründer der Rede von den vier Elementen hin: auf den sizilianischen Philosophen Empedokles.

Hölderlin plante den *Tod des Empedokles* im Sommer 1797, in den letzten Monaten seines Aufenthalts in Frankfurt. Die drei Fassungen entstanden in der Homburger Zeit: die erste Version 1798, die zweite Fassung 1799 und die dritte Fassung, ein Fragment von nur 500 Versen, im Winter 1799/1800.[409] Vor dieser letzten Stufe schrieb Hölderlin einen dreiteiligen Essay über die tragische Dichtform, dessen gewichtigster Abschnitt, „Grund zum Empedokles", von der Intensität der Gedankenarbeit zeugte, die sich auf die Frage richtete, wie eine Tragödie in moderner Zeit beschaffen sein müsse. Hölderlin entwickelte hierfür einige begriffliche Oppositionen, die jedoch außerordentlich abstrakt blieben. Sie scheinen sich für die Arbeit am Text nicht als fruchtbar erwiesen zu haben; kurz darauf gab Hölderlin das Projekt auf.

Doch der tiefere Grund für das Scheitern des Projekts lag in der Wahl des Stoffes. Hölderlin war fasziniert von der komplexen Gestalt des vorsokratischen Philosophen Empedokles, der seinen Tod im Ätna gesucht haben soll (Abb. 74). Von dieser Faszination zeugen auch die Ode „Empedokles" und eine Passage im zweiten Band des *Hyperion*:

> Gestern war ich auf dem Ätna droben. Da fiel der große Sizilianer mir ein, der einst des Stundenzählens satt, vertraut mit der Seele der Welt, in seiner kühnen Lebenslust sich da hinabwarf in die herrlichen Flammen, denn der kalte Dichter hätte müssen am Feuer sich wärmen, sagt' ein Spötter ihm nach.[410]

Doch stellt sich die Frage, ob die Erzählung von den letzten Stunden eines vereinsamten griechischen Philosophen eine dramatische Handlung tragen konnte. Bei keiner der drei Fassungen wird deutlich, wie die von Hölderlin angestrebte klassische Tragödienform hätte ausgefüllt werden können. Das agonale Potenzial des Stoffes erlischt jeweils mit dem zweiten Akt.[411]

Der historische Empedokles, der von 483/482 bis 423 v. Chr. lebte, hatte die Elemente Erde, Wasser, Feuer und Luft „die Wurzeln aller Dinge" genannt. Für Empedokles waren die Elemente geistig-materielle Phänomene mit göttlichen Qualitäten, deren Verhältnis zueinander von den Mächten „Liebe" und „Hass" („Feindschaft") bestimmt seien. Da „Liebe" und „Hass" abwechselnd und in verschiedenen Graden der Mischung herrschten, war der Kosmos des Empedokles eine bewegte Welt. Auf Zeiten stärkerer Trennung folgten Zeiten der Harmonie. Am Anfang der Welt stand der glückhafte *Sphairos* – eine allein von der „Liebe" bestimmte, zur Kugel geballte Einheit der Elemente –, und am Ende der Zeiten würde erneut ein Äon der Versöhnung heraufziehen. Der Kosmos des Empedokles bot die tröstliche Gewissheit, dass nichts wirklich untergehen konnte: „Geburt ist [= gibt es] von keinem einzigen unter allen sterblichen Dingen, auch nicht ein Ende im verwünschten Tode, sondern nur Mischung und Austausch der gemischten [Stoffe]."[412] Zugleich war es eine Welt, die ohne göttliche Schöpfung und Lenkung auskam. Hier hatten die Götter ihre anthropomorphe Gestalt verloren, denn das Göttliche war in das Reich der Elemente und universellen Mächte selbst eingezogen: „Da ist nur ein heiliger unaussprechlicher Geist, der mit seinen schnellen Gedanken die ganze Welt durchstürmt."[413]

In den biografischen Bruchstücken, die Diogenes Laertius im dritten nachchristlichen Jahrhundert zusammengetragen hat, erscheint Empedokles nicht nur als Philosoph, sondern auch als Dichter, Arzt und Ma-

Abb. 74: Salvator Rosa, *Empedokles stürzt sich in den Ätna* (ca. 1666, Privatsammlung)

gier.[414] Diogenes zitiert ein Fragment des Empedokles, in dem dieser selbst die Verbindung zwischen seiner Heilkunst und der großen Verehrung zieht, die er in Agrigent genießt:

> Ehrt man mich gleich einem Gott, und Tausende folgen mir, forschend,
> Wo sich der Pfad auftut, der zum Heil hinleitet. Orakel
> Wünschen die einen, die andern erbitten sich heilsamen Ratschlag,
> Wie sie Befreiung erlangen von mancherlei Krankheit und Schmerzen,
> Die schon lange mit bohrender Qual ihr Leben verkümmern.[415]

Als aber die Agrigentiner Empedokles durch ein hohes politisches Amt an ihre Gemeinschaft binden wollen, lehnt Empedokles ab. Diogenes Laertius erinnert mit Aristoteles daran, dass Empedokles „ein freier Mann gewesen" sei, „abhold jedem Herrschertum, wie er denn die ihm angebotene Ehre königlicher Würde ausschlug".[416]

In Empedokles sah Hölderlin eine dem modernen Dichterphilosophen verwandte Figur: einen Menschen, vertraut mit den schöpferischen Kräften der Natur, der in Einsamkeit und unaufhebbarer Fremdheit gegenüber der Menge lebt – während diese Menge gleichwohl seines Wortes und seiner Führung bedarf. Von dem griechischen Philosophen hieß es, er sei nicht von Menschen, sondern von der Natur erzogen worden.

Die erste Fassung von Hölderlins Drama zeigt Empedokles als einen mit der Natur innig Vertrauten, einen von den Göttern Geliebten und als einen politischen Reformator und Führer des Volkes im Stadtstaat von Agrigent. Doch gerade die Gemeinschaft mit den Naturkräften und Göttern steht von vornherein auf dem Spiel. Empedokles hat sich offenbar in einem Augenblick der Selbstvergessenheit die völlige Herrschaft über die Natur angemaßt und sich damit zum Gott gemacht. Diese Überhebung führt nun dazu, dass der „schöne Bund entzweit" ist. Er ist von den Göttern verlassen, kraftlos. Empedokles trauert. Damit gerät auch sein inniges Verhältnis zum Volk, das ihn verehrt, in eine Krise. Diesen Augenblick der Krise nutzt Hermokrates, der Oberpriester der Stadt: „Denn es haben / Die Götter seine Kraft von ihm genommen" (I 187f.). Der Priester, Repräsentant von Ritual und entmündigender Orthodoxie, weiß die Agrigentiner gegen Empedokles aufzuwiegeln. Als er den Bannfluch über Empedokles ausspricht, zerreißen die Menschen alle Bande mit dem Philosophen.

Später jedoch wandelt sich der Sinn der Agrigentiner. Sie vermissen die Gegenwart des Empedokles, befreien sich von dem Einfluss des Hermokrates und suchen Empedokles, der sich mit seinem Jünger auf die Hänge des Ätna geflüchtet hat. Die Agrigentiner bitten ihn, zu ihnen zurückzukehren, und bieten ihm selbst die Königswürde an. Mit den berühmten Worten „Dies ist die Zeit der Könige nicht mehr" lehnt Empedokles dieses Ansinnen ab (I 1418).

In der Gewissheit des baldigen Todes hält Empedokles eine lange Rede, die sein geistiges Vermächtnis enthält:

Menschen ist die große Lust
Gegeben, dass sie selber sich verjüngen.
[...]
So wagts! was ihr geerbt, was ihr erworben,
Was euch der Väter Mund erzählt, gelehrt,
Gesetz und Brauch, der alten Götter Nahmen,
Vergesst es kühn, und hebt, wie Neugeborne,
Die Augen auf zur göttlichen Natur,
Wenn dann der Geist sich an des Himmels Licht
Entzündet, süßer Lebensothem euch
Den Busen, wie zum erstenmale tränkt,
Und goldner Früchte voll die Wälder rauschen
Und Quellen aus dem Fels, wenn euch das Leben
Der Welt ergreift, ihr Friedensgeist, und euchs
Wie heilger Wiegensang die Seele stillet,
Dann aus der Wonne schöner Dämmerung
Der Erde Grün von neuem euch erglänzt
Und Berg und Meer und Wolken und Gestirn,
Die edeln Kräfte, Heldenbrüdern gleich,
Vor euer Auge kommen, dass die Brust
Wie Waffenträgern euch nach Taten klopft,
Und eigner schöner Welt, dann reicht die Hände
Euch wieder, gebt das Wort und teilt das Gut,
O dann ihr Lieben teilet Tat und Ruhm
Wie treue Dioskuren; jeder sei,
Wie alle, – wie auf schlanken Säulen, ruh
Auf richt'gen Ordnungen das neue Leben
Und euern Bund bevest'ge das Gesetz. (I 1497f., 1506–1530)

In dieser visionären Rede entwirft Empedokles eine Zeit der Verjüngung, in der an die Stelle von „Gesetz und Brauch" eine andere Orientierungsmacht tritt: die „Natur" selbst. Die Erfahrung der Natur mit all ihren Wundern wird die Fülle sinnlicher Wahrnehmung und tiefer Gefühle wiederbringen, welche im Lauf der Menschheitsgeschichte der Abstumpfung und Verarmung anheimgefallen waren.

Solche neuen Erfahrungen führen zu neuen Formen des Gemeinschaftslebens. Was Empedokles hier entwirft, zeigt, wie man oft festgestellt hat, eine starke Ähnlichkeit mit den Prinzipien der Französischen Revolution. So weisen Formulierungen wie „reicht die Hände euch", „jeder sei wie alle" und „das freie Volk" auf die Revolutionsideale *fraternité*, *égalité* und *liberté*. Ein „neuer Bund" bringt neue Gesetze, woraufhin die „glücklichen Saturnustage" (I 1602) zurückkehren werden, eine Zeit der spontanen Feste.

Dass solche Aussagen im Horizont der Französischen Revolution gedeutet werden können, wird durch die vielen Passagen in Hölderlins Briefen gestützt, die von seinem Interesse an den politischen Entwicklungen in Frankreich zeugen. Enthusiastisch hatte er die erste Phase der Revolution begrüßt. Während der Schreckensherrschaft wuchsen die Zweifel an der politischen Entwicklung, doch scheint er seinem frühen

Republikanismus nicht untreu geworden zu sein. Hölderlin sei „Republikaner […] im Geist und in der Wahrheit“, sagte sein Freund Böhlendorff.[417] Die Begeisterung kehrte zurück, als 1796 die Truppen der Französischen Republik Süddeutschland besetzten. Der Zusammenbruch der alten Ordnung schien unmittelbar bevorzustehen. Dies war auch die Hoffnung von Hölderlins Freund Sinclair, der als Abgesandter Hessen-Homburgs im Winter 1798 dem Rastätter Reichsfriedenskongress beiwohnte. Hölderlin begleitete Sinclair und erwartete von dem französisch-deutschen Kongress neue Verfassungen für Süddeutschland. Die Enttäuschung folgte: Die Regierung des Directoire zeigte kaum Interesse an deutschen Reformen; sie hatte an militärischem Gewinn genug.

Sieht man die zitierte Rede des Empedokles vor diesem historischen Hintergrund, scheint es fast unwiderleglich, dass sie direkte Verweise auf die revolutionären Entwicklungen der neunziger Jahre des 18. Jahrhunderts enthält.[418] Der Text fügt sich jedoch dieser geradlinigen Form der Interpretation nicht. Die Vorbedingungen für die politische Erneuerung – wiedergewonnene Nähe zur Natur und geistige Verjüngung – weisen darauf hin, dass die kollektive Seele erst auf ihre politische Mündigkeit vorbereitet werden muss. Entscheidend für die in Hölderlins Drama entworfene Revolution ist der mythische Augenblick: der Augenblick der Versenkung in die heiligen Kräfte der Natur („Vater Ozean“, „Sonnengott“, „Äther“ [I 1529, 1532, 1560]), der erst zu radikaler politischer Erneuerung befähigt.

Auch lassen verschiedene Formulierungen eine Kritik an der revolutionären Praxis in Frankreich erkennen. Neue Formen des Gemeinschaftslebens, die allein dem Gebot der Ratio folgen, erscheinen in negativem Licht. Politische Veränderungen, die nicht *mehr* sind als das Ergebnis von Säkularisation und Aufklärung, führen zu Egoismus und politischer Intrige. So betrachtet sind die Rituale der Französischen Revolution weitgehend dekorativer Art, selbst dort, wo in ihnen die Natur gefeiert wird. Nirgendwo erreichen sie die von Empedokles verlangte Harmonie mit den kosmischen Gewalten.

Unentschieden bleibt freilich, welchen Stellenwert der Freitod des Empedokles in diesem Kontext hat. Das politische Vermächtnis des Empedokles und sein Selbstmord scheinen ungenügend aufeinander bezogen. Empedokles wählt den Tod im Ätna, um der Natur, von der er sich in der Zeit des Götterverlusts getrennt fühlte, wieder nahe zu sein, genauer: um in ihren Elementen aufzugehen. In dem Augenblick, in dem Empedokles diesen Plan gefasst hat, kehrt seine Gewissheit zurück, der von der Natur Geliebte zu sein. Dieser Tod ist eine Form der Seelenrettung, die wenig gemein hat mit der visionär erfassten gesellschaftlichen Erneuerung. Die Menschen von Agrigent müssen ihre Wirklichkeit selbst verändern, auf einen hoffnungsvollen Wink des Philosophen hin, der ihnen seine Mitwirkung zugleich versagt.

Es scheint, dass dieses ungelöste Problem der dramatischen Konzeption einer der Gründe war, warum Hölderlin die erste Fassung aufgab und 1799 damit begann, das Drama neu zu schreiben.[419] Allerdings gibt es nur wenig Material im Manuskript der zweiten Fassung, das sich von dem der ersten Fassung wirklich unterscheidet. Erst die dritte Fassung zeigt einen klaren Bruch mit der ursprünglichen Planung. Zwar ist das erhaltene Fragment der dritten Fassung nur kurz, doch sind die Absichten des Autors deutlich, da sie in einem schriftlichen Plan niedergelegt sind. Der Selbstmord des Empedokles ist in der dritten Fassung ein Opfertod; die Ichbezogenheit der ersten Fassung ist damit verschwunden. Empedokles bietet sich einer Macht an, die er „Meister der Zeit" nennt. Durch seinen Tod will er die Gemeinschaft aus Disharmonie und Getrenntheit erretten. Die erhabene Tat des Empedokles wird so zum inspirierenden symbolischen Akt. Indem sich das Wesen, das sich vom Ganzen der Natur entfernt hat, opfert, soll alle leidvolle Individuation ihr Ende finden.

Damit verlässt die dritte Fassung den Bezugsrahmen der politischen Erneuerung. Der Opfertod des Empedokles mit seinen deutlich christlichen Anklängen zielt vor allem auf die moralische Rettung einer Gemeinschaft. Ob dabei die Gemeinschaft in ein republikanisches Gemeinwesen überführt werden kann, ist eine Frage, die der Text nicht stellt. Dem entspricht, dass der Schauplatz der Handlung in der dritten Fassung nur noch der Berg Ätna ist: Bereits in der ersten Szene ist Empedokles der Welt des alltäglichen Tuns enthoben. Sein Schicksal entfaltet sich in einer Landschaft des Todes.

Auch die Auffassung der geschichtlichen Zeit hat sich geändert. Die Bewegung der Geschichte wird nicht mehr als Fortschreiten gesehen, sondern als Regression. Was bleibt, ist ein pessimistischer Ausblick, der die Geschichte als ewige Rückkehr des Vergangenen begreift: „Es kehret alles wieder" (III 319). Damit weicht die moderne Bedeutung des Wortes „Revolution", gleichbedeutend mit radikaler politischer Umwälzung, dem älteren Verständnis des Wortes: „Revolution" ist hier wieder „revolutio", zyklische Bewegung, unausweichliche Rückkehr des Immergleichen. Nur durch den mythischen Sprung, das der Gemeinschaft dargebrachte Opfer des Einzelnen, können die Menschen diesem tödlichen Kreisen entkommen.

Teil des Verfallszenarios ist die anarchische Lebensform des Volkes von Agrigent. Die Stadt ist in Unruhe, das Treiben der Agrigentiner wird beherrscht von Egoismus und zielloser Begierde. Ausdrücke wie „gären" (III 364), „Aufruhr" (III 417) und „Brand" (III 86) charakterisieren die Situation. Solche Wörter haben in den Jahren nach 1789 einen besonderen Klang; sie gehören zum Vokabular der kritischen Beobachter der Französischen Revolution. Hölderlin hatte in seinen Briefen diese und vergleichbare Wörter gebraucht, um seiner Ablehnung der Schreckensherrschaft Ausdruck zu geben.

Gärung, Brand, wilde Gewalt – es sind zugleich Metaphern, die zum semantischen Feld des tätigen Vulkans gehören. Die Verwendung solcher Bilder im Empedokles-Drama ist höchst erstaunlich, da der Vulkan nun in einem negativen konnotativen Feld erscheint, während das Feuer des Ätna in positive Bilder gefasst ist. Seine kochende Lava wird als verzehrendes Feuer der Reinheit und Heiligkeit gesehen: „heilge Flammen", „zauberische furchtbare Flamme, [...] du Seele des Lebendigen" (III 51ff.), „Feuerkelch, / Mit Geist gefüllt" (III 9f.). Zwar ist auch die Kraft des Ätna eine gewalttätige und schreckenerregende, doch steht hier das Erhabene nicht im Horizont des Dunklen, Wilden und Amorphen.

„Vater Ätna", wie der Berg von Empedokles genannt wird, gehört zu einem anderen Reich der Vorstellung als die Erde, die „dunkle Mutter". Der Ätna erscheint gleichsam erdentrückt, als der weit über die ungestalte Erdtiefe sich erhebende lichte Ort, an dem „der Schnee [...] am Sonnenlichte erwarmt und schimmert" (III 291ff.). So kann auch Pausanias sagen: „[H]ier oben waltet wohl / Der Fluch nicht mehr [...] / Auf diesen Höhen atmet leichter sichs" (I 1069ff.).

Der Ätna wird zum Berg der Stille und Ruhe, der zwar in seinem Inneren den „gärenden" „Schreckensbecher" (I 1905) birgt, von dessen glühendem Inhalt er aber selbst nicht berührt und geformt wird. Bewusst entfernt Hölderlin sich hier von dem, was er an vulkanologischer Kenntnis in Heinses *Ardinghello* finden konnte. Wenn dort die Bewunderung für den Vesuv in die Formulierung mündet, dieser sei ein „Wesen, das sich selbst gemacht hat", wird die Hamilton'sche Linie der Erklärung des Vulkanbaus fortgeführt: Selbst so hohe und anscheinend ursprüngliche Bergmassive wie das des Vesuv oder Ätna verdanken sich einer langen Reihe von Ausbrüchen.[420] Hölderlin dagegen sucht nach dem anderen Bild. Er findet es in der Tradition des Religiös-Erhabenen, in der vor allem der isoliert stehende hohe Berg zum Sitz des Heiligen wird. In vielen Kulturen erscheint der einsame und alles überragende Berg als Mitte des Kosmos: Er ist der Ort, an dem sich Himmel und Erde berühren.[421] Im Sinne dieser Tradition des heiligen Berges wird die Unerschütterlichkeit des Ätna für Hölderlin zu einem zentralen Bildmotiv.

Der Ätna ist in Hölderlins Drama ein Ort der Grenze. In einem wörtlichen Sinn wird hier das Sublime als „sub limine" erfahrbar. Auf dem „alten heilgen Ätna" sind die Götter „gegenwärtiger", und der von Hölderlin genutzte Anklang von „Vater Ätna" und „Vater Äther" macht den Berg zu einem Grenzbereich, in dem es möglich wird, das Materiegebundene und Erdschwere zu überschreiten. In dieser Zone der Transzendenz herrschen die Elemente Feuer und Äther, die Elemente der Aufwärtsbewegung und Entstofflichung. In der für Hölderlin charakteristischen vertikalen Anordnung der Elemente bleibt die Erde, das Element der dunklen und amorphen Tiefe, weit unten, während Äther und Feuer die Elemente der Höhe sind – wobei das Feuerelement meist als „Licht" erscheint. Für den „Fremdling" Empedokles gilt, dass er zwar von der Erde geboren wurde, aber der Erde nicht wirklich angehört; er wurde vom Licht und vom Äther „erzogen".

Steht die Herkunft aus der Tiefe am Anfang des Lebens, so ist der Tod eine Rückkehr in diese Tiefe: Auch Empedokles wird „begraben" sein, „tief *so* tief" (I 1213). Doch die von Empedokles gewählte Art des Todes bedeutet gerade nicht ein Begrabenwerden im Sinne einer der Erde zurückgegebenen Körpermasse. Sein Todesweg, der durch das Reich von Äther und Licht führt, ist der Weg in die völlige Entstofflichung. In seinem Verlangen, sich in den Krater des Ätna zu werfen, weiß Empedokles, dass der Körper keine Spur hinterlassen wird. Er wird zum Brennstoff für die Elemente selbst werden. Für Empedokles ist dies der Sieg über den Zerfall; er enthält das Versprechen vollständiger Transformation im Tod.

Wie das Leben des Empedokles mit dem Feuerelement als „himmlisch[em] Licht" begann (I 319), so wird es durch die andere Form des Feuers enden: im „Feuerkelch", den ihm „gastfreundlich [...] der Vater Ätna beut" (III 12). Im Augenblick seines Todes wird Empedokles die Vereinigung der Elemente zuteil, wobei zu der Hölderlin'schen Dreieinheit der Elemente Erde, Feuer (Licht) und Äther sogar das traditionelle vierte Element hinzutritt, das labend Feuchte, das hier nun aber in einer charakteristischen Umformung erscheint: als das flüssige Feuer der Lava, das die Natur ihm als „gärenden" Becher reicht. So wird der Vulkan Ätna, in dem das Höchste mit dem Tiefsten in Verbindung steht, in dem Festes und Flüssiges, Schnee und Glut sich verbinden, zum Ort, an dem die Natur sich in ihrer Vielfalt der Kräfte und zugleich in ihrer Einheit zeigt.

Damit steht das Vulkanische des Ätna jener anderen „Vulkanität" diametral gegenüber: der Erdtiefe, die im *Tod des Empedokles* zum Reich der chaotisch-anarchischen Kräfte wird. Während der Ätna der unbewegte Berg der Götter ist, der die erhabene Gewalt des reinigenden Feuers birgt, ist die bewegte Erde der Ort schicksalhafter Zwietracht und Unruhe. Ihren „Gärungen" wird alle Erhabenheit abgesprochen.

Diese Teilung des Vulkanischen hat einen Vorläufer im Werk von Pindar. Fast zur gleichen Zeit, als Hölderlin an der letzten Fassung des *Empedokles* arbeitete, übersetzte er mehrere pindarische Oden, wobei er sich um ein genaues Nachzeichnen des pindarischen Stils bemühte. Das Resultat war eine eigentümlich gebrochene Syntax, die in Hölderlins Spätwerk deutlich nachwirkte. Pindars Erste Pythische Ode, verfasst zur Feier von Hierons Sieg im Wagenrennen (470 v. Chr.), enthält wie alle Oden des griechischen Dichters auch die Evokation eines Mythos. Hier ist es die Erzählung von dem titanischen Ungeheuer Typhos (oder Typhon), das von Zeus gefesselt unter dem Ätna liegt und dessen zornigohnmächtige Bewegungen Ursache der Feuerströme des Vulkans sind. In einer modernen Übersetzung – Hölderlins extrem syntaxgenaue, aber nicht ganz fehlerfreie Übersetzung wird hier in die Anmerkung übernommen – lautet dieser Teil von Pindars Gedicht:

> Alles der Liebe des Zeus Entzogene freilich braucht nur den Ruf
> der Pieriden zu hören, um jäh zu erschrecken, am Lande
> wie auf der niemals bezwingbaren See,
> auch der Götterfeind, der im furchtbaren Tartaros liegt,
> Typhos, das hundertköpfige Untier. Einstmals
> bot ihm die hochberühmte kilikische Höhle Obdach und Nahrung.
> Heute belasten die oberhalb Kymes gelegenen Berge und die
> Insel Sizilien seine zottige Brust. Die Himmelssäule

presst ihn zusammen, der schneebedeckte Aitna,
ganzjährig Heger schneidenden Eises.

Seinen Tiefen entquellen heiligste Ströme
unwiderstehlicher Flammen. Am Tage
senden die Flüsse brandleuchtende Rauchtürme hoch,
aber zur Nachtzeit wälzt mit purpurnem Glühen die Lohe
Felsblöcke donnernd hinab zur weiten Fläche des Meeres.
Derart lässt der gefangene Wurm die schrecklichsten Quellen des
Hephaistos emporsprudeln, Götterzeichen, wunderbar zu schauen,
wunderbar auch von Augenzeugen zu hören,

wie er gefesselt daliegt unter den düsterbelaubten Hängen des Aitna,
in der Tiefe, und wie ihm das Lager den Rücken furcht und ihn martert.
Möge dein Wohlgefallen mir vergönnt sein, Zeus,
der du dieses Gebirge beherrschst, des fruchtbaren Landes Stirn [...][422]

Der Mythos von Typhos, der mit einer Namensvariation auch in der römischen Literatur erscheint,[423] hat eine deutlich ätiologische Komponente: Er erklärt den Ursprung der vulkanischen Erscheinungen Süditaliens, von den Phlegräischen Feldern (hier mit der Ortsangabe „Cumae“) bis zum Ätna. Doch Pindar geht es vorrangig um ein Anderes: um die Gewährung und den Entzug von Liebe durch den höchsten Gott. Typhos, der Götterfeind, bleibt als das anarchisch Andere der olympischen Ordnung schroff entgegengesetzt. Er ist nur Körper und Trieb, während die Götterwelt entkörpert erscheint, sich als ein Reich der machtvollen Zeichen und des befestigenden Gesangs der Musen darbietet. Hohes und Tiefes stehen einander in scharfer Trennung als Ort des göttlichen Wirkens – Himmelssäule, Herrschaft übers Gebirge – und als Ort ewiger Strafe und Entmachtung – Tartaros – gegenüber. Doch die Gewalt, die noch immer von dem ruhelosen Gefangenen ausgeht, ist zugleich das Reine: „heiligste Ströme unwiderstehlicher Flammen“. Noch im Strafakt erweist das Göttliche seine Macht der Transformation: Aus dem Sich-Aufbäumen des Rebellen wird das Wunderbare des Götterzeichens.

Hölderlin und Pindar unterscheiden sich in der symbolischen Topografie kaum voneinander, doch die Art der Trennung der Sphären ist letztlich eine andere. Bei Pindar ist die Götterordnung zugleich die Weltordnung, die alles Kreatürliche und Menschliche einschließt. Für Hölderlin dagegen reicht die Götterwelt kaum hinein ins Menschlich-Gesellschaftliche. Hier ist das Reich der Götter unbedroht und gefestigt, allerdings um den Preis des Rückzugs aus Teilen der Welt. Damit fehlt ein zentrales Element des traditionellen Mythos, das bei Pindar noch anwesend war: die Erzählung von den Taten der Götter und ihrem Wirken in der Welt. Zwar sind bei Hölderlin die Götter in der Natur anwesend, doch ihre Entrückung führt dazu, dass sie allenfalls noch zu dem Wanderer „sprechen“, der, selber losgelöst von der Gemeinschaft, im

Menschenfremden das Heilig-Gewaltige oder Heilig-Stille zu erkennen vermag.

Hölderlins Vorstellung von den Göttern steht damit der Lehre des historischen Empedokles näher als der Pindars. Bei Pindar sind Liebe und Feindschaft noch Gefühle individueller, anthropomorph aufgefasster Götter. In der Lehre des Empedokles werden Liebe und Feindschaft dagegen zu allgemeinen Mächten, die den Kosmos halten und bewegen. So kann schon bei dem historischen Empedokles von den Göttern nichts mehr erzählt werden; ihre mythologische Kontur hat sich aufgelöst, da sie zu bloßen Namengebern der Elemente geworden sind. In Hölderlins Entwurf einer neuen Mythologie geschieht Vergleichbares: Die olympische Ordnung ist verlassen, übrig geblieben sind göttliche Elementarmächte wie „Vater Äther" und „Mutter Erde".

Indem Hölderlin den Ätna in die Transzendenz entrückt, weist er darauf hin, dass jede Annäherung an den Vulkan, die das Ätherisch-Heilige des Berges nicht erkennt, sein Wesen verfehlen muss. Damit unterläuft Hölderlins Empedokles-Text das Vertrauen in die Erkennbarkeit vulkanischer Vorgänge, das in der zweiten Hälfte des 18. Jahrhunderts so deutlich zugenommen hatte. Bereits zu Beginn der Handlung des Dramas erscheint das Vertrauen in rationale Naturerkenntnis in dunkelster Beleuchtung: als Selbsterhöhung des Empedokles, der in seiner Vermessenheit der von den Göttern durchwirkten Natur als ein vermeintlich Ebenbürtiger gegenübergetreten ist und sich zum Herrscher über ihre Geheimnisse gemacht hat. Damit aber ist er zu einem Blinden und Fühllosen im Reich der Natur geworden. Indem Hölderlin seinen Helden zur Einsicht kommen lässt, dass jede Form der Zurichtung der Natur zum Objekt ein tieferes Wissen geradezu verhindert, bezieht das Dramenfragment kritisch Stellung gegen das Programm des aufgeklärten Jahrhunderts. Dem Erkenntnisoptimismus wird der Kampf angesagt. Und die in der Aufklärung vorherrschende Deutung der Naturkräfte als wohltätig-nützlich erscheint nun als ein Verkennen der göttlichen Schreckensgewalt, als Herabwürdigung zu einer banalen Schutzmacht menschlichen Wohlbefindens. Hölderlins Remythisierung der Naturgewalt steht damit bereits im Horizont des romantischen Widerstands gegen die Selbstgewissheit einer Wissenschaft, die sich im Lauf des 19. Jahrhunderts das Ganze der Natur unterwerfen wird.

Anmerkungen

Alle Übersetzungen vom Verfasser, wenn nicht anders angegeben.

1. Boaistuau, *Histoires prodigieuses*, S. 117.
2. Zur Gattung: Céard, *La nature et les prodiges*.
3. Eine Übersicht bietet Pineau-Kliebenstein, „La Prodigieuse Mort de Pline“, S. 35–52.
4. Plinius d. J., *Epistulae* VI, 16 (*Sämtliche Briefe*, S. 228–232).
5. Sigurdsson u. a., „The Eruption of Vesuvius in A. D. 79“, S. 39–51.
6. Epistulae III, 5 (*Sämtliche Briefe*, S. 118).
7. Plinius, *Naturalis historia*, „Prefatio“, 17. Die Kommentatoren setzen die Zahlen sogar noch höher an (siehe König/Winkler, *Plinius*, S. 27, 30).
8. *Naturalis historia* XI, 6.
9. *Naturalis historia* VII, 23; XXXVII, 59f. Zur Tradition der Paradoxografie, in der Plinius steht, siehe Beagon, *Roman Nature: The Thought of Pliny the Elder*, S. 9.
10. *Naturalis historia* II, 236.
11. *Naturalis historia* III, 62.
12. Strabon, *Geografia* V, 4.8.
13. Reich an neuem Material, zugleich aber noch ganz im Duktus der Wunderbücher ist insbesondere das Werk des Amerikareisenden André Thevet, *Les singularitez de la France antarctique*, Paris 1558.
14. Tag-Nacht-Verkehrung: José de Acosta, *Historia natural y moral de las Indias*, Madrid 1590. Flüssiges Feuer: Gonzalo Fernández de Oviedo y Valdés, *Historia general y natural de las Indias, islas y tierra firme del mar océano*, Sevilla 1535. Siehe Gomez-Géraud, „‚Bocas de fuego‘“.
15. Bereits bei Plinius, *Naturalis historia* II, 236. Im 16. Jahrhundert u. a. Thevet, *Singularitez*, fol. 28.
16. In den Bericht vom Tod des Plinius mischt sich bis ins 17. Jahrhundert denn auch immer wieder das traditionelle christliche Urteil: Die allzu große Neugierde habe hier ihren verdienten Lohn empfangen. Zur Geschichte des seit Augustin bestehenden *curiositas*-Verbots und seiner schrittweisen Entmachtung in der Neuzeit siehe insbesondere Blumenberg, *Der Prozeß der theoretischen Neugierde*.
17. Reichhaltiges Material bei Den Tex, *Een voorspel van de moderne vulkaankunde*, S. 37–99.
18. Lopes de Castanheda, *História do Descobrimento & Conquista*.
19. Lopes de Castanheda verlegt die Begebenheit auf die Nachbarinsel Tidore, doch dort gab es weder einen aktiven Vulkan noch das in der *História* erwähnte Fort. Ein Fort auf Tidore entstand erst 1678.
20. Lopes de Castanheda, *História do Descobrimento & Conquista*, S. 540.
21. Ebd., S. 541. (Übersetzung mit freundlicher Unterstützung von Paulo de Medeiros.)
22. Vitaliano, *Legends of the Earth*, S. 135–140.

23. Zahlreiche Proben enthält die Studie von Thomas, *Man and the Natural World*.

24. Marco Antonio delli Falconi, *Dell'Incendio di Pozzuolo nel MDXXXVIII*, Neapel 1539. Zitiert nach Sir William Hamilton, *Beobachtungen über den Vesuv*, S. 145f.

25. Antonio Russo, „Témoignage" [1587], zitiert nach Scarth, *Vulcan's Fury*, S. 48f.

26. Falconi, *Dell'Incendio*, zitiert nach Hamilton, *Beobachtungen*, S. 146f.

27. Ebd., S. 151f.

28. Francesco Marchesino, „Copia di una lettera di Napoli che contiene li stupendi e gran prodigi apparsi a Pozzolo", zitiert nach Scarth, *Vulcan's Fury*, S. 51.

29. Insgesamt erscheinen innerhalb von zwei Jahren 54 Beschreibungen des Vesuvausbruchs von 1631 und seiner Folgen. Nach heutiger Deutung handelt es sich bei dem Ausbruch um eine überwiegend explosive Eruption, an der wohl auch Wasser beteiligt war, doch ohne nennenswerten Lavafluss; tödlich waren vor allem die pyroklastischen Ströme am 17. Dezember. Siehe M. Rosi u. a., „The 1631 Eruption of Vesuvius".

30. Hieronymus Welsch, *Wahrhafftige Reiß-Beschreibung, Auss eigener Erfahrung, von Teutschland, Croatien, Italien, den Insuln Sicilia, Maltha, Sardinia [...]*, Stuttgart 1658. Zitiert nach Richter, *Der brennende Berg*, S. 21–23.

31. Die Verflüssigung des Januariusblutes ist auch Teil der alljährlichen Feiern am Festtag des Heiligen. Bleibt die Verflüssigung aus, gilt dies als bedrohlich. Die physikalisch-chemische Seite des Vorgangs ist bis heute nicht geklärt – insofern nicht verwunderlich, als die neapolitanische Geistlichkeit jede Untersuchung des Reliquiars verweigert. Vgl. Gore, „A Prayer for Pozzuoli".

32. Recupito, *De Vesuviano incendio nuntius*, S. 41f. Die ganze Passage zitiert bei Richter, *Der brennende Berg*, S. 26.

33. 1. Mos. 19.

34. *Aeneis* VI, 549ff.

35. *Phaidon* 114.

36. *Aeneis* VI, 237. Für die Reisenden des 17. und 18. Jahrhunderts bot gerade der von Neapel aus unternommene Ausflug in die Phlegräischen Felder eine Gelegenheit, sich in den Text Vergils zu vertiefen – nicht zuletzt, weil nach der Überlieferung Vergil am Posilipp begraben lag. Eine der ersten Stationen der Ausflugsroute war denn auch das halb überwucherte „Grab Vergils", das zu literarisch-historischer Meditation einlud.

37. Vorgrimler, *Geschichte der Hölle*, S. 19.

38. Schneemelcher, *Neutestamentliche Apokryphen*, Bd. 2, S. 569.

39. Ebd., S. 574.

40. Vorgrimler, *Geschichte der Hölle*, S. 138.

41. *Dialogi* IV, 30 (*Dialoge*, S. 228).

42. Siehe die Artikel „Ätna" und „Hölle" in: Bächthold-Stäubli, *Handwörterbuch des deutschen Aberglaubens*, Band 1, S. 668–669, und Band 4, S. 224.

43. Ebd. Außerdem: Dinzelbacher, *Vision und Visionsliteratur*, S. 94f. Auf Island bezieht sich zugleich eine Erzähltradition, die zunächst die Gletscher, dann aber auch die isländischen Vulkane zu Orten des Fegefeuers macht

(Blefkens, *De Islandia*, 1607). Zur Verknüpfung von Fegefeuer und Vulkan siehe Le Goff, *The Birth of Purgatory*, S. 177–208.

44. *Dialogus* XII, 12 (*Wunderbare und denkwürdige Geschichten*, S. 196 f.).

45. Ebd., XII, 13 (S. 197 f.).

46. Resta, *Meteorologia*, S. 138–161, Massa, *Della Sicilia*, insbes. Kap. 16; Vetrani, *Prodromo Vesuviano*. Vgl. Atanasio Mozzillo, „Le ceneri della Fenice“, in: ders., *Vesuvio*, S. 174ff.

47. Siehe Vermij, „Subterranean Fire“, S. 326.

48. *Mundus subterraneus*, Liber 2, Caput 19 (= S. 110–118).

49. Ebd., S. 113.

50. Ebd., Praefatio, Caput 2 (n. p.).

51. *Dialogi* IV, 35. Übersetzung J. Funk, S. 234.

52. Siehe Dinzelbacher, *Vision und Visionsliteratur*, S. 96.

53. *Historia von D. Johann Fausten*, S. 52ff.

54. Evelyn, *Memoirs*, Band 1, S. 336.

55. Lithgow, *The Totall Discourse*, S. 344; Patrick Brydone, *A Tour through Sicily and Malta*, Band 1, S. 184f.

56. *Memoirs*, Band 1, S. 336.

57. Raymond, *An Itinerary*, S. 162.

58. Siehe Abbildung und Kommentar in: Katalog Zürich 1994, Nr. 140, 141, 147.

59. J. C. Goethe, *Reise durch Italien*, S. 202.

60. Von Birken, *Hochfürstlicher Brandenburgischer Ulysses*, S.150f.

61. *Historiai* III, 91.

62. *Naturalis historia* III, 40; XVIII, 109–111.

63. *Epigrammata* IV, 44 (*Epigramme*, S. 113). Hierzu und zur Geschichte des Vesuv in Spätantike und Mittelalter siehe insbesondere Richter, *Der Vesuv. Geschichte eines Berges*, S. 33–50.

64. Brydone, „Auszug“, S. 115–117; Bartels, *Briefe*, Band 2, S. 345–357.

65. *Geografia* V.4.8. Weitere Zitate aus Altertum und früher Neuzeit bei Stärk, *Kampanien als geistige Landschaft*, S. 227–240.

66. Derham, *Physico-Theology*, S. 2.

67. Siehe u. a. R. H. Vermij, „Inleiding“, in: Bernard Nieuwentijt, *Een zekere, zakelijke wijsbegeerte*, hg., eingeleitet und kommentiert von R. H. Vermij, Baarn 1988, S. 15–17.

68. Blaise Pascal, *Pensées, sur la réligion et sur quelques autres sujets* [1662], Paris 1961, S. 142.

69. Bei Misson (*Nouveau voyage d'Italie*, 1691) und Rogissart (*Les délices de l'Italie*, 1706) wiegen die Wohltaten die Schrecken und Gefahren des Vulkans allerdings nicht auf. Vgl. Chevallier, „La finalité du Vèsuve“, S. 351.

70. So schon der Leipziger Theologe Thomas Ittigius in seinem materialreichen Kompendium des Vulkanismus: *Lucubrationes* (1671). Siehe dazu den Tex, *Voorspel van de moderne vulkaankunde*, S. 17.

71. Lesser, *Lithotheologie*. Zu Lesser vgl. Fritscher, „Die *Lithotheologie* des Friedrich Christian Lesser“.

72. Diderot, *Œuvres esthétiques*, S. 195.

73. Nieuwentijts Buch *Het regt gebruik der wereltbeschouwingen* (1715) führte auf dem Kontinent die Physikotheologie ein. Zu Nieuwentijt vgl. Vermij, *Secularisering en natuurwetenschap*.

74. *Regt gebruik*, ^{2}1720, S. 513.

75. Lesser, *Lithotheologie*, S. 30–32.
76. Ebd., S. 27.
77. Derham, *Physico-Theologie*, S. 134–137.
78. Adams, *Birth and Development of the Geological Sciences*, S. 399ff.
79. Aristoteles, *Meteorologica* II, 8, 365–367; Seneca, *Naturales quaestiones* VI, 12–26.
80. *Aetna*, insbesondere Z. 387–448. Schwefel ist ein direktes Vulkanprodukt, während Bitumen – als sogenannte paravulkanische Erscheinung – lediglich in das Umfeld von Vulkanen gehört. Siehe den Tex, *Een voorspel van de moderne vulkaankunde*, S. 19.
81. Agricola, *De ortu et causis subterraneorum* [1546], in: *Schriften*, Band 1, S. 122–124.
82. Lémery, „Explication physique", S. 102f.
83. Die genannten Größenunterschiede zwischen Erdbeben- und Vulkanfolgen sind bis heute gültig. Das Bild verschiebt sich auch dann nicht grundsätzlich, wenn die überregionalen Folgeschäden von Ausbrüchen – giftige Staubnebel, Temperatursturz, Tsunamis – mit in Betracht gezogen werden. Im 18. Jahrhundert gab es zu diesen weiträumigen Folgen nur tastende Vermutungen. Zu spärlich waren z. B. die Informationen über den großen Ausbruch der isländischen Lakispalte (1783), als dass der ganze Umfang der Schäden – vergiftete Weiden, Viehsterben, Hungertod von 11 000 Isländern (und die überhaupt erst jüngst bemerkte erhöhte Mortalität des Winters 1783/84 in Mittelengland) – in der wissenschaftlichen Diskussion der Zeit mehr als eine marginale Beachtung gefunden hätte. Nur auf das visuelle Phänomen des ganz Europa überziehenden Nebels mit seinen seltsamen Lichtbrechungen richteten sich erste Mutmaßungen eines Zusammenhangs mit dem Laki-Ausbruch (M. Mourgue de Montredon, „Sur l'origine et sur la nature des Vapeurs qui ont régné dans l'Atmosphère pendant l'été de 1783", *Mémoires de l'Académie Royale des Sciences*, 1784, S. 754–773, vorgetragen bereits am 7. August 1783; S. M. Holm, *Vom Erdbrande auf Island im Jahre 1783*, Kopenhagen 1784, und Benjamin Franklin, „Meteorological Imaginations and Conjectures", S. 373–377).
84. Strabon sprach bereits von Kaminen, doch erst im 17. Jahrhundert wurde daraus die Vorstellung der Entlastung einer erdbebenschwangeren Erde: in Bernhard Varenius' Werk *Geographia generalis* (Amsterdam 1650). Siehe Adams, *The Birth and Development*, S. 409f.
85. Déodat de Dolomieu, Brief an Faujas de Saint-Fond vom 24. März 1778, abgedruckt in: Faujas de Saint-Fond, *Recherches*, S. 440.
86. Wie sehr die Physikotheologie ihrem Widersacher, dem Deismus, Vorschub leistet und ihn geradezu vorbereitet, ist öfters beschrieben worden. Vgl. etwa Brooke und Cantor, *Reconstructing Nature*, S. 151–155.
87. Kants unmittelbarer Gewährsmann für die Deutung von Erdbeben und Vulkan ist der Leidener Naturforscher und Physikotheologe Johannes Lulofs. Im Erdbebenjahr 1755 war Lulofs' Werk *Einleitung zu der mathematischen und der physikalischen Kenntnis der Erdkugel* auf Deutsch erschienen.
88. Kant, „Von den Ursachen der Erderschütterungen", S. 421.
89. Die erste, aus der hier zitiert wurde, erschien ebenso wie die dritte in den *Königsbergischen wöchentlichen Frag- und Anzeigungs-Nachrichten* (24. 1.,

31. 1., 10. 4., 17. 4. 1756). Die Buchbestände der mittleren Schrift (publiziert bei Hartung, Königsberg) fielen einem Brand zum Opfer.

90. „Volcans", in: Diderot, *Encyclopédie*, Band 17 (1765), S. 443.

91. Hutton, *Theory of the Earth*, S. 146.

92. Vgl. „Tremblemens de terre", in: Diderot, *Encyclopédie*, Band 16, S. 582. Anders dagegen John Michell, der bereits 1761 auf die Häufung von Erdbeben in bestimmten Gebieten hinwies – in seinem wichtigen Beitrag zur Natur der Schockwellen von Erdbeben: „Conjectures concerning the Cause [...] of Earthquakes".

93. Constantine, *Fields of Fire*, 16.

94. Borelli, *Historia et meteorologia incendii Aetnaei anni 1669*.

95. Publiziert in den *Philosophical Transactions* in den Jahren 1695/97, 1707 und 1708. Siehe Stokes, „Volcanic Studies", S. 46–48.

96. Fothergill, *Sir William Hamilton*, S. 117–120; Constantine, *Fields of Fire*, S. 65f.

97. Zur Spannung zwischen dem Leitbild des genussorientierten „Virtuoso" und der konzentrierten Aufmerksamkeit des Naturforschers: Daston, „Attention and the Values of Nature", S. 100–105. Zu dieser Haltung bei Hamilton, insofern sie sich in der Präsentationsform seiner Briefe niederschlägt: Wood, „Making and Circulating Knowledge".

98. Im Folgenden werden Hamiltons Briefe an die Royal Society auf der Grundlage der Buchausgabe *Observations on Mount Vesuvius, Mount Etna and other Volcanos* (1772) zitiert. Meine Zählung der Briefe folgt dieser Buchausgabe, in die Hamilton einige seiner kürzeren Briefe an die Royal Society aus demselben Zeitraum nicht aufgenommen hat. Die Übersetzung folgt der deutschen Ausgabe *Beobachtungen über den Vesuv, den Ätna und andere Vulkane* (1773), wobei grobe Ungenauigkeiten stillschweigend verbessert werden. Alle Seitenzahlen im Text dieses Kapitels nach der deutschen Ausgabe.

99. Daston/Park, *Wonders and the Science of Nature*, S. 242ff.

100. Hamilton, *Campi phlegraei*, S. 5.

101. Zur zeitgenössischen Bewunderung der „philosophical fortitude" Hamiltons: Fothergill, *Sir William Hamilton*, S. 93f.

102. Der Adressat der Briefe an die Royal Society war stets deren Präsident.

103. Dieses Transparentbild war wohl die Vorstufe zu einem gleichfalls verschollenen Bild mit komplizierterem Mechanismus, bei dem zusätzlich die Illusion von aufsteigendem Rauch und fließender Lava erzeugt wurde. Siehe Sørensen, „Hamilton's Vesuvian Apparatus".

104. Thackray, „„The Modern Pliny"", und Hamblyn, „Private Cabinets".

105. Hamilton, „Effects of a Thunder-Storm".

106. Zu den sich langsam herausbildenden Grundvorstellungen Hamiltons: Sleep, „Sir William Hamilton", und Thackray, „„The Modern Pliny"".

107. Tatsächlich steht der Ätna-Vulkan auf einem bis 1300 m hohen Kalksockel (Pichler, *Italienische Vulkan-Gebiete IV*, S. 65). Doch kann dies bei der Höhe des darüber sich erhebenden Vulkanapparats, dessen höchster Kraterrand meist über 3300 m misst, die Hamilton'sche Sicht kaum entwerten.

108. Siehe hierzu das Kapitel „Jenseits von Wohltat und Schrecken".

109. Die gleiche Erklärung hatte della Torre vorgetragen (*Storia e fenomeni del Vesuvio*, S. 133).

110. Allerdings zeigen Datierungen, die in unserer Zeit vorgenommen wurden, dass der Somma-Vulkan bereits in prähistorischer Zeit mehrfach ausgebrochen ist, was zu der Schwierigkeit führt, dass vor 79 eine Calderaform sichtbar gewesen sein müsste, die sich mit einem einfachen Kegelprofil des Gesamtvulkans kaum vereinen lässt. Vermutet wird eine deutliche Calderabildung als Ergebnis des Ausbruchs vor 18 500 Jahren (Guest u. a., *Volcanoes of Southern Italy*, S. 47).

111. So Lehmann, *Versuch einer Geschichte von Flötz-Gebürgen* (1756), dem sich bald die meisten Geologen der Zeit anschlossen.

112. Um 1770 setzt erst sehr zögerlich die Loslösung von dem durch die Bibel „vorgegebenen" Zeitraum von 6000 Jahren ein. Zur Diskussion u. a.: Toulmin/Goodfield, *The Discovery of Time*, und Albritton, *The Abyss of Time*.

113. Siehe das erste Kapitel.

114. Hamilton, *Campi phlegraei*, S. 12f.

115. Zu Fabris: Knight, „The Artistic Contribution of Peter Fabris"; Katalog London (Hamilton) 1996, S. 146–171, 246–250; Pisani, „Pietro Fabris".

116. So schuf Fabris auch Einzelzeichnungen von Volkstypen in ihren charakteristischen Beschäftigungen und Trachten – Grundlage für die Kupferstiche seines Bildwerkes *Raccolta di varii vestimenti ed arti nel Regno di Napoli*, 1773.

117. Spinosa/Di Mauro, *Vedute napolitane del Settecento*, S. 32.

118. Siehe Keller (*Naturgewalt im Bild*, S. 164–167), die auf die verbreitete Praxis der Adaption fremder Skizzen und Studien hinweist; Fabris' Aufgabe sei bei solchen Übernahmen v. a. die stilistische Vereinheitlichung und die Aufbereitung für den Druck gewesen.

119. Im Inventar werden 32 Bilder Fabris zugerechnet, bei einer Gesamtzahl von über 200 Werken verschiedenster Künstler. Das Verhältnis wird noch erstaunlicher, wenn man den 32 Werken von Fabris – mit ihrem hohen Anteil an Veduten – die Zahl der Veduten von anderer Hand, nämlich 44, gegenüberstellt. (Transkriptionen der Inventarliste in: Ittershagen, *Lady Hamiltons Attitüden*, S. 253–263, und – weniger genau – in: Knight, „La quadreria", S. 50–59.)

120. Selbst das Todesjahr kann nicht mit Sicherheit festgestellt werden; nach 1784 scheint Fabris, der schon in den siebziger Jahren kränkelte, nicht mehr aktiv gewesen zu sein.

121. Siehe hierzu auch Rudwick, „The Emergence of a Visual Language", S. 173.

122. Zur Geschichte der Weltlandschaft siehe v. a. Gibson, *Mirror of the Earth*.

123. Es handelt sich um ein anderes Kamaldulenserkloster als das zuvor genannte im Westen Neapels. Dieses Kloster („Monte San Angelo") befand sich im Osten der Stadt, zwischen Torre del Greco und Torre Annunziata, unweit der Villa Angelica von William Hamilton.

124. Zur Möglichkeit des Kontakts: Scott, *Salvator Rosa*, S. 7.

125. *Œuvres esthétiques*, S. 562–586.

126. Im *catalogue raisonné* von Ingersoll-Smouse werden vier Vesuvbilder genannt, von denen zwei sich nicht eindeutig auf eine Eruption beziehen (Nr. 34 und 35, datiert 1739) und zwei weitere mit dem Titel *Éruption du Vésuve* wohl falsche Zuschreibungen sind (Nr. 2101 und 2102). Alle vier Bilder sind verschollen.

127. *Feuernebel* ist damit das erste von insgesamt dreizehn Feuergemälden von Vernet. Siehe Kat. München 1997, S. 45.
128. Zu nennen ist vor allem Egbert van der Poel. Margriet Verhoef, „'Brantjes' en 'Maneschijntjes': over lichteffecten in de nacht", *Rotterdamse meesters uit de Gouden Eeuw*, Rotterdam/Zwolle 1994, S. 125–131. – Weniger katastrophisch, doch für die Vulkanmalerei nicht minder wichtig ist die Traditionslinie, die mit der Verwendung mehrerer Lichtquellen bei Adam Elsheimer beginnt.
129. Constable, „Bonavia"; Kat. Neapel 1990, S. 366–368; Benocci, „Bonavia".
130. Das Zusammenspiel von Lanterna, Molo mit Reisenden und Vesuvausbruch wird im 17. Jahrhundert besonders schön und eindrücklich bei Johannes Lingelbach dargestellt: *Der Hafen von Neapel* (um 1660?; Abb. in Mozzillo, *Vesuvio*, Tafel 12).
131. Spinosa/di Mauro 1993, *Vedute napolitane*, S. 192; Kat. Neapel 1990, S. 367f.
132. Nach Alfano/Friedländer, *Die Geschichte des Vesuv*, S. 37.
133. W. G. Constable in: *Dizionario biografico*, Band 11, S. 647.
134. Philip Conisbee in: Turner, *The Dictionary of Art*, Bd. 32, S. 684f. (mit Abb. *Schiffbruch*, 1765, Stockholm).
135. Der Hinweis auf Hackerts (geplante) Kooperation findet sich in Goethes Hackert-Biografie, die auf der Basis von Selbstzeugnissen des Künstlers entstand („Philipp Hackert", WA I, 46, S. 129). Durch ungenügende Kenntnis von Fabris' Leistungen herrschte in der Hackertforschung eine Zeitlang die Ansicht, Hackert habe den *Campi phlegraei* entscheidende Impulse gegeben und sogar Fabris zur geologischen Zeichenkunst angeleitet. Dass umgekehrt Fabris der „geognostische" Anreger von Hackert gewesen sein könnte, vermuten neuere Studien zu Fabris (Katalog London 1996, S. 247; Pisani, „Pietro Fabris").
136. Behncke, „Eruptive History of Vesuvio".
137. „Philipp Hackert", WA I, 46, S. 139f.
138. „Zwei Landschaften von Philipp Hackert", WA I, 48, S. 126f.
139. Keller, „Vulkanausbrüche", S. 44.
140. Dass Hackert bei seinen Vesuvgemälden durchaus marktstrategisch dachte, zeigen auch die Varianten, die von seinem Vesuvbild von 1774 existieren; es entstanden drei Repliken in Hackerts Atelier. Siehe Nordhoff, „Der 'Vesuvausbruch' von 1774".
141. Keller, „Vesuvausbrüche", S. 42f.
142. Hamilton, *Campi phlegraei*, Supplementband 1779, S. 8f.
143. Hamilton berichtet von einem Aufstieg im Mai des Jahres (*Campi phlegraei*, Supplementband 1779, S. 3f.). Der 1739 in Krems geborene Wutky war nach seiner Wiener Ausbildung 1771 nach Rom gezogen, wo er bis 1785 lebte. In der Anfangszeit arbeitete er mit Hackert zusammen; später begann er sich für die geologischen Phänomene in der Region Neapel zu interessieren. Als er 1782–83 für einige Zeit in Neapel ansässig war, legte er eine bedeutende mineralogische Sammlung an. Dass er hierin Hamilton Anregungen verdankte, kann kaum einem Zweifel unterliegen. Vgl. Kuhn, *Der Landschaftsmaler Michael Wutky*; Kat. Neapel 1990, S. 438.
144. David Fraser, „Joseph Wright of Derby and the Lunar Society. An Essay

on the Artist's Connections with Science and Industry", Kat. London 1990, S. 15–24.

145. Zur (religiösen) Ikonografie vor allem Busch, *Das Experiment mit der Luftpumpe*.

146. Als Skizze vor Ort bezeichnet in Nicolson, *Joseph Wright of Derby*, Band 1, S. 76, und Kat. London 1990, S. 148. Dagegen Keller (*Naturgewalt im Bild*, S. 289), die in der Gouache vor allem eine „vorbereitende Farbstudie" sieht und darauf hinweist, dass nicht belegt sei, dass Wright, von dem „keine weiteren Gouachen bekannt" seien, „diese Technik benutzte, um vor der Natur Skizzen auszuführen". Skeptisch auch: Kat. Frankfurt 1999, S. 76.

147. Abb. in Kat. London 1990, S. 149.

148. Behncke, „Eruptive History of Vesuvio".

149. Kat. London 1990, S. 168.

150. Brief an den Bruder Richard Wright vom 11. November 1774. Zitiert u. a. in Kat. London 1990, S. 15.

151. Zusammengefasst in Whitehursts *Inquiry* (1778).

152. Vgl. Daniels, „‚Coalbrookdale by Night'", S. 221.

153. Auch zur Inauguration eines Papstes wurde das Feuerwerk inszeniert; Wright sah es zur Inauguration von Pius VI. im Februar 1775. Kat. London (*Grand Tour*) 1996, S. 197.

154. Brief vom 15. Januar 1776, zitiert in Nicolson, *Joseph Wright of Derby*, Band 2, S. 279.

155. *Italienische Reise*, 30. Juni 1787, FA I, 15, S. 379 (vgl. Anm. 163).

156. Als einzige Ausnahme kann Wrights bewegungsstarkes Bild *Vesuvausbruch* (ca. 1774/75) gelten, das einen Blick ins Kraterinnere bietet. Nicolson zufolge hat Wright dieses Bild noch in Italien gemalt. (*Joseph Wright of Derby*, Band 1, S. 77; Abb. in Band 2, Tafel 168).

157. Zu Hilleströms Industriebildern siehe vor allem Rönnow, *Pehr Hilleström* (das abgebildete Gemälde dort auf S. 152).

158. „Projet de Phare", Abbildung in: Jean-Marie Pérouse de Montclos, *Étienne-Louis Boullée (1728–1799). De l'architecture classique à l'architecture révolutionnaire*, Paris 1969, Nr. 129. Vgl. auch Jehle, „Vesuv", S. 68f.

159. Zu den Verbindungen von Wright und Loutherbourg siehe insbesondere Daniels, „‚Coalbrookdale by Night'", S. 218–222.

160. Klingender, *Kunst und industrielle Revolution*, S. 80–83.

161. Bereits die Zeitgenossen empfinden Loutherbourgs Darstellungsweise als „vulkanisch". Siehe Wagner, *Die Industrielandschaft*, S. 72.

162. Wagenbreth, *Goethe und der Ilmenauer Bergbau*.

163. Goethe, *Sämtliche Werke, Briefe, Tagebücher und Gespräche*, 1. Abt., Band 25, *Schriften zur allgemeinen Naturlehre, Geologie und Mineralogie*, S. 312–316 (= Frankfurter Ausgabe, im Folgenden: FA).

164. Goethe, *Die Schriften zur Naturwissenschaft*, 2. Abt., Band 7, Weimar 1989, S. 185f. (= Leopoldina-Ausgabe, im Folgenden: LA). Vgl. auch Prescher, *Goethes Sammlungen*, S. 264–266. Zu Goethes Leitlinien des geologischen Sammelns: Hamm, „Unpacking Goethe's Collections".

165. Goethe, *Italienische Reise*, FA I, 15, S. 203. Alle Zitatangaben im Text nach diesem Band der Frankfurter Ausgabe.

166. „Granit II", FA I, 25, S. 312–316.

167. Vor der Reise nach Italien scheint Goethe noch keinen persönlichen Kontakt mit Werner gehabt zu haben. Allerdings hatte die Weimarer Bergbaukommission im Jahr 1776 den „Bergbeflissenen" J. C. W. Voigt zu weiterer Ausbildung an die Freiberger Bergakademie geschickt; ihn hatte man zum künftigen Leiter des Ilmenauer Kupferschieferprojekts bestimmt. Voigt kehrte mit dem zu jener Zeit avanciertesten Wissen über die Abfolge der Gesteine und die mineralogische Klassifizierung zurück, von dem in der Folge auch Goethe profitierte.

168. Dargelegt in seinen von Studenten aus ganz Europa besuchten Vorlesungen und knapp zusammengefasst in seiner *Kurzen Klassifikation* von 1787.

169. Siehe das Kapitel „Jenseits von Wohltat und Schrecken".

170. Brief an Merck vom 11. Oktober 1780, *Werke*, Weimar 1887–1919, 4. Abt., Bd. 4, S. 311f. (= Weimarer Ausgabe, im folgenden: WA).

171. Vergleichbar ist die Verwirrung, die Goethe vor den archaischen Tempeln von Paestum befällt, die er danach aber bald überwindet (FA I, 15, S. 236f., 345).

172. „Architektonisch naturhistorisches Problem" (1823), FA I, 25, S. 599. An den Säulen dieses antiken Bauwerks, eigentlich einer Markthalle, sind deutlich die Löcher von Bohrmuscheln zu sehen, was Goethe zu Vermutungen über frühere Dammbildung und Süßwassermollusken anregte. Die Hebe- und Senkbewegung des heute Bradisismus genannten Phänomens (siehe weiter oben), die die Gebäude der alten Hafenstadt zeitweise unter den Meeresspiegel tauchte, harrte noch der Erforschung.

173. FA I, 25, S. 519.

174. Der Gedanke findet sich bei Edmund Burke, in ausgeführter Form später bei Kant: *Kritik der Urteilskraft*, S. 107.

175. Zur Darstellungstradition der Lazzaroni als Idyllenpersonal: Kufeke, *Himmel und Hölle in Neapel*, S. 215–222.

176. Umfassend dargestellt in Ittershagen, *Lady Hamiltons Attitüden*.

177. Später allerdings nimmt Goethe das günstige Urteil über Emma wieder zurück: Da sie eigentlich geistlos sei, fessele sie den Betrachter nur durch ihre schöne „Gestalt" und nicht durch ihren „seelenvollen Ausdruck" (S. 354).

178. Bezeichnend ist, dass Goethe noch zwei Jahre später die Italien bereisende Herzogin Anna Amalia bittet, sie möge ihm aus Sizilien eine „*Felsenstein Laven* und *Basalt* Sammlung" mitbringen [Hervorh. v. Goethe]. Mitten in der sogenannten Basaltkontroverse scheint Goethe zu bedauern, dass er gerade am Ätna, wo es tatsächlich Anschauungsmaterial gab, dem Ursprung des Basalts nicht gründlicher nachgegangen war (WA IV, 9, S. 167).

179. Siehe das Kapitel „‚Die Lava der Revolution fließt majestätisch'".

180. „Vergleichs Vorschläge die Vulkanier und Neptunier über die Entstehung des Basalts zu vereinigen", FA I, 25, S. 511–513. Dass der Aufsatz unter den Teilnehmern an der Basaltdebatte zirkuliert hätte, ist aufgrund des schwer lesbaren Manuskripts, das alle Anzeichen eines ersten Entwurfs trägt, kaum anzunehmen (vgl. LA II, 7, S. 599).

181. Siehe hierzu von Engelhardt, *Goethe im Gespräch mit der Erde*, desgleichen seine sorgfältigen Herausgeberkommentare in LA II, 7 und FA I, 25.

182. FA I, 25, S. 399–410, 413–422.

183. *Faust II*, Vers 7851–7872.

184. Brief an Knebel vom 24. Mai 1788 (WA IV, 8, S. 376).

185. Vgl. Böhme, „Goethes Erde zwischen Natur und Geschichte", S. 219.

186. Durch das Sammeln von Gesteinsproben und die Lektüre der geologischen Reisebeschreibung Italiens, die Johann Jakob Ferber als Erster vorgelegt hatte (*Briefe aus Wälschland*, S. 225–230). Siehe auch Prescher, *Goethes Sammlungen*, S. 267f., und Goethes Brief an Knebel vom 21. Dezember 1787 (WA IV, 8, S. 311f.).

187. Beutler, *Tischbein: Goethe in der Campagna*, S. 14–16.

188. Siehe hierzu den Aufsatz „Form und Bildung des Granits", FA I, 25, S. 317.

189. Kohler, „Fürstliches Pyrotheater".

190. Wyss, „Der Vesuv von Wörlitz", S. 139.

191. Das belegte Datum ist der 27. Juli 1794.

192. Zu den Kontakten zwischen Fürst Franz und einem bedeutenden englischen Verfechter des *improvement*, dem Earl of Shelbourne: Umbach, „Visual Culture, Scientific Images and German Small-State Politics". Zu den verschiedenen Facetten des Aufklärungsprojekts Anhalt-Dessau: Niedermeyer, „Aufklärung im Gartenreich Dessau-Wörlitz".

193. *Reise nach Wörlitz* 1797, S. 66.

194. Die Eiserne Brücke in Wörlitz war eine verkleinerte Ausgabe der berühmten gusseisernen Brücke von Coalbrookdale (erbaut 1777–79) und damit Zeugnis von Franz' Interesse an modernen industriellen Entwicklungen, die allerdings im kleinen Agrarstaat Anhalt-Dessau nur sehr vereinzelt gefördert werden konnten. Zu den Brücken im Park: Burkhardt, „Das Brückenprogramm in Wörlitz", S. 207–218.

195. Erdmannsdorff, *Kunsthistorisches Journal*, S. 255–259.

196. Einen zusätzlichen Anreiz scheint hierbei ein neuerlicher Geschmackswandel in der englischen Gartenarchitektur geboten zu haben, der meist mit dem Namen William Chambers verbunden wird. Chambers hatte in seiner *Dissertation on Oriental Gardening* (1772) erhabene Partien gefordert, zu denen er auch künstliche Vulkane rechnete. Zu Chambers und Dessau-Wörlitz: Trauzettel, „Chambers' Gartenideen in Dessau-Wörlitz".

197. Rode, *Beschreibung*, S. 212.

198. Auch englische Landschaftsparks kannten das Amphitheater, dessen Bühne die Natur selbst war. So war das Amphitheater im Park von Claremont House (Surrey) zum See orientiert, wie ein Stich von Rocque (1754) zeigt. Abgebildet in: Hunt/Willis, *The Genius of the Place*, S. 22.

199. Rode, *Beschreibung*, S. 213.

200. Ebd., S. 217.

201. Ebd., S. 219.

202. Ebd., S. 218.

203. Ebd.

204. Boettiger, *Reise*, S. 79f.

205. Nur bei Boettiger findet sich der Hinweis auf die Vorführung zu Ehren des preußischen Königs: *Reise*, S. 70. Zum Problem der Dokumentation siehe den Herausgeberkommentar von Erhard Hirsch, ebd., S. 108.

206. Katalog London 1996 (Hamilton), S. 130f. Zu den heutigen Resten des Casinos: Knoll, „Parkarchitekturen in Wörlitz".

207. Zitiert in: Erdmannsdorff, *Kunsthistorisches Journal*, S. 228.

208. Erschienen in der Reihe *Le antichitá di Ercolano esposte*, hg. von Ottavio Antonio Bayardi, Neapel 1757–92.
209. *A Collection of Etruscan, Greek and Roman Antiquities from the Cabinet of the Right Hon. William Hamilton*, 4 Bände, Neapel 1766–67 und 1776.
210. Wobei zumindest ein Gemälde nicht nach einer Fabris-Vorlage entstanden ist.
211. So die Notiz des mitreisenden Berenhorst (Hinweis in Erdmannsdorff, *Kunsthistorisches Journal*, S. 381, Anm. 548).
212. Die Lavastückchen waren freilich wenig zahlreich. Siehe Katalog Wörlitz 2004, S. 65. Die im Katalog vorgetragene Ansicht, das geologische Interesse des Fürsten Franz zeige sich an seiner geologischen Sammlung (S. 22f.), scheint in Anbetracht der sehr kleinen und unsystematischen Sammlung kaum belegbar. In Zeiten, als unter Adligen und Bürgern die „Mineralogie" zur Modebeschäftigung wurde und allenthalben geologische Sammlungen – oft schon nach der neuesten Klassifikation (Cronstedt, Werner) – angelegt wurden, zeigt die Sammlung des Fürsten Franz wenig Ehrgeiz auf diesem Gebiet.
213. „Auf dem geschaffenen Lavatisch unter dem Spiegel liegen zur weiteren Belehrung *Hamilton's* Briefe über den Vesuv." Boettiger, *Reise*, S. 55. Zu seinem Geburtstag am 10. August 1779 erhielt Franz von der Fürstin dann das vollständige Werk der *Campi phlegraei* (Froesch, „Wanddekorationen im Landhaus der Fürstin Luise", S.78).
214. Boettiger, *Reise*, S. 72. Interessant ist, dass der Spötter Boettiger selbst auf die Unentscheidbarkeit des geologischen Disputs bei der Berufung auf die Wörlitzer Basaltsäulen hinweist: Sie stünden im See, aber zugleich eben auch in Vulkannähe (S. 71).
215. Rode, *Beschreibung*, S. 210.
216. Hoüel, *Voyage pittoresque*, Bd. 2, S. 72–76.
217. Dies ist die Grundthese in der bereits angeführten Arbeit von Maiken Umbach, „Visual Culture".
218. Wie eng diese Grenze war, wurde auch dem Fürsten Franz bald nach der Fertigstellung bewusst; er sprach sich kritisch über sein allzu großes Vorhaben und den fehlenden Zusammenhang von erhabenem Objekt und arkadisch gestaltetem Park aus. (Reil, *Leopold Friedrich Franz*, S. 207f.)
219. Siehe Kat. Frankfurt 1996, S. 424.
220. Von Boettiger in seiner *Reise nach Wörlitz* erwähnt (S. 70). Zur schlechten Dokumentationslage vgl. den Herausgeberkommentar, ebd., S. 108.
221. Siehe Paetow, *Klassizismus und Romantik auf Wilhelmshöhe*, S. 91.
222. Zur Geschichte dieser Tradition: Wagner, *Die Industrielandschaft*, S. 42–54.
223. *Deutsches Magazin*, Band 18 (1799), S. 386f.
224. Thacker, „The Volcano: Culmination of the Landscape Garden", S. 80–82, und ders., *Building Towers*, S. 120.
225. Vergleiche vor allem *Voyage d'Italie*.
226. Zu Unterschieden und Übereinstimmungen zwischen Sades Texten und dem englischen Schauerroman siehe vor allem Fabre, „Sade et le roman noir".
227. Zu diesem Gattungsproblem aller pornografischen Literatur: Susan Sontag, „The Pornographic Imagination".
228. Barthes, *Sade, Fourier, Loyola*, S. 21f.

229. Barthes war der Erste, der in diesem Sinn von „Klassen" in Sades Welt sprach.

230. Zur Differenz zwischen traditioneller Libertinage und Sade'scher Grenzüberschreitung: Klossowski, „Le Philosophe scélérat", in: Sade, *Œuvres complètes* (Hg. G. Lély), Band 15, Paris 1964, S. 489.

231. Für die literarisch bedeutendsten Texte der empfindsamen Reise ist diese Behauptung allerdings zu nuancieren: Seit der Begründung des Genres durch Laurence Sterne hat es immer wieder ironische Brechungen gegeben, die das schlichte Menschenbild komplizierten, in Deutschland besonders deutlich bei den romantischen Nachzüglern (Jean Paul und Heine).

232. Starobinski, *Jean-Jacques Rousseau. La transparence et l'obstacle.*

233. Ausführlich zur Funktion des Schocks bei Sade: Bernsen, *Angst und Schrecken*, S. 236–247.

234. Zur Frage der Bündnisse bei Sade siehe Marcel Hénaff, *Sade. L'Invention du corps libertin*, S. 243–283.

235. Insofern enthält Sades Aufsatz „Idée sur les romans" (1800), in dem die Natur als „toujours sublime, toujours majestueuse" bezeichnet wird, ein Programm, dem der Romancier Sade selbst nicht folgt – wie auch in anderen Punkten dieser Schrift, die erst nach dem Hauptwerk entstand. So suggestiv Sade in dem Aufsatz vom Busen der Natur als dem „foyer d'un volcan" spricht, in seinen Romanen setzt er nirgendwo Techniken ein, die die Natur als erhaben und majestätisch erscheinen lassen („Idée sur les romans", in: Sade, *Les crimes de l'amour*, Paris 1967, S. 19–44, insbesondere S. 40).

236. Zum Vulkanmotiv bei Sade: Tort, „L'Effet Sade", S. 584f.; Didier, „Sade, Juliette et le Vésuve"; und insbes. Böhme, „Umgekehrte Vernunft", v. a. S. 292–298.

237. Der Justine-Roman kennt verschiedene Fassungen. Erst in der Fassung von 1797, die als Teil des Doppelromans erschien, findet sich Jérômes Erzählung. Der vollständige Titel lautet: *La nouvelle Justine ou les Malheurs de la vertu, suivie de l'Histoire de Juliette, sa sœur, ou les Prospérités du vice.* Als Verlagsort ist angegeben: „En Hollande".

238. *Œuvres* (Pléiade), Band 2, S. 777.

239. Ebd., S. 778.

240. Ebd., S. 778f.

241. Vgl. Edmiston („Nature, Sodomy and Semantics"), der anhand von Sades philosophischem Text *La Philosophie dans le boudoir* diesem Zwiespalt nachgeht.

242. Zum Problem der Negation bei Sade siehe vor allem Blanchot, *Sade et Lautréamont.*

243. Hierzu noch immer maßgeblich: das Juliette-Kapitel in der *Dialektik der Aufklärung* von Max Horkheimer und Theodor W. Adorno (Amsterdam 1947).

244. *Œuvres*, Band 2, S. 780.

245. Diese Deutung verfolgt Böhme, „Umgekehrte Vernunft", S. 292–298.

246. „Magma" ist hier allerdings ein anachronistischer Terminus; er findet erst nach 1800 Eingang ins geologische Vokabular.

247. Siehe oben im Kapitel „Vulkantheologie".

248. *Œuvres*, Band 2, S. 781.

249. Vgl. Hamilton, „An Account of the Earthquake", und Dolomieu, *Mémoire sur les tremblemens.*
250. *Voyage d'Italie*, S. 55f.
251. Ebd., S. 274f. Vgl. Sgard, „Le Voyage à Naples du Marquis de Sade".
252. *Œuvres*, Band 3, S. 696.
253. Ebd.
254. Ebd., S. 698.
255. Ebd., S. 699–727.
256. *Die hundertzwanzig Tage von Sodom oder die Schule der Ausschweifung*, übersetzt von Karl von Haverland, Dortmund 1972, S. 57.
257. *Œuvres*, Band 3, S. 1042.
258. Ebd., S. 1102.
259. Vgl. hierzu die Stelle aus Heinses *Ardinghello* weiter unten (Epilog).
260. Siehe hierzu vor allem Lasky, *Utopia and Revolution.*
261. Vgl. Arendt, *On Revolution*, S. 42f.
262. Zitiert nach Palmer, *Twelve Who Ruled*, S. 129. Nun (Anfang 1794) ist es gerade Desmoulins, der zur Mäßigung aufruft.
263. Siehe Blum, *Rousseau and the Republic of Virtue*, S. 227. Vgl. auch Lynn Hunt über das Tragödienmuster in der Selbstinterpretation der Jakobiner: *Politics, Culture, and Class in the French Revolution*, S. 35–38.
264. Siehe vor allem Lüsebrink/Reichardt, *Die „Bastille"*.
265. Schubart, „Auf eine Bastilltrümmer von der Kerkerthüre Voltaire's".
266. „Lettre du club des amis des droits de l'homme ...", in: *L'Observateur Marseillais*, 5. Juni 1790, zitiert nach Lüsebrink/Reichardt, *Die „Bastille"*, S. 200.
267. Fantin Desodoards, in: Markov, *Revolution im Zeugenstand*, Band 1, S. 130.
268. Burke, *Reflections on the Revolution*, S. 265.
269. E. A. Sörgel, *Patriotische Vorlesungen* [1793], in: Träger, *Die Französische Revolution im Spiegel*, S. 722.
270. Goethe, *Campagne in Frankreich* 1792, WA I, 33, S. 72 und 75.
271. *Athenäum*, Band 1, Berlin 1798, S. 309f.
272. Sébastien Mercier, *Du Théâtre, ou Nouvel essai sur l'art dramatique*, Amsterdam 1773, S. 76.
273. An anderer Stelle habe ich die motivische Linie untersucht, die hier beginnt und die über die Revolutionsmetaphorik bis zu Kleists „Erdbeben in Chili" führt: von der Thüsen, „The Shaking Walls of Convention".
274. „Freiheitsbüchlein", in: Sämtliche Werke, Abt. II: *Jugendwerke und vermischte Schriften*, München 1976, Band 2, S. 847.
275. „Vorlesungen über die Pflichten und Rechte des Menschen" [1792], in: Träger, *Die Französische Revolution im Spiegel*, S. 196f. und 200.
276. So etwa Mirabeau am 23. Dezember 1790: „Wohin wird dieses Fahrzeug verschlagen werden, das vom Blitz getroffen ist und vom Sturm gepeitscht wird? ich weiß es nicht; aber wenn ich selbst dem Schiffbruch dieser Nation entrinne ..." (in: Landauer, *Briefe aus der Französischen Revolution*, S. 93). Zur metaphorischen Tradition: Demandt, *Metaphern für Geschichte*, S. 190–198, und Blumenberg, *Schiffbruch mit Zuschauer.*
277. Pierre Vergniaud hielt seine Rede am 13. März 1793 im Konvent. Der Satz lautete: „Alors, citoyens, il a été permis de craindre que la révolution, comme Saturne dévorant successivement tous ses enfants, n'engendrât enfin le

despotisme avec les calamités qui l'accompagnent" (*Moniteur*, 16. März 1793).

278. Siehe dazu Jutta Held, „Tendances subversives dans l'art français", S. 13–17.

279. In der Darstellung Melvin Laskys: „‚Now in this prodigious Revolution,' Howell writes in his preface to *Parthenopoeia* (1654), a history of the Kingdom of Naples which paid pointed attention to Masaniello's great uprising, ‚there were many things of extraordinary remark that are considerable ...' He noted ‚the heat of the Air' and ‚the sulphurous quality and heat' of the Italian soil which caused ‚Incendiums and Earthquakes,' and he went on to correlate the geology with the politics" (Lasky, *Utopia and Revolution*, S. 242). – Von hier führt eine direkte Linie bis in die italienische Gegenwart. Besonders häufig ist das politische Vulkansymbol im Italien des 19. Jahrhunderts; es wird u. a. von Buonarroti, Manzini und Garibaldi verwendet (Billington, *Fire in the Minds of Men*, S. 106, 147, 151). Als z. B. Garibaldi 1833 am Befreiungskrieg in Uruguay teilnimmt, kämpft seine Italienische Legion unter einer Fahne, die einen Vulkan auf schwarzem Grund zeigt.

280. Siehe Grimm, *Deutsches Wörterbuch* („ausbrechen", „Ausbruch") und Littré, *Dictionnaire* („éruption").

281. Landauer, *Briefe aus der Französischen Revolution*, Band 1, S. 102.

282. *Histoire de la Révolution de 1789 et de l'Établissement d'une Constitution en France*, Paris 1790, Band 1, S. 336.

283. 3.–7. Oktober 1793.

284. 20. Oktober 1789. In: Eberle/Stammen, *Die Französische Revolution in Deutschland*, S. 165.

285. *Feuille du Jour*, 21. Juni 1792. Übersetzung: Markov, *Revolution im Zeugenstand*, Band 1, S. 218.

286. Zuerst am Vorabend der Julirevolution 1830 – als Ausspruch von Salvandy auf einem Pariser Ball, der zu Ehren des Königs von Neapel gegeben wurde (Littré, *Dictionnaire* [1878], S. 2534).

287. Brunot, *Histoire de la langue française*, Band 10, S. 73.

288. „Rapport sur le gouvernement révolutionnaire jusqu'à la paix" (10. Oktober 1793), in: Saint-Just, *Théorie politique*, S. 240. – Saint-Just hatte bereits in seinem Erstlingswerk, *Organt, poème aux vingt chants* (Frühjahr 1789), einen ausbrechenden Vulkan mit politischer Gewalt (*Terreur*) gleichgesetzt. Zu diesem Werk vgl. meine ausführlichere Aufsatzfassung: „‚Die Lava der Revolution fließt majestätisch': Vulkanische Metaphorik zur Zeit der Französischen Revolution", *Francia* 23/2 (1996), S. 113–143, insbesondere S. 133–136.

289. „Rapport sur la Vendée, fait au nom du comité de salut public, dans la séance du 1er octobre", *Moniteur*, 7. Oktober 1793.

290. Siehe hierzu das Vendée-Zitat Georg Forsters weiter unten.

291. *Défenseur de la Constitution*, zitiert nach Blum, *Rousseau and the Republic of Virtue*, S. 250, 252.

292. Siehe das Kapitel „Heilige Berge" in: Harten/Harten, *Die Versöhnung mit der Natur*, S. 127–140. Grundlegend zur Symbolik des Raumes während der Revolutionsfeiern Mona Ozouf, *La Fête révolutionnaire*.

293. Brunot, *Histoire de la langue française*, Band 9, S. 632. Brunot hält dies für den frühesten Beleg der Verknüpfung von *Montagne* und „Sinaï".

294. Siehe hierzu Paulson, *Representations of Revolution*, S. 24–26.
295. Brunot, *Histoire de la langue française*, Band 9, S. 631.
296. Zitiert nach Brunot, *Histoire de la langue française*, Band 9, S. 770.
297. Moniteur, 13. August 1793. Übersetzung nach Markov, *Revolution im Zeugenstand*, Band 2, S. 474.
298. Moniteur, 7. September 1793. Übersetzung nach Markov, *Revolution im Zeugenstand*, Band 2, S. 494f.
299. Siehe hierzu Gombrich, „The Dream of Reason" und insbesondere Herding, „Visual Codes".
300. Als Ausnahme muss deswegen der Plan der Stadtverwaltung in Orléans gewertet werden, einen Berg als „Monument des Schreckens" zu errichten: der Berg sollte eine „furchtbare Schädelstätte" werden, „unter seinen Erdmassen sollten die Gebeine von Feinden der Republik verscharrt werden". Harten/Harten, *Die Versöhnung mit der Natur*, S. 134.
301. Siehe Darnton, „The High Enlightenment and the Low Life of Literature", S. 81–115, und Gersmann, *Im Schatten der Bastille.*
302. Siehe Dommanget, *Sylvain Maréchal*, S. 262–265, und Daniel Hamiche, *Le Théâtre et la Révolution*, S. 175–177.
303. Beschluss vom 29. Brumaire (19. November 1793), zitiert bei Hamiche, *Le Théâtre et la Révolution*, S. 174.
304. Im Jakobinerklub wurde gefordert, das Stück sollte zum ersten Jahrestag der Hinrichtung Ludwigs XVI., am 21. Januar 1794, von allen Pariser Theatern gespielt werden. Dazu kam es freilich nicht (Hamiche, *Le Théâtre et la Révolution*, S. 175).
305. „Il vaut mieux avoir pour voisin/Un volcan qu'un roi./Liberté ...... Egalité." Maréchal, *Le Jugement dernier des rois*, S. 1310 (Punkte dem Original entsprechend).
306. Zur Funktion der Natur in Maréchals Stück siehe auch Proust, „De Maréchal à Maïakovsky".
307. Ozouf, *La Fête révolutionnaire*, S. 260–316.
308. Robespierre hielt die Rede am 8. Thermidor [26. Juli 1794]. „Contre les factions nouvelles et les députés corrompus", *Œuvres*, S. 560.
309. *Œuvres*, Band 10, S. 574; Band 9, S. 112.
310. Siehe Tamine, „Les métaphores chez Robespierre et Saint-Just", S. 48.
311. Siehe Kessler, *Terreur*, S. 53, 56f.
312. Vom Mast des Schiffs aus werden „168 Eis-Inseln" gezählt, „darunter manche eine halbe Meile lang und keine von geringern Umfange war, als das Schiff. Dies stellte einen großen und fürchterlichen Anblick dar. Es schien, als ob wir die Trümmern einer zerstörten Welt, oder, nach den Beschreibungen der Dichter gewisse Gegenden der Hölle vor uns sähen ..." (*Reise um die Welt*, S. 464).
313. Ebd., S. 724.
314. Ebd., S. 744.
315. Ebd., S. 289f., 578. Basalt deutet Forster hier noch vulkanistisch, wohl auch durch den Einfluss Rudolf Erich Raspes, der zur Zeit der Niederschrift des Reisewerks bei den Forsters in London wohnt und an der Übersetzung ins Deutsche mitarbeitet. (Zu Raspe siehe das folgende Kapitel.)
316. *Reise um die Welt*, S. 511, 974–977.
317. *Sämtliche Schriften, Tagebücher, Briefe*, Band 17, S. 279.

318. Vgl. die Ausführungen zum „rettenden Ventil" im letzten Abschnitt des ersten Kapitels.

319. *Erinnerungen aus dem Jahr 1790* [1793], in: *Sämtliche Schriften*, Band 8, S. 288. Ausführlicher zu den *Erinnerungen*: Reichardt, „Die visualisierte Revolution".

320. „Lettre de Georg Forster, député à la Convention Rhéno-Germanique, en date du 17 de ce mois [juillet 1793], par laquelle, au nom des Allemands libres de Mayence et des rives du Rhin, il déclare adopter la Constitution", zitiert nach Lüsebrink, „Paris reste toujours notre carte", S. 467.

321. In einem der ersten Pariser Briefe an seine Frau erweitert Forster die ältere Analogie von Charakter und Vulkan zum politischen Vergleich: „Der kleine Schwabe Kerner sprüht Freiheit wie ein Vulkan und ist originell und gutherzig, wie ein junger Schwabe seyn muß, er hat Kopf und Energie. Dazu ist er Dr. der Medizin" (*Sämtliche Schriften*, Band 17, S. 357).

322. Brief an Therese Forster vom 8. April 1793 (ebd., S. 341).

323. Ebd., S. 357.

324. Schlegel, „Georg Forster", in: *Kritische Schriften*, hg. von W. Rasch, München ^{2}1964, S. 334.

325. Brief an Therese Forster vom 24. Oktober 1793 (*Sämtliche Schriften*, Band 17, S. 461).

326. Tatsächlich gab es zusätzlich zu der verordneten Grausamkeit in der Vendée viele verselbständigte Aktionen. Zu ihnen zählen die berüchtigten Massaker durch Ertränken, die *noyades*.

327. An anderen Stellen ist Forsters Identifikation mit dem Vulkanischen der Revolution geringer: „Ihr seht, dass der Vulkan noch nicht schweigt; noch bebt die Erde unter unsern Füßen, noch ist der Boden glühend. Aber dass die Republik bestehe, das ist keinem Zweifel unterworfen" (zitiert nach Harpprecht, *Georg Forster*, S. 19). Dies ist das konventionellere Bild der Bedrohung von unten.

328. Brief vom 28. Dezember 1793 an Therese Forster und L. F. Huber (*Sämtliche Schriften*, Band 17, S. 498).

329. Vgl. Rößer, „Das Maximum des politischen Verstandes".

330. „Parisische Umrisse", *Sämtliche Schriften*, Band 10/1, S. 596.

331. Zu Forsters Zwiespalt siehe auch Fritscher, „Die Entmoralisierung der Naturgewalten".

332. Er stirbt, geschwächt von seiner alten Skorbutkrankheit, an einer Lungenentzündung.

333. Ihre Zerstörung wird im Dekret vom 20. Februar 1795 (2. Ventôse III) verfügt.

334. 20. Pluviôse III. Zitiert nach Brunel, „Crête/crétois (an III)".

335. 20. Germinal III. Ebd., S. 64.

336. Zur ungebrochenen Tradition der Verklärung von „énergie" siehe Delon, *L'Idée de l'énergie*.

337. Michelet, *Histoire de la Révolution française*, Band 1, S. 497, 499–505, 1024f. Victor Hugo, *Quatrevingt treize*, Paris 1874, S. 478. (Auch in seinen Gedichten zeigt Hugo sich auffallend fasziniert vom Vulkanbild.)

338. Taylor, „Volcanoes and accidents".

339. Guettard, „Sur quelques montagnes de la France qui ont été des volcans", S. 33. Es handelt sich um graues Lavagestein, nach heutiger Klassifikation um Trachyt-Andesit.

340. Zu diesem Werk und der angewandten kartografischen Technik: Rappaport, „The Geological Atlas".
341. Guettard, „Sur quelques montagnes", S. 31.
342. Ebd., S. 31f., 34.
343. Zum Verhältnis der Tagebuchnotizen zum Text des „Mémoire" siehe Ellenberger, „Précisions nouvelles".
344. „Sur quelques montagnes", S. 35f.
345. Ellenberger, „Précisions nouvelles", S. 20.
346. Guettard, „Sur quelques montagnes", S. 28.
347. Ebd.
348. Ebd., S. 53.
349. Siehe Anm. 12.
350. Eine „Chronologie der Entdeckungen erloschener europäischer Vulkane" enthält Ellenberger, *Histoire de la Géologie*, Band 2, S. 230–233. Ein Zitat von Cordus in Ellenberger, „Précisions nouvelles", S. 6.
351. Es dauerte mehr als zwanzig Jahre, bis Guettard genauere Forschungen an den Vulkanen Frankreichs durchführte. 1775 unternahm er eine Reise ins Vivarais und in die Dauphiné, zunächst in Begleitung von Barthélémy Faujas de Saint-Fond, der seinerseits ein vielbeachtetes illustriertes Werk zu den Vulkanen des Velay und Vivarais vorlegte: *Recherches sur les volcans éteints du Vivarais et de Velay*, 1778. Die Erkundung der Basalte von Montelimar brachte Guettard dazu, seinen anfänglichen Widerstand gegen die These von der vulkanischen Basaltentstehung aufzugeben (Guettard, *Mémoires sur la minéralogie du Dauphiné*, 1779).
352. Desmarest, „Sur l'origine et la nature du Basalte", S. 706–708 (der Bericht erscheint erst 1774).
353. Taylor, „Nicolas Desmarest", S. 46f.; Ellenberger, *Histoire de la Géologie*, Band 2, S. 250ff.
354. Desmarest, „Déterminations", S. 272.
355. „Sur l'origine et la nature du Basalte", S. 709.
356. Auch der berühmte Chemiker Rouelle, Desmarests Lehrer, hatte von „Epochen" der Erdgeschichte gesprochen. Zu den Differenzen und Übereinstimmungen im Epochenbegriff Buffons und Desmarests: Taylor, „Buffon, Desmarest and the Ordering of Geological Events".
357. Desmarest, „Basalte".
358. Raspe, „Nachricht von einigen niederhessischen Basalten" und „Short Account of some Basalt Hills in Hassia". Der englische Text wurde bereits am 8. Februar 1770 in der Royal Society vorgelesen.
359. Raspe, „Niederhessische Basalte", S. 82f.
360. Der Brief war an den geologisch interessierten Herzog de la Rochefoucauld gerichtet, der schon Desmarest gefördert und mit dem Raspe einige der hessischen Basalte besucht hatte (Hallo, *Raspe*, S. 33).
361. So war es auch Raspe, der dem Freund Herder die *Reliques* des Bischofs Percy empfahl (Carswell, *Raspe*, S. 68).
362. Raspe, „Niederhessische Basalte", S. 84–89.
363. Ebd., S. 89–93.
364. Und zwar in der Lava von 1631 (am Ufer von Torre del Greco): Hamilton, *Campi phlegraei*, Supplementband 1779, S. 4f.; Hamilton, „Ponza Isles", S. 376.

365. Raspe, *An Account of Some German Volcanoes*; siehe auch Carozzi, „Raspe“, S. 249
366. Im ausführlichen Vorwort zu seiner englischen Übersetzung von Ferbers geologischem Reisebericht aus Italien (Ferber, *Travels through Italy*, 1776).
367. Auch Desmarests bahnbrechende Abhandlung von 1774 hatte zwei frühe Hinweise auf Basalt- und Bimssteinvorkommen im Mittelrheintal referiert („Sur l'origine et la nature du Basalte“, S. 733 f.).
368. Hamilton, „Rhine Valley“, S. 2.
369. Ebd.
370. Möglich aber auch, dass Hamilton das relativ grobe trachytische Gestein mit seinen Einsprengseln grundsätzlich nicht als „Verwandten“ des Basalts erkennen kann; das würde erklären, warum ihm die Differenzierung zwischen Tuff und Lava am basaltischen Petersberg gelingt, am Drachenfels aber nicht. Als Hamilton später auf der Insel Ponza hellen Trachyt antrifft, greift er wiederum zum Begriff „Tuff“ (Hamilton, „Vesuvius/Ponza“, S. 375).
371. Collini lässt ebenfalls keinen Zweifel am vulkanischen Ursprung der Tuffe und Basalte in Osteifel und Siebengebirge (*Journal d'un voyage*, insbes. S. 283–377). Siehe auch den Tex, *Een voorspel van de moderne vulkaankunde*, S. 196.
372. Hamilton, „Rhine Valley“, S. 5.
373. Ebd., S. 6.
374. *Kosmosvorträge*, S. 153. Der Aufsatz „Über den Bau und die Wirkungsart der Vulkane“, vorgetragen 1823, markiert den Umschlag (in: *Ansichten der Natur*, S. 89–111).
375. Rappaport, „Problems and Sources“.
376. Hinzu kommt die empirieferne „ultraplutonistische“ Lehre Antonio Lazzaro Moros, nach der schlicht alle die Erde formenden Vorgänge auf das innere Feuer zurückgehen sollten (Moro, *De crostacei*).
377. Taylor, „Un commentaire anonyme“, mit einer Transkription des Manuskripts.
378. „Theory of the Earth“ (1788). Im Jahr 1795 folgte eine stark erweiterte, zweibändige Fassung (*Theory of the Earth with Proofs and Illustrations*). Zur Konzeption und den Phasen der Erweiterung v. a. Dean, *James Hutton*.
379. Der erste lebensgeschichtliche Bericht, noch immer die Grundlage für alle Biografien James Huttons (1726–1797), stammt von John Playfair („Biografical Account of James Hutton“, 1805).
380. Hutton, *Theory of the Earth*, Band 1, S. 224
381. Ebd., Band 2, S. 119ff.
382. Ebd., Band 2, S. 89.
383. Hutton, „Theory of the Earth“ (1788), S. 304.
384. Ebd.
385. Hutton, *Theory of the Earth*, Band 1, S. 140.
386. Hutton, „Theory of the Earth“ (1788), S. 209f.
387. Gohau, *Les sciences de la terre*, S. 267f. Allgemein zu Vulkanmodellen in Analogie zur Dampfmaschine: den Tex, *Een voorspel van de moderne vulkaankunde*, S. 229–236.
388. Hutton, „Theory of the Earth“ (1788), S. 216.
389. Hamilton, *Beobachtungen*, S. 180.

390. Klassisch wird der (vorhergesagte) Fund einer Granitintrusion im Glen Tilt (Hutton 1794).
391. Hutton, „Theory of the Earth" (1788), S. 288.
392. Hutton, *Theory of the Earth*, Band 1, S. 157.
393. Dean, *James Hutton*, S. 15.
394. „Theory of the Earth" (1788), S. 275.
395. Ebd., S. 274.
396. Oldroyd, *Die Biographie der Erde*, S. 202f.; Sigurdsson, *Melting the Earth*, S. 203–207.
397. Hutton, *Theory of the Earth*, Band 1, S. 251.
398. Laudan, *From Mineralogy to Geology*, S. 87–112.
399. Dies ist die Position, die Buffon 1778 in *Époques de la Nature* bezog (v. a. S. 71–76, 131–145).
400. Hall, „Experiments on Whinstone and Lava", S. 48.
401. Zu nennen sind Réaumur und Keir, deren Versuche Hall kannte; Keir führte 1776 auch erste Schmelzversuche an Lava und Basalt durch (Smith 1969). Gezielter waren die Experimente des Vulkankenners Lazzaro Spallanzani, dem u. a. der Nachweis gelang, dass Basalt keinen Schwefel enthält und also nicht selbst, wie Dolomieu angenommen hatte, brennstoffführend ist. Spallanzanis Schmelzversuche an Lava und Basalt brachten jedoch keine eindeutigen Resultate (Fritscher, *Vulkanismusstreit und Geochemie*, S. 48–52).
402. Hall, „Experiments showing the Effects of Compression", S. 88.
403. *Reflexionen Kants zur kritischen Philosophie*, hg. von B. Erdmann, Berlin 1882–85, Nr. 395.
404. Zum Übergang von der phänomenologischen zur konstruktiven Erfahrung und der Bedeutung Halls für diesen Schritt: Fritscher, *Vulkanismusstreit und Geochemie*, S. 185–244.
405. *Ansichten der Natur*, S. 5; *Kosmos*, Band 1, 4 und 5 (passim).
406. Überwältigender Gipfelblick: I 1175f.; Rast in der Grotte: III 114ff. Alle Textverweise und Zitate nach der kritischen Textausgabe von Katharina Grätz in: *Hyperion. Empedokles. Aufsätze und Übertragungen* (Deutscher Klassiker Verlag). Römische Ziffern beziehen sich auf die Fassung, arabische auf die Zeilennummern. – Erwähnungen des Gipfelpanoramas und der Ziegengrotte konnten deutsche Leser bereits in den Reisebriefen des Freiherrn von Riedesel finden, der den Ätna am 1. und 2. Mai 1767 bestiegen hatte (*Sendschreiben über [m]eine Reise nach Sizilien und Großgriechenland*, S. 73–80). Gleiches gilt von dem berühmten Reisebericht von Patrick Brydone, von dem im *Teutschen Merkur* ein Auszug auf Deutsch erschienen war („Auszug aus des Herrn P. Brydone Reise auf den Aetna", 1773), und von Bartels' Ätnabericht (*Briefe*, S. 342–370). Bemerkenswert in diesem Zusammenhang ist, dass sich in Hölderlins *Empedokles* keine Anspielung auf den von allen Ätnabesuchern erwähnten „Turm des Philosophen" oder „Turm des Empedokles" auf dem Bergmassiv findet. Dies mag der Skepsis der genannten Schriftsteller zuzuschreiben sein; Riedesel vermutete bereits, dass es sich um einen mittelalterlichen Wachtturm handle. (Zu Hölderlins möglicher Lektüre von Brydones Ätnabeschreibung: Dallett, „Hölderlins Ätna".)
407. Hölderlin hatte als Hauslehrer der Frankfurter Bankierfamilie Gontard die Frau des Hauses, Susette Gontard (seine geliebte Diotima), und ihre Kin-

der nach Kassel und in den westfälischen Badeort Driburg begleitet. Die Absicht war, einer möglichen Belagerung Frankfurts durch die französischen Revolutionstruppen zu entgehen. In Kassel gesellte sich Wilhelm Heinse dazu, der der Familie Gontard bereits freundschaftlich verbunden war. (Erich Hock, *Dort drüben in Westphalen.*)

408. *Ardinghello und die glückseligen Inseln*, S. 350f., 355f. Im Anmerkungsteil dieser von Max L. Baeumer besorgten kritischen Ausgabe die zum Teil wörtlich übereinstimmenden Passagen aus Heinses Reisetagebuch (S. 441–444). Heinse hatte den Vesuv 1782 bestiegen.

409. Im Kommentar zu *Hyperion. Empedokles*, S. 1091–1099.

410. *Hyperion* in: *Hyperion. Empedokles*, S. 166.

411. Das gilt auch für den Plan zur dritten Fassung.

412. Diels/Kranz, *Die Fragmente der Vorsokratiker*, Fragment B 8. Übersetzung nach Capelle, *Die Vorsokratiker*, S. 196. Zur Elementlehre des Empedokles und ihrer Fortentwicklung: Böhme/Böhme, *Feuer, Wasser, Erde, Luft.*

413. Diels/Kranz, Fragment 134; Übersetzung nach Capelle, *Die Vorsokratiker*, S. 249.

414. Diogenes Laertius, *Leben und Meinungen berühmter Philosophen*, Band 2, S. 138–140 (VIII, 51–77). Hölderlin kannte diese Kompilation und las sie zur Zeit der Beschäftigung mit dem Empedokles-Stoff in Homburg. Andere Quellen für Hölderlin waren verschiedene philosophiegeschichtliche Werke des 18. Jahrhunderts. Deren Empedokles-Bild wird ausführlich dargestellt in Birkenhauer, *Legende und Dichtung*, S. 145–216.

415. Diels/Kranz, Fragment 112; Diogenes Laertius VIII, 62 (S. 140).

416. Diogenes Laertius VIII, 63.

417. Beck, *Hölderlin. Chronik seines Lebens*, S. 74.

418. Neuere Deutungen in diesem Sinne: Prignitz, *Hölderlins „Empedokles“*, und Mögel, *Natur als Revolution.*

419. Heise, *Hölderlin: Schönheit und Geschichte*, S. 336.

420. Siehe oben: Kapitel 2. Auch Riedesel weist in seinem Reisebericht bereits 1767 auf die sukzessive Entstehung des Ätna hin.

421. Vgl. Eliade, *Die Religionen und das Heilige*, S. 132–135. In der europäischen Kulturgeschichte wird dem (isolierten) Vulkan die religiöse Erhöhung allerdings weit weniger zuteil als etwa in den Kulturen des pazifischen Raums (Beispiele: Bromo auf Java, Fuji-san in Japan, Kilauea auf Hawaii). Siehe Vitaliano, *Legends of the Earth*, S. 133.

422. Übertragung von Dietrich Ebener in *Griechische Lyrik in einem Band*, S. 202. – In Hölderlins Übersetzung (Stuttgarter Ausgabe, Band 5, 63f.):

Was aber nicht geliebt hat
Zevs, stößt sich an der Stimme
Der Pieriden der singenden,
Auf Erden und im Meer im unbezähmbaren,
Und der im schweren Tartarus liegt,
Der Götter Feind,
Typhon der hundertköpfige, den vormals
Die Kilikische nährte die viel-benahmete Grotte, nun aber
Die über Kuma meerabwehrende Gestade,
Und Sikelia ihm drükt
Die Brüste die haarigen; die Säule

Aber die himmlische zusammenhält,
Der schneeige Ätna, das ganze Jahr
Des Schnees des scharfen Ernährer.
Aus welchem ausgespien werden
Des reinen Feuers heiligste
Aus Kammern Quellen; die Flüsse
Aber an den Tagen einen Strom des Rauches glühend,
Aber in Nächten Felsen
Die purpurne gewälzte Flamme
In die tiefe trägt des Pontus Ebne mit Krachen.
Jenes aber des Hephästos Bäche das Kriechende
Gewaltigste aufsendet; ein Zeichen wunderbar zu sehen,
ein Wunder auch.
Von dortgewesnen zu hören,
Wie es an Ätnas schwarzgezweigten
Gefesselt ist den Gipfeln
Und am Feld; ein Bette aber grabend
Den ganzen Rüken hingeleget spornt.
Es sei, Zevs, einer es sei dass er gefalle,
Der du gebeutst auf diesem Gebirge,
Der früchtereichen Erde Stirn [...]

423. Bei Vergil heißt das Ungeheuer Enceladus (*Aeneis* III, 575ff.).

LITERATURVERZEICHNIS

Quellen

Aetna, hg. und übersetzt von Will Richter, Berlin 1963.

Agricola, Georg: *Schriften zur Geologie und Mineralogie*, übersetzt und bearbeitet von Georg Fraustadt, in Verbindung mit Hans Prescher, Berlin 1956.

Aristoteles: *Meteorologica*. Übersetzung: *Meteorologie. Über die Welt*, übersetzt von Hans Strohm, Berlin 1970.

Bartels, Johann Heinrich: *Briefe über Kalabrien und Sizilien*, 3 Bände, Göttingen 1789.

Birken, Sigmund von: *Hochfürstlicher Brandenburgischer Ulysses: oder Verlauf der Länder Reise [...]: Aus denen mit Fleiß gehaltenen Reis-Diariis zusammengetragen und beschrieben*, Bayreuth 1669.

Blefkens, Dithmar: *De Islandia, sive populorum et mirabilium quae in ea insula reperiuntur accuratior descriptio*, Leiden 1607.

Boaistuau, Pierre: *Histoires prodigieuses* [1560], édition préfacée de G. Mathieu-Castellani, Paris und Genf 1996.

Boettiger, Carl August: *Reise nach Wörlitz 1797*, hg. von Erhard Hirsch, Berlin und München ^{8}2000.

Borelli, Giovanni Alfonso: *Historia et meteorologia incendii Aetnaei anni 1669*, Reggio Calabria 1670.

Brydone, Patrick: *A Tour through Sicily and Malta. In a Series of Letters to William Beckford*, London ^{3}1774, Teilübersetzung: „Auszug aus des Herrn P. Brydone Reise auf den Aetna“, *Der Teutsche Merkur*, 4. Band, 2. Stück (Nov. 1773), S. 107–119.

Buffon, G. L. L. Comte de: *Théorie de la terre*, in: *Histoire naturelle générale et particulière*, Band 1, Paris 1749.

Buffon, G. L. L. Comte de: *Les époques de la nature*, in: *Histoire naturelle générale et particulière*, Supplément, Band 5, Paris 1778.

Burke, Edmund: *Reflections on the Revolution in France* [1790], Harmondsworth 1988.

Burnet, Thomas: *The Sacred Theory of the Earth*, London 1690.

Caesarius von Heisterbach: *Dialogus*. Auswahl in Übersetzung: *Wunderbare und denkwürdige Geschichten*, hg. von Lambert Hoevel, übersetzt von Ernst Müller-Holm, Köln 1968.

Capelle, Wilhelm: *Die Vorsokratiker*, Berlin 1958.

Castanheda, Fernão Lopes de: *História do Descobrimento & Conquista da Índia pelos Portugueses* [1551–1561], hg. von P. M. Laranjo Coelho, Coimbra 1924–33.

Chambers, William: *A Dissertation on Oriental Gardening*, London 1772.

Collini, Côme-Alexandre: *Journal d'un voyage, qui contient différentes observations minéralogiques*, Mannheim 1776.

Della Torre, Giovanni Maria: *Storia e fenomeni del Vesuvio*, Neapel 1755.

Delli Falconi, Marco Antonio: *Dell'Incendio di Pozzuolo nel MDXXXVIII*, Neapel 1539.

Deluc, Jean-André: *Lettres physiques et morales sur l'histoire de la terre*, Den Haag 1778–79.

Derham, William: *Physico-Theology, or a Demonstration of the Being and Attributes of God, from his Works of Creation*, London 1713. Übersetzung: *Physico-Theologie oder Natur-Leitung zu Gott*, zum Druck befördert von Joh. Albert Fabricius, Hamburg ^{3}1736.

Descartes, René: *Principia Philosophiae*, Amsterdam 1644.

Desmarest, Nicolas: „Planches VI–VIII", *Recueil des planches, sur les sciences, les arts libéraux, et les arts méchaniques, avec leur explication*, Band 6, Paris 1768 („Règne minéral: Volcans", S. 3f.).

Desmarest, Nicolas: „Mémoire sur l'origine et la nature du basalte à grandes colonnes polygones", *Histoire de l'Académie Royale des Sciences* (1771) 1774, S. 705–768.

Desmarest, Nicolas: „Mémoire sur la détermination de trois époques de la nature par les produits des volcans", *Mémoires de l'Institut des sciences, lettres et arts. Sciences mathématiques et physiques*, VI (1806), S. 219–289.

D'Hancarville (Pierre François Hugues): *A Collection of Etruscan, Greek and Roman Antiquities from the Cabinet of the Right Hon. William Hamilton*, 4 Bände, Neapel 1766–67 und 1776.

Diderot, Denis, und Jean Le Rond d'Alembert (Hg.): *Encyclopédie ou Dictionnaire raisonné des sciences, des arts et des métiers*, 33 Bände, Paris/Neuchâtel 1754–77.

Diderot, Denis: *Œuvres esthétiques*, hg. von Paul Vernière, Paris 1965.

Diogenes Laertius: *Leben und Meinungen berühmter Philosophen*, übersetzt von Otto Apelt, Hamburg ^{2}1967.

Dolomieu, Déodat de: *Mémoire sur les îles Ponces, et catalogue raisonné des produits de l'Etna*, Paris 1788.

Dolomieu, Déodat de: *Mémoire sur les tremblemens de terre de la Calabrie pendant l'année 1783*, Rom 1783.

Dolomieu, Déodat de: „Mémoire sur les volcans éteints de Val di Noto en Sicile", *Journal de physique, de chimie et d'histoire naturelle* 25 (1784), S. 191–205. Übersetzung: „Abhandlung über die erloschenen Vulkane im Val di Noto in Sicilien", in: Carl Ulysses von Salis von Marschlins, *Beitrag zur natürlichen und ökonomischen Kenntniß des Königreichs beeder Sicilien*, Zürich 1790, Band 1, S. 149–172.

Dupaty, Charles-Marguerite: *Lettres sur l'Italie écrites en 1785*, Paris 1788.

Ebener, Dietrich: *Griechische Lyrik in einem Band*, Berlin und Weimar 1976.

Eberle, Friedrich, und Theo Stammen (Hg.): *Die Französische Revolution in Deutschland: Zeitgenössische Texte deutscher Autoren*, Stuttgart 1989.

Eger, Christian (Hg.): *Fort, fort, der Südost fliegt gerade über Wörlitz!: Der Garten und seine Dichter um 1800*, Halle/S. 2001.

Erdmannsdorff, Friedrich Wilhelm von: *Kunsthistorisches Journal einer fürstlichen Bildungsreise nach Italien 1765/66*. Aus der französischen Handschrift übersetzt, erläutert und hg. von Ralf-Torsten Speler, München und Berlin 2001.

Evelyn, John: *Memoirs illustrative of the Life and Writings of John Evelyn*, 2 Bände, London 1818.

Faujas de Saint-Fond, Barthélémy: *Recherches sur les volcans éteints du Vivarais et du Velay*, Grenoble und Paris 1778.

Ferber, Johann Jakob: *Briefe aus Wälschland über natürliche Merkwürdigkeiten dieses Landes* [...], Prag 1773. Übersetzung: *Travels through Italy in the Years 1771 and 1772 [...], Particularly of the Mountains and Volcanos of that Country*, übersetzt und mit einem Vorwort von R. E. Raspe, London 1776.

Forster, Georg: *Reise um die Welt* [1778–80], hg. von G. Steiner, Frankfurt am Main 1983.

Forster, Georg: *Sämtliche Schriften, Tagebücher, Briefe*, hg. von G. Steiner u. a., Berlin 1959ff.

Franklin, Benjamin: „Meteorological Imaginations and Conjectures", *Memoirs of the Literary and Philosophical Society of Manchester* 2 (1784), S. 373–377.

Gasparini, Paolo, und Silvana Musella (Hg.): *Un viaggio al Vesuvio. Il Vesuvio visto attraverso diari, lettere e resoconti di viaggiatori*, Neapel 1991.

Giraud-Soulavie, Jean: *Chronologie physique des volcans éteints de la France méridionale*, 4 Bände, Paris 1781.

Goethe, Johann Caspar: *Reise durch Italien im Jahre 1740* [„Viaggio per l'Italia"], aus dem Italienischen übersetzt und kommentiert von Albert Meier, München 1999.

Goethe, Johann Wolfgang: *Die Schriften zur Naturwissenschaft*, bearbeitet von Wolf von Engelhardt und Dorothea Kuhn, Weimar 1962ff. (Leopoldina-Ausgabe = LA).

Goethe, Johann Wolfgang: *Werke*, Weimar 1887–1919 (Weimarer Ausgabe = WA).

Goethe, Johann Wolfgang: *Sämtliche Werke, Briefe, Tagebücher und Gespräche*, Frankfurt am Main 1985ff. (Frankfurter Ausgabe = FA).

Gregor der Große: *Dialogi*. Übersetzung: *Des heiligen Papstes und Kirchenlehrers Gregors des Großen vier Bücher Dialoge*, übersetzt von Joseph Funk, München 1933.

Guettard, Jean-Etienne: „Sur quelques montagnes de la France qui ont été des volcans", *Mémoires de l'Académie Royale des Sciences, pour l'année 1752* (1756), S. 27–59.

Guettard, Jean-Etienne: *Mémoires sur la minéralogie du Dauphiné*, 2 Bände, Paris 1779.

Günther, Horst (Hg.): *Die Französische Revolution: Berichte und Deutungen deutscher Schriftsteller und Historiker*, Frankfurt 1985.

Hall, Sir James: „Experiments on Whinstone and Lava", *Transactions of the Royal Society of Edinburgh* 5 (1805), S. 43–75.

Hall, Sir James: „An Account of a Series of Experiments showing the Effects of Compression in modifying the Action of Heat", *Transactions of the Royal Society of Edinburgh* 6 (1812), S. 71–186.

Hamilton, Sir William: „An Account of the Earthquake which happened in Italy, from February to May 1783", *Philosophical Transactions of the Royal Society London* 73 (1783), S. 169–208.

Hamilton, Sir William: „The present State of Mount Vesuvius; with the Account of a Journey into the Province of Abruzzo, and a Voyage to the Island of Ponza", *Philosophical Transactions of the Royal Society London* 76 (1786), S. 365–381.

Hamilton, Sir William: *Observations on Mount Vesuvius, Mount Etna and other Volcanos*, London 1772. Übersetzung: *Beobachtungen über den Vesuv, den Ätna und andere Vulkane; in einer Reihe von Briefen an die Königl. Großbr. Gesellsch. der Wissenschaften*, Berlin 1773.

Hamilton, Sir William: „Account of the Effects of a Thunder-Storm [...] upon the House of Lord Tylney at Naples", *Philosophical Transactions of the Royal Society London* 63 (1773), S. 324–332.

Hamilton, Sir William: *Campi phlegraei: Observations on the Volcanoes of the Two Sicilies, As They have been Communicated to the Royal Society of London*, Neapel 1776, Supplementband Neapel 1779.

Hamilton, Sir William: „A Letter giving an Account of certain Traces of Volcanoes on the Banks of the Rhine", *Philosophical Transactions of the Royal Society London* 68 (1778), S. 1–7.

Heinse, Wilhelm: *Ardinghello und die glückseligen Inseln: Eine italienische Geschichte aus dem sechzehnten Jahrhundert*, kritische Studienausgabe, hg. von Max L. Baeumer, Stuttgart 1992.

Historia von D. Johann Fausten, in: *Deutsche Volksbücher*, 3 Bände, Berlin und Weimar 1979, Band 3, S. 5–121.

Holbach, Paul Henry Dietrich Thiry, Baron d': „Volcans", in: *Encyclopédie ou Dictionnaire raisonné des sciences, des arts et des métiers* [1751–1765], Nachdr. Stuttgart-Bad Cannstatt 1967, Band 16, S. 443.

Hölderlin, Friedrich: *Hyperion. Empedokles. Aufsätze und Übertragungen*, kritische und kommentierte Edition, hg. von Jochen Schmidt in Zusammenarbeit mit Katharina Grätz, Frankfurt am Main 1994.

Hoüel, Jean P. L. L.: *Voyage pittoresque des îles de Sicile, de Malte et de Lipari*, 4 Bände, Paris 1782–1787.

Humboldt, Alexander von: *Ansichten der Natur* [1807 und 1849], hg. von Adolf Meyer-Abich, Stuttgart 1999.

Humboldt, Alexander von: *Kosmos. Entwurf einer physischen Weltbeschreibung*, 5 Bände, Stuttgart 1845–1862.

Humboldt, Alexander von: *Über das Universum. Die Kosmosvorträge 1827/8 in der Berliner Singakademie*, hg. von Jürgen Hamel und Klaus-Harro Tiedemann in Zusammenarbeit mit Martin Pape, Frankfurt und Leipzig 1993.

Hutton, James: „Observations on Granite" [1794], in: *Contributions to the History of Geology*, Band 5, hg. von George W. White, Darien (Conn.), S. 133–139.

Hutton, James: „Theory of the Earth" [1788], in: *Contributions to the History of Geology*, Band 5, hg. von George W. White, Darien (Conn.), S. 31–131.

Hutton, James: *Theory of the Earth with Proofs and Illustrations*, Band 1 und 2, Edinburgh 1795, Band 3, hg. von A. Geikie, London 1899.

Ittigius, Thomas: *Lucubrationes academicae de montium incendiis*, Leipzig 1671.

Kant, Immanuel: *Kritik der Urteilskraft* [1790], Hamburg 1963.

Kant, Immanuel: „Von den Ursachen der Erderschütterungen bei Gelegenheit des Unglücks, welches die westlichen Länder von Europa gegen das Ende des vorigen Jahres betroffen hat" [1756], in: *Werke*, hg. von der Preußischen Akademie der Wissenschaften, Berlin 1902, Band 1, S. 417–427.

Kircher, Athanasius: *Mundus subterraneus*, Amsterdam 1665.

Lalande, Joseph Jérôme: *Voyage d'un français en Italie, fait dans les années 1765 et 1766*, Venedig und Paris 1769.

Landauer, Gustav (Hg.): *Briefe aus der Französischen Revolution*, Berlin 1985.

Lehmann, Johann Gottlob: *Versuch einer Geschichte von Flötz-Gebürgen*, Berlin 1756.

Leibniz, Gottfried Wilhelm: *Protogaea*, hg. von C. Scheidt, Leipzig 1749.

Lémery, Nicolas: „Explication physique & chymique des feux souterrains, des tremblemens de terre, des ouragans, des éclairs, & du tonnerre“, *Histoire de l'Académie Royale des Sciences, Mémoire Mathématique & Physique*, Paris 1700, S. 1–123.

Lesser, Friedrich Christian: *Lithotheologie, das ist: Natürliche Historie und geistliche Betrachtung deren Steine*, Hamburg ^{3}1751.

Lithgow, William: *The Totall Discourse of The Rare Adventures & Painefull Peregrinations of long Nineteene Yeares Travayles from Scotland to the most famous Kingdomes in Europe, Asia and Affrica*, London 1632, Nachdruck Glasgow 1906.

Lulofs, Johannes: *Einleitung zu der mathematischen und der physikalischen Kenntnis der Erdkugel*, übersetzt von Abraham Gotthelf Kästner, Göttingen und Leipzig 1755.

Lyell, Charles: *Principles of Geology*, 3 Bände, London 1830–1833.

Maréchal, Sylvain: *Le jugement dernier des rois. Prophétie* [1793]. *Théâtre du XVIIIe siècle*, hg. von J. Truchet, Paris 1974, Band 2, S. 1307–1325, 1557–1563.

Markov, Walter (Hg.): *Revolution im Zeugenstand: Frankreich 1789–1799*, 2 Bände, Frankfurt am Main 1987.

Martial: *Epigrammata*. Übersetzung: *Epigramme*, eingeleitet und übertragen von Rudolf Helm, Zürich und Stuttgart 1957.

Massa, Giovanni Andrea: *Della Sicilia in prospettiva*, 2 Bände, Palermo 1708.

Mather, Kirtley F., und Shirley L. Mason (Hg.): *A Source Book in Geology 1400–1900*, Cambridge (Mass.) 1939.

Michelet, Jules: *Histoire de la Révolution française* [1847–53], 2 Bände, Paris 1952.

Michell, John: „Conjectures concerning the Cause, and Observations upon the Phenomena of earthquakes [...]“, *Philosophical Transactions of the Royal Society of London* 51 (1761), S. 566–574.

Misson, François Maximilien: *Nouveau voyage d'Italie, fait en l'année 1688*, Den Haag 1691.

Le Moniteur universel, Réimpression, 32 Bände, Paris 1840–55.

Moritz, Karl Philipp: „Reisen eines Deutschen in Italien in den Jahren 1786 bis 1788“ [1792], in: *Werke*, Band 2, hg. von H. Günther, Frankfurt am Main 1981.

Moro, Antonio Lazzaro: *Dei crostacei e degli altri marini corpi che si trovano su' monti*, Venedig 1740.

Münster, Sebastian: *Cosmographei*, Basel 1550.

Nieuwentijt, Bernard: *Het regt gebruik der wereltbeschouwingen*, Amsterdam ^{3}1720.

Playfair, John: „Biographical Account of James Hutton, M. D., F. R. S. Ed.“, *Transactions of the Royal Society Edinburgh* 5 (1805), S. 39–99.

Playfair, John: *Illustrations of the Huttonian Theory of the Earth*, Edinburgh 1802.

C. Plinius Caecilius Secundus: *Epistulae*. Übersetzung: *Sämtliche Briefe*, eingeleitet, übersetzt und erläutert von André Lambert, Zürich 1969.

C. Plinius Secundus: *Naturalis historia/Natural History*, lat./engl. in 10 Bänden, hg., eingeleitet und übersetzt von H. Rackham, London und Cambridge (Mass.) 1949.

Raspe, Rudolf Erich: *Beytrag zur alleraeltesten und natuerlichen Historie von Hessen Oder Beschreibung des Habichwaldes und verschiedner andern niederhessischen alten Vulcane in der Nachbarschaft von Cassel*, Kassel 1774.
Raspe, Rudolf Erich: *An Account of Some German Volcanoes, and their Productions; With a New Hypothesis on the Prismatic Basaltes [...]; Published as Supplementary to Sir William Hamilton's Observations on the Italian Volcanoes*, London 1776.
Raspe, Rudolf Erich: „Nachricht von einigen niederhessischen Basalten [...]" mit einem „Anhang eines Schreibens an den Königl. Großbritt. Gesandten Herrn William Hamilton, zu Neapolis", *Deutsche Schriften der Kgl. Societät der Wissenschaften in Göttingen* 1 (1771), S. 72–89.
Raspe, Rudolf Erich: „A Letter from Mr. R. E. Raspe [...] Containg a Short Account of some Basalt Hills in Hassia", *Philosophical Transactions of the Royal Society London* 61 (1771), S. 580–583.
Ray, John: *The Wisdom of God manifested in the Works of the Creation*, London [9]1727.
Raymond, John: *An Itinerary containing A Voyage Made through Italy*, London 1648.
Recupito, Giulio Cesare: *De Vesuviano incendio nuntius in lucem iterum editus*, Neapel 1632.
Reil, Friedrich: *Leopold Friedrich Franz, Herzog und Fürst von Anhalt-Dessau, ältestregierender Fürst in Anhalt, nach seinem Wirken und Wesen*, Dessau 1845.
Resta, Francesco: *Meteorologia de igneis aereis aqueisque corporibus*, Rom 1643.
Richter, Dieter (Hg.): *Der brennende Berg. Geschichten vom Vesuv*, Köln 1986. Erneuerte Ausgabe: *Der Vesuv. Geschichten und Gedichte über den brennenden Berg*, Frankfurt am Main 1990.
Riedesel, Johann Hermann von: *Sendschreiben über [m]eine Reise nach Sizilien und Großgriechenland* [1767], Darmstadt 1939.
Robespierre, Maximilien: *Œuvres*, hg. von M. Bouloiseau, A. Soboul, Paris 1967.
Rode, August: „Beschreibung des Fürstlich Anhalt-Dessauischen Landhauses und Englischen Gartens zu Wörlitz", Dessau 1814. Faksimile-Nachdruck in: *Der Englische Garten zu Wörlitz*, hg. von Hartmut Ross, München und Berlin [2]1994.
Rogissart, Alexandre de: *Les délices de l'Italie*, Leiden 1706.
Sade, Donatien A. F. de: *Œuvres*, hg. von Michel Delon, Paris 1990ff. (Pléiade).
Sade, Donatien A. F. de: *Voyage d'Italie* [1776], hg. von M. Lever, 2 Bände, Paris 1995.
Saint-Just, Antoine de: *Œuvres complètes*, hg. von C. Vellay, Paris 1908.
Saint-Just, Antoine de: *Théorie politique*. Textes établis et commentés par Alain Liénard, Paris 1976.
Saint-Non, Jean-Claude Richard Abbé de: *Voyage pittoresque, ou description des royaumes de Naples et de Sicile*, Paris 1781–86.
Schubart, Christian Friedrich D.: „Auf eine Bastillentrümmer von der Kerkerthüre Voltaire's" [1789], in: *Epochen der deutschen Lyrik*, Band 6: 1770–1800, hg. von Gerhard Pickerodt, München 1970, S. 231.
Seneca, Lucius Annaeus: *Naturales quaestiones/Naturwissenschaftliche Untersuchungen*, lat./dt., hg. und übersetzt von M. F. A. Brok, Darmstadt 1995.
Serao, Francesco: *Istoria dell'incendio del Vesuvio*, Neapel 1737.

Staël-Necker, Anne Louise Germaine de: *Corinne ou l'Italie*, Paris 1807.
Strabon: *Geografia/The Geography*, griech./engl., hg. und übersetzt von H. L. Jones, 8 Bände, London und Cambridge (Mass.) 1917–33.
Thevet, André: *Les singularitez de la France antarctique*, Paris 1558.
Tischbein, Wilhelm: *Aus meinem Leben*, hg. von Lothar Brieger, Berlin 1922.
Träger, Claus (Hg.): *Die Französische Revolution im Spiegel der deutschen Literatur*, Leipzig 1975.
Vetrani, Antonio: *Prodromo Vesuviano*, Neapel 1780.
Voigt, Johann Carl W.: „Beantwortung der Preisfrage. Was ist Basalt?", *Magazin für die Naturkunde Helvetiens* 4 (1789), S. 213–232.
Volkmann, Johann Jacob: *Historisch-kritische Nachrichten von Italien*, Leipzig 1770–71.
Welsch, Hieronymus: *Wahrhafftige Reiß-Beschreibung, Auß eigener Erfahrung, von Teutschland, Croatien, Italien, den Insuln Sicilia, Maltha, Sardinia [...]*, Stuttgart 1658.
Werner, Abraham Gottlob: „Versuch einer Erklärung der Entstehung der Vulkanen [...], als ein Beitrag zu der Naturgeschichte des Basalts", *Magazin für die Naturkunde Helvetiens* 4 (1789), S. 239–254.
Werner, Abraham Gottlob: *Kurze Klassifikation und Beschreibung der verschiedenen Gebirgsarten*, Dresden 1787.
Whitehurst, John: *An Inquiry into the Original State and Formation of the Earth*, London 1778.

Sekundärliteratur

Adams, Frank Dawson: *The Birth and Development of the Geological Sciences*, Baltimore 1938.
Albrecht, Helmuth, und Roland Ladwig (Hg.): *Abraham Gottlob Werner und die Begründung der Geowissenschaften. Ausgewählte Vorträge des Internationalen Werner-Symposiums vom 19. bis 24. September 1999*, Freiberg 2002 (= Freiberger Forschungshefte D 207).
Albritton, Claude C.: *The Abyss of Time. Changing Conceptions of the Earth's Antiquity after the Sixteenth Century*, San Francisco 1963.
Alfano, G. B., und Immanuel Friedländer: *Die Geschichte des Vesuv. Illustriert nach gleichzeitigen Urkunden*, Berlin 1929.
Arendt, Hannah: *On Revolution*, New York 1963.
Bächthold-Stäubli, Hanns: *Handwörterbuch des deutschen Aberglaubens*, 10 Bände, Nachdr. Berlin und New York 1987.
Barthes, Roland: *Sade, Fourier, Loyola*, Frankfurt am Main 1986.
Bastiaensen, Michiel: „Voyageurs de la Renaissance et phénomènes volcaniques en Italie", *Annali d'italianistica* 144 (1996), S. 363–397.
Beagon, Mary: *Roman Nature: The Thought of Pliny the Elder*, Oxford 1992.
Beck, Adolf: *Hölderlin. Chronik seines Lebens*, Frankfurt am Main 1975.
Behncke, Boris: „Eruptive History of Vesuvio." http://boris.vulcanoetna.com/VESUVIO_erupthist.html
Benocci, C.: „Bonavia", *Saur Allgemeines Künstlerlexikon*, München 1992 ff., Bd. 12 (1996), S. 478.
Bernsen, Michael: *Angst und Schrecken in der Erzählliteratur des französischen und englischen 18. Jahrhunderts*, München 1996.
Bertrand, Dominique (Hg.): *Figurations du volcan à la Renaissance. Actes du*

colloque international du C.E.R.H.A.C. de l'Université Blaise Pascal 1999, Paris 2001.

Bertrand, Dominique (Hg.): *Mémoire du volcan et modernité. Actes du colloque international du Programme Pluriformation „Connaissance et représentation des volcans", Université Blaise Pascal 2001*, Paris 2004.

Beutler, Christian: *J. H.W. Tischbein: Goethe in der Campagna*, Stuttgart 1962.

Billington, James H.: *Fire in the Minds of Men: Origins of the Revolutionary Faith*, London 1980.

Birkenhauer, Theresia: *Legende und Dichtung: Der Tod des Philosophen und Hölderlins Empedokles*, Berlin 1996.

Blanchot, Maurice: *Sade et Lautréamont*, Paris 1949.

Blum, Carol: *Rousseau and the Republic of Virtue*, Ithaca (N. Y.) 1986.

Blumenberg, Hans: *Der Prozeß der theoretischen Neugierde*, Frankfurt am Main 1973.

Blumenberg, Hans: *Schiffbruch mit Zuschauer. Paradigma einer Daseinsmetapher*, Frankfurt am Main 1979.

Böhme, Gernot, und Hartmut Böhme: *Feuer, Wasser, Erde, Luft. Eine Kulturgeschichte der Elemente*, München 1996.

Böhme, Hartmut: „Goethes Erde zwischen Natur und Geschichte: Erfahrungen von Zeit in der *Italienischen Reise*", *Goethe-Jahrbuch* 110 (1993), S. 211–231.

Böhme, Hartmut: *Natur und Subjekt*, Frankfurt am Main 1988.

Briese, Olaf: *Die Macht der Metaphern. Blitz, Erdbeben und Kometen im Gefüge der Aufklärung*, Stuttgart 1998.

Broc, Numa: *Les montagnes vues par les géographes et les naturalistes de langue française au XVIIIe siècle. Contribution à l'histoire de la géographie*, Paris 1969.

Brooke, John, und Geoffrey Cantor: *Reconstructing Nature: The Engagement of Science and Religion*, Edinburgh 2000.

Brunel, Françoise: „Crête et crétois (an III). Comment peut-on être crétois?" *Dictionnaire des usages socio-politiques (1770–1815)*, Fasc. 1: Désignants socio-politiques. Hg. vom Institut National de la Langue Française, Paris 1985.

Brunot, Ferdinand: *Histoire de la langue française des origines à 1900*, Band 9: La Révolution et l'Empire, Paris 1937. Band 10: La langue classique dans la tourmente, Paris 1939.

Burkhardt, Berthold: „Das Brückenprogramm in Wörlitz", in: Kat. Frankfurt 1996, S. 207–218.

Busch, Werner: *Das Experiment mit der Luftpumpe. Eine Heilige Allianz zwischen Wissenschaft und Religion*, Frankfurt am Main 1986.

Busch, Werner: *Das sentimentalische Bild. Die Krise der Kunst im 18. Jahrhundert und die Geburt der Moderne*, München 1993.

Busch, Werner: „Der Berg als Gegenstand von Naturwissenschaft und Kunst. Zu Goethes geologischem Begriff", in: Kat. Frankfurt, Weimar 1994, S. 485–497.

Cape, Ruth I.: *Das französische Ungewitter. Goethes Bildersprache zur Französischen Revolution*, Heidelberg 1991.

Carlson, Marvin: *The Theatre of the French Revolution*, Ithaca (N. Y.) 1966.

Carozzi, Albert V.: „Rudolf Erich Raspe and the Basalt Controversy", *Studies in Romanticism* 8 (1968/69), S. 235–250.

Carswell, John: *The Prospector, Being the Life and Times of Rudolf Erich Raspe (1737–1794)*, London 1950.

Céard, Jean: *La nature et les prodiges*, Genf 1977.

Cellard, Jacques: *„Ah! ça ira, ça ira ..." Les mots que nous devons à la Révolution*, Paris 1985.

Chevallier, Elisabeth: „La Diffusion de l'information par la littérature de voyage au XVIIIe siècle: le Vésuve et phénomènes volcaniques", *Revue de littérature comparée* 40 (1983), S. 123–150.

Chevallier, Elisabeth: „La finalité du Vèsuve: Force du mal ou instrument de la providence selon les étrangers venus à Naples au XVIIIe siècle", *Colloque histoire et historiographie CLIO*, hg. von R. Chevallier, Paris 1980, S. 349–369.

Clark, William, Jan Golinski und Simon Schaffer (Hg.): *The Sciences in Enlightened Europe*, Chicago 1999.

Constable, W. G.: „Carlo Bonavia", *Art Quarterly* 22 (1959), S. 19–44.

Constantine, David: *Fields of Fire: A Life of Sir William Hamilton*, London 2001.

Dallett, Joseph B.: „Hölderlins Ätna: Zur Quellenfrage und Bildlichkeit der Empedokles-Dichtungen", in: *Goethezeit. Studien zur Erkenntnis und Rezeption Goethes und seiner Zeitgenossen*, Festschrift für Stuart Atkins, hg. von Gerhard Hoffmeister, Bern und München 1981, S. 251–264.

Daniels, Stephen: „Loutherbourg's Chemical Theatre: *Coalbrookdale by Night*", in: John Barrell (Hg.), *Painting and the Politics of Culture: New Essays on British Art 1700–1850*, Oxford und New York 1992, S. 195–230.

Darnton, Robert: „The Grub Street Style of Revolution: J.-P. Brissot, Police Spy", *The Journal of Modern History* 40 (1968), S. 301–327.

Darnton, Robert: „The High Enlightenment and the Low Life of Literature in Prerevolutionary France", *Past and Present* 51 (Mai 1971), S. 81–115.

Daston, Lorraine, und Katherine Park: *Wonders and the Order of Nature, 1150–1750*, New York 1998.

Daston, Lorraine: „Attention and the Values of Nature in the Enlightenment", in: Lorraine Daston und Fernando Vidal (Hg.), *The Moral Authority of Nature*, Chicago und London 2004, S. 100–126.

Dean, D. R.: *James Hutton and the History of Geology*, Ithaca (N. Y.) und London 1992.

Decker, Robert, und Barbara Decker: *Volcanoes*, New York ³1983.

Delon, Michel: *L'Idée de l'énergie au tournant des lumières (1770–1820)*, Paris 1988.

Demandt, Alexander: *Metaphern für Geschichte. Sprachbilder und Gleichnisse im historisch-politischen Denken*, München 1978.

Didier, Béatrice: *Écrire la Révolution, 1789–1799*, Paris 1989.

Dinzelbacher, Peter: *Vision und Visionsliteratur im Mittelalter*, Stuttgart 1981.

Dizionario biografico degli italiani, hg. von Alberto M. Ghisalberti, Rom 1960ff.

Dommanget, Maurice: *Sylvain Maréchal. L'égalitaire. „L'homme sans Dieu". Sa vie, son œuvre (1750–1803)*, Paris 1950.

Edmiston, William F.: „Nature, Sodomy and Semantics in Sade's *La Philosophie dans le boudoir*", *Studies in Eighteenth-Century Culture* 24 (1995), S. 121–136.

Eliade, Mircea: *Die Religionen und das Heilige*, Frankfurt am Main 1986.

Ellenberger, François: „Précisions nouvelles sur la découverte des volcans de France: Guettard, ses prédécesseurs, ses émules clermontois", *Histoire et Nature* 12–13 (1978), S. 3–42.

Ellenberger, François: *Histoire de la géologie*, 2 Bände, Paris 1988 und 1994.
Engelhardt, Wolf von: *Goethe im Gespräch mit der Erde: Landschaft, Gesteine, Mineralien und Erdgeschichte in seinem Leben und Werk*, Weimar 2003.
Fabre, Jean: „Sade et le roman noir“, in: *Le Marquis de Sade. Colloque d'Aix-en-Provence 1966*, Paris 1968, S. 253–278.
Fink, Beatrice: „La Langue de Sade“, *Eroticism in French Literature*, French Literature Series 10 (1983).
Fino, Lucio: *Gouaches napoletane nelle collezioni private*, Neapel 1998.
Fothergill, Brian: *Sir William Hamilton Envoy Extraordinary*, London 1969.
Frey, Max: *Les Transformations du vocabulaire français à l'époque de la Révolution (1789–1800)*, Paris 1925.
Fritscher, Bernhard: „Die Entmoralisierung der Naturgewalten: Vulkane und politische Revolutionen im System der Natur“, in: *Elementare Gewalt. Kulturelle Bewältigung: Aspekte der Naturkatastrophe im 18. Jahrhundert*, hg. von F. Eybl, H. Heppner, A. Kernbauer, Wien 2000 (= Jahrbuch der Österreichischen Gesellschaft zur Erforschung des 18. Jahrhunderts, Band 14 und 15), S. 217–237.
Fritscher, Bernhard: „Die *Lithotheologie* des Friedrich Christian Lesser. Eine Fallstudie zur Geschichte der Physikotheologie“, in: *Forschungen zur Physikotheologie*, Band 2: *Naturwissenschaft, Theologie und Musik in der Aufklärung*, hg. von M. Büttner und F. Richter, Münster 1996, S. 243–267.
Fritscher, Bernhard: *Vulkanismusstreit und Geochemie. Die Bedeutung der Chemie und des Experiments in der Vulkanismus-Neptunismus-Kontroverse*, Stuttgart 1991.
Froesch, Annette: „‚Geist und Auge wird ergötzt‘. Zu den Wanddekorationen im Landhaus der Fürstin Luise“, in: *Das Luisium im Dessau-Wörlitzer Gartenreich*, bearbeitet von Ludwig Trauzettel u. a., hg. von Thomas Weiss, München und Berlin 1998.
Furet, François, und Denis Richet: *La Révolution française*, Paris 1973.
Furet, François, und Mona Ozouf (Hg.): *Dictionnaire critique de la Révolution française*, Paris 1988.
Geikie, Archibald: *The Founders of Geology*, London ²1905.
Gersmann, Gudrun: *Im Schatten der Bastille. Die Welt der Schriftsteller, Kolporteure und Buchhändler am Vorabend der Französischen Revolution*, Stuttgart 1993.
Geyer-Kordesch, Johanna: „Vulkane und Industrie: Die ‚Feuer‘-Assoziationen im Gartenreich“, in: *Der Vulkan im Wörlitzer Park*, hg. vom Vorstand der Kulturstiftung Dessau-Wörlitz, Berlin 2005, S. 57–74.
Gibson, Walter: *Mirror of the Earth: The World Landscape in Sixteenth-Century Flemish Painting*, Princeton 1989.
Gilli, Marita: „Images, métaphores et comparaisons dans les discours des Jacobins de Mayence“, *Annales historiques de la Révolution française* 59 (1987), S. 291–313.
Gohau, Gabriel: *Les sciences de la Terre aux XVIIe et XVIIIe siècles. Naissance de la géologie*, Paris 1990.
Golinski, Jan: *Making Natural Knowledge. Constructivism and the History of Science*, Cambridge und New York 1998.
Gombrich, E. H.: „The Renaissance Art Theory and the Rise of Landscape Painting“, in: Ders., *Norm and Form. Studies in the Art of the Renaissance*, London und New York 1966, S. 107–121.

Gombrich, E. H.: „The Dream of Reason: Symbolism of the French Revolution“, *The British Journal for Eighteenth-Century Studies* 2 (1979), S. 187–205.

Gomez-Géraud, Marie-Christine: „‚Bocas de fuego‘: À la découverte des volcans du Nouveau Monde“, in: Dominique Bertrand (Hg.), *Figurations du volcan à la Renaissance: Actes du Colloque international du C.E.R.H.A.C. de l'Université Blaise Pascal 1999*, Paris 2001, S. 165–176.

Gore, Rick: „A Prayer for Pozzuoli“, *National Geographic* 165 (1984), S. 615–625.

Gould, Stephen J.: *Time's Arrow, Time's Cycle: Myth and Metaphor in the Discovery of Geological Time*, Cambridge (Mass.) 1987.

Grell, Chantal: *Herculanum et Pompéi dans les récits des voyageurs français du XVIIIe siècle*, Neapel 1982.

Griewank, Karl: *Der neuzeitliche Revolutionsbegriff. Entstehung und Entwicklung*, Weimar 1955.

Groh, Ruth, und Dieter Groh: *Weltbild und Naturaneignung. Zur Kulturgeschichte der Natur*, Frankfurt 1991.

Guest, John, Paul Cole, Angus Duncan und David Chester: *Volcanoes of Southern Italy*, London 2003.

Guntau, Martin: *Abraham Gottlob Werner*, Leipzig 1984.

Günther, Horst: „Revolution“, *Historisches Wörterbuch der Philosophie*, hg. von J. Ritter, K. Gründer, Band 8, Darmstadt 1979, S. 957–973.

Hallam, Anton: *Great Geological Controversies*, Oxford und New York 1983.

Hallo, Rudolf: *Rudolf Erich Raspe. Ein Wegbereiter von deutscher Art und Kunst*, Stuttgart und Berlin 1934.

Hamblyn, Richard: „Private Cabinets and Popular Geology: The British Audiences for Volcanoes in the Eighteenth Century“, in: *Transports: Travel, Pleasure, and Imaginative Geography, 1600–1830*, hg. von Chloe Chard und Helen Langdon, New Haven und London 1996, S. 179–205.

Hamiche, Daniel: *Le Théâtre et la Révolution: La lutte des classes au théâtre en 1789 et 1793*, Paris 1973.

Hamm, E. P.: „Unpacking Goethe's Collections: The Public and Private in Natural-Historical Collecting“, *British Journal for the History of Science* 34 (2001), S. 275–300.

Harpprecht, Klaus: *Georg Forster oder Die Liebe zur Welt. Eine Biographie*, Reinbek 1987.

Harten, Hans-Christian, und Elke Harten: *Die Versöhnung mit der Natur. Gärten, Freiheitsbäume, republikanische Wälder, heilige Berge und Tugendparks in der Französischen Revolution*, Reinbek 1989.

Hartmann, Adolph: *Der Wörlitzer Park und seine Kunstschätze*, Berlin 1913.

Heise, Wolfgang: *Hölderlin. Schönheit und Geschichte*, Berlin 1988.

Held, Jutta: „Tendances subversives dans l'art français des années précédants la Révolution“, in: *Les Images de la Révolution française*, hg. von M. Vovelle, Paris 1988, S. 13–17.

Hénaff, Marcel: *Sade. L'invention du corps libertine*, Paris 1978.

Herding, Klaus: „Visual Codes in the Graphic Art of the French Revolution“, in: *French Caricature and the French Revolution, 1789–1799*, Los Angeles 1988, S. 83–100.

Herding, Klaus, und Rolf Reichardt: *Die Bildpublizistik der Französischen Revolution*, Frankfurt 1989.

Hock, Erich: *„Dort drüben in Westphalen." Hölderlins Reise nach Bad Driburg mit Wilhelm Heinse und Diotima*, Münster 1949.

Hölder, Helmut: *Geologie und Paläontologie in Texten und ihrer Geschichte*, Freiburg und München 1960.

Hooykaas, Reyer: *Fact, Faith and Fiction in the Development of Science*, Dordrecht 1999.

Hooykaas, Reyer: *Natural Law and Divine Miracle. The Principle of Uniformity in Geology, Biology and Theology*, Leiden 1963.

Huet, Marie-Hélène: „Performing Arts: Theatricality and the Terror", in: *Representing the French Revolution: Literature, Historiography, and Art*, hg. von J. Heffernan, Hanover (N. H.) 1992.

Hunt, John Dixon, und Peter Willis (Hg.): *The Genius of the Place: The English Landscape Garden 1620–1820*, London 1975.

Hunt, Lynn: *Politics, Culture, and Class in the French Revolution*, Berkeley 1984.

Ingersoll-Smouse, Florence: *Joseph Vernet: Peintre de Marine*, 2 Bände, Paris 1926.

Ittershagen, Ulrike: *Lady Hamiltons Attitüden*, Mainz 1999.

Jäger, Hans-Wolf: *Politische Metaphorik im Jakobinismus und im Vormärz*, Stuttgart 1971.

Jehle, Werner: „Vesuv", in: *Festschrift für Adolf Max Vogt*, hg. von K. Medici-Mall, Basel 1985, S. 56–75.

Julku, K.: „La Conception de la révolution chez Georg Forster", *Annales historiques de la Révolution française* 40 (1968), S. 227–251.

Kat. Boston 1978. *Visions of Vesuvius*, hg. von Alexandra R. Murphy.

Kat. Detroit 1981. *The Golden Age of Naples: Art and Civilization under the Bourbons 1734–1805*, hg. von Susan F. Rossen und Susan L. Caroselli.

Kat. Frankfurt, Weimar 1994. *Goethe und die Kunst*, hg. von Sabine Schulze.

Kat. Frankfurt 1996. *Weltbild Wörlitz. Entwurf einer Kulturlandschaft*, hg. von Frank Andreas Bechtoldt und Thomas Weiss.

Kat. Frankfurt 1999. *Mehr Licht: Europa um 1770. Die bildende Kunst der Aufklärung*, hg. von Herbert Beck u. a.

Kat. Frankfurt, Düsseldorf, Rom 2002. *Reise ins unterirdische Italien. Grotten und Höhlen in der Goethezeit*, hg. von Fritz Emsland.

Kat. Hamburg 2002. *Expedition Kunst. Die Entdeckung der Natur von C. D. Friedrich bis Humboldt*, hg. von Jenns E. Howoldt und Uwe M. Schnede.

Kat. London 1973. *Philippe Jacques de Loutherbourg 1740–1812*, hg. von Rüdiger Joppien.

Kat. London 1990. *Wright of Derby*, hg. von Judy Egerton.

Kat. London 1996 (Grand Tour). *Grand Tour. The Lure of Italy in the Eighteenth Century*, hg. von Andrew Wilton und Maria Bignamini (Tate).

Kat. London 1996 (Hamilton). *Vases and Volcanoes: Sir William Hamilton and his Collection*, hg. von Ian Jenkins und Kim Sloan (Royal Academy).

Kat. München 1997. *Claude-Joseph Vernet 1714–1789*, hg. von Helge Siefert.

Kat. Neapel 1990. *All'ombra del Vesuvio: Napoli nella veduta europea dal Quattrocento all'Ottocento*, hg. von Silvia Cassani.

Kat. Paris 1990. *Houël: Voyage en Sicile 1776–1779*, hg. von Madeleine Pinault.

Kat. Wörlitz 2004. *Sammeln um zu bilden – Bildung durch Anschauung: Die geologische Sammlung des Fürsten Franz von Anhalt-Dessau*, hg. von der Kulturstiftung DessauWörlitz.

Kat. Zürich 1982. *Faszination eines Vulkans. Historische Bilddokumente aus der Sammlung Friedländer an der RTH Zürich*, hg. von Eva Korazija.

Kat. Zürich 1994. *Himmel, Hölle, Fegefeuer: Das Jenseits im Mittelalter*, hg. von Peter Jezler.

Keller, Susanne B.: *Vulkanausbrüche als Thema der Malerei. Zum Verhältnis von Naturwissenschaft und bildender Kunst um 1800*, Magisterarbeit Hamburg 1990 (Masch.).

Keller, Susanne B.: „Der mineralogische Blick des Künstlers Jean Hoüel. Perzeption und Präsentation von Basaltformationen in seiner *Voyage pittoresque des Isles de Sicile* (1782–1787), in: *Wahrnehmung der Natur, Natur der Wahrnehmung: Studien zur Geschichte visueller Kultur um 1800*, hg. von Gabriele Dürbeck u. a., Dresden 2001, S. 117–133.

Keller, Susanne B.: *Naturgewalt im Bild. Strategien visueller Naturaneignung in Kunst und Wissenschaft 1750–1830*, Weimar 2006.

Kessler, Helmut: *Terreur. Ideologie und Nomenklatur der revolutionären Gewaltanwendung in Frankreich von 1770 bis 1794*, München 1973.

Klingender, Francis D.: *Kunst und industrielle Revolution*, Frankfurt am Main 1976.

Knight, Carlo: „La quadreria di Sir William Hamilton", *Napoli Nobilissima* 24 (1985), S. 45–56.

Knight, Carlo: „Sir William Hamilton's *Campi Phlegraei* and the Artistic Contribution of Peter Fabris", in: E. Chaney und N. Ritchie (Hg.), *Oxford, China and Italy: Writings in Honour of Sir Harold Acton*, London 1984, S. 192–208.

Knight, Carlo: *Hamilton a Napoli: Cultura, svaghi, civiltà di una grande capitale europea*, Neapel 1990.

Knoll, Gerhard: „‚Amor lauscht in der lieblichen Dämm'rung'. Bemerkungen zu Parkarchitekturen in Wörlitz", in: *Wieder wandelnd im alten Park. Beiträge zur Geschichte der Gartenkunst für Harri Günther zum 65. Geburtstag*, Potsdam 1993, S. 144–170.

Kohler, Georg: „Fürstliches Pyrotheater und modernes Blitzgewitter: Zur Geschichte der Feuerwerksinszenierung", in: *Feuer*, hg. von Bernd Busch in Zusammenarbeit mit J. G. Goldammer und A. Denk, Köln 2001, S. 534–546.

König, Roderich, und Gerhard Winkler: *Plinius der Ältere: Leben und Werk eines antiken Naturforschers*, Darmstadt 1979.

Koopmann, Helmut: *Freiheitssonne und Revolutionsgewitter. Reflexe der Französischen Revolution im literarischen Deutschland zwischen 1789 und 1840*, Tübingen 1989.

Koselleck, Reinhart: „Historische Kriterien des neuzeitlichen Revolutionsbegriffs", in: Ders., *Vergangene Zukunft. Zur Semantik geschichtlicher Zeiten*, Frankfurt 1979, S. 67–86.

Krafft, Maurice: *Volcanoes. Fire from the Earth*, London und New York 1993.

Krönig, Wolfgang, und Reinhard Wegner: *Jakob Philipp Hackert. Der Landschaftsmaler der Goethezeit*, Köln, Weimar und Wien 1994.

Krönig, Wolfgang: „Vesuv-Ausbrüche von 1774 und 1779, gemalt von Philipp Hackert", in: *Festschrift für Wilhelm Katner*, Düsseldorf 1968, S. 51–60.

Kufeke, Kay: *Himmel und Hölle in Neapel. Mentalität und diskursive Praxis deutscher Neapelreisender um 1800*, Köln 1999.

Kuhn, Brigitte: *Der Landschaftsmaler Michael Wutky (1732–1822)*, Innsbruck 1980.

Kuzniar, Alice A.: „The Paradigm of the Kantian Sublime in the Idealist Reception of the Revolution“, in: *Geist und Gesellschaft: Zur deutschen Rezeption der Französischen Revolution*, hg. von T. Eitel, München 1990, S. 49–56.

Lasky, Melvin: *Utopia and Revolution: On the Origins of a Metaphor*, London 1977.

Laudan, Rachel: *From Mineralogy to Geology. The Foundations of a Science, 1650–1830*, Chicago und London 1987.

Le Goff, Jacques: *The Birth of Purgatory*, London 1984.

Lepenies, Wolf: *Das Ende der Naturgeschichte. Wandel kultureller Selbstverständlichkeiten in den Wissenschaften des 18. und 19. Jahrhunderts*, München und Wien 1976.

Link, Jürgen: „Die Revolution im System der Kollektivsymbolik: Elemente einer Grammatik interdiskursiver Ereignisse“, in: *Französische Revolution und deutsche Literatur*, hg. von K. Eibl, Hamburg 1986, S. 5–23.

Lüsebrink, Hans-Jürgen, und Rolf Reichardt: *Die „Bastille“: Zur Symbolgeschichte von Herrschaft und Freiheit*, Frankfurt am Main 1989.

Lüsebrink, Hans-Jürgen: „‚Paris reste toujours notre carte et vous avez perdu.‘ Georg Forster et Adam Lux dans la France révolutionnaire“, *Revue de littérature comparée* 62 (1989), S. 463–478.

Méras, Mathieu: „Deux tableaux retrouvés des collections Bergeret de Grandcourt au Château de Nègrepelisse“, *Gazette des Beaux-Arts* 144/2 (Dezember 1972), S. 331–334.

Miller, Norbert: *Lehrreiche Nähe: Goethe und Hackert*, München 1997.

Mitchell, Timothy: *Art and Science in German Landscape Painting 1770–1840*, Oxford 1993.

Mögel, Ernst: *Natur als Revolution. Hölderlins Empedokles-Tragödie*, Stuttgart 1994.

Montgomery, Scott L.: „The Eye and the Rock: Art, Observation and the Naturalistic Drawing of Earth Strata“, *Earth Sciences History* 15 (1996), S. 3–24.

Moore, D. T.: „Sir William Hamilton's Volcanology and his Involvement in the *Campi phlegraei*“, *Archives of Natural History* 21 (1994), S. 169–193.

Morello, Nicoletta (Hg.): *Volcanoes and History. Proceedings of the 20th INHIGEO Symposium 1995*, Genua 1998.

Mozzillo, Atanasio (Hg.): *Vesuvio*, Neapel 1994.

Mühlenbrock, Josef, und Dieter Richter: *Verschüttet vom Vesuv. Die letzten Stunden von Herculaneum*, Mainz 2005.

Nicholson, Marjorie Hope: *Mountain Gloom and Mountain Glory. The Development of the Aesthetics of the Infinite*, Ithaca (N. Y.) 1959.

Nicolson, Benedict: *Joseph Wright of Derby. Painter of Light*, 2 Bände, London 1968.

Niedermeyer, Michael: „Aufklärung im Gartenreich Dessau-Wörlitz“, in: Kat. Frankfurt 1996, S. 51–66.

Nordhoff, Claudia: „Der Vesuvausbruch von 1774. Vier Varianten von Jakob Philipp Hackert“, *Weltkunst* 67 (1997), S. 1975–1977.

Nordhoff, Claudia, und Hans Reimer: *Jakob Philipp Hackert 1737–1807. Verzeichnis seiner Werke*, 2 Bände, Berlin 1994.

Oldroyd, David R.: *Die Biografie der Erde. Zur Wissenschaftsgeschichte der Geologie*, Frankfurt 1991.

Ollivier, Albert: *Saint-Just et la force des choses*, Paris 1954.

Ozouf, Mona: *La Fête révolutionnaire 1789–1799*, Paris 1976.

Paetow, Karl: *Klassizismus und Romantik auf Wilhelmshöhe*, Kassel 1929.

Palmer, R. R.: *Twelve Who Ruled: The Year of the Terror in the French Revolution*, Princeton 1970.
Pappalardo, Umberto: *Im Schatten des Vesuv. Versunkene Städte der Antike*, Stuttgart 2006.
Paulson, Ronald: *Representations of Revolution (1789–1820)*, New Haven u. a. 1983.
Peitsch, Helmut: „Das Schauspiel der Revolution: Deutsche Jakobiner in Paris", in: *Der Reisebericht: Die Entwicklung einer Gattung in der deutschen Literatur*, hg. von P. J. Brenner, Frankfurt 1989, S. 306–332.
Philipp, Wolfgang: *Das Werden der Aufklärung in theologiegeschichtlicher Sicht*, Göttingen 1957.
Pichler, Hans: *Italienische Vulkan-Gebiete. I: Somma-Vesuv, Latium, Toscana; II: Phlegräische Felder, Ischia, Ponza-Inseln, Roccamonfina; III: Lipari, Vulcano, Stromboli, Tyrrhenisches Meer; IV: Ätna, Sizilien*, Berlin und Stuttgart 1970ff. (= Sammlung geologischer Führer).
Pinault, Madeleine: *The Painter as Naturalist. From Dürer to Redouté*, Paris 1991.
Pineau-Kliebenstein, Guylaine: „La ‚Prodigieuse Mort de Pline' selon Boaistuau et quelques autres", in: D. Bertrand (Hg.), *Figurations du volcan à la Renaissance*, Paris 2001, S. 35–52.
Pisani, S.: „Pietro Fabris", *Saur Allgemeines Künstlerlexikon*, München 1992ff., Bd. 36 (2003), S. 114–116.
Porter, Roy S.: *The Making of Geology. Earth Science in Britain 1660–1815*, Cambridge etc. 1977.
Prescher, Hans: *Goethes Sammlungen zur Mineralogie, Geologie und Paläontologie*, Berlin 1978.
Pries, Christine (Hg.): *Das Erhabene. Zwischen Grenzerfahrung und Größenwahn*, Weinheim 1989.
Prignitz, Christof: *Hölderlins „Empedokles". Die Vision einer erneuerten Gesellschaft und ihre zeitgeschichtlichen Hintergründe*, Hamburg 1985.
Proust, Jacques: „De Maréchal à Maïakovsky, contribution à l'étude du théâtre révolutionnaire", in: *Studies in Eighteenth-Century French Literature. Presented to Robert Niklaus*, hg. von John H. Fox u. a., Exeter 1975, S. 216–224.
Rappaport, Rhoda: „Problems and Sources in the History of Geology, 1749–1810", *History of Science* 3 (1964), S. 60–77.
Rappaport, Rhoda: „The Geological Atlas of Guettard, Lavoisier, and Monnet: Conflicting Views of the Nature of Geology", in: C. Schneer (Hg.), *Toward a History of Geology*, Cambridge (Mass.) 1969, S. 273–287.
Rappaport, Rhoda: „Borrowed Words. Problems of Vocabulary in Eighteenth-Century Geology", *British Journal for the History of Science* 15 (1982), S. 27–44.
Reichardt, Rolf: „Die visualisierte Revolution. Die Geburt des Revolutionärs Georg Forster aus der politischen Bildlichkeit", in: *Georg-Forster-Studien*, Band 5, hg. von Horst Dippel und Helmut Scheuer, Kassel 2000, S. 163–197.
Reinhardt, O., und David R. Oldroyd: „Kant's Theory of Earthquakes and Volcanic Action", *Annals of Science* 40 (1983), S. 247–272.
Richter, Dieter: *Der Vesuv. Geschichte eines Berges*, Berlin 2007.
Rönnow, Sixten: *Pehr Hilleström och hans bruks- och bergverksmålningar*, Stockholm 1929.
Rosi, M., C. Principe und R. Vecci: „The 1631 Eruption of Vesuvius: A Recon-

struction“, *Journal of Volcanology and Geothermal Research* 58 (1993), S. 151–182.

Rößer, Hans-Otto: „Das Maximum des politischen Verstandes: Georg Forsters *Parisische Umrisse* und die St. Just-Rede in Büchners *Dantons Tod*“, *Artes Liberales* (Univ. Iwate, Japan) 49 (1991), S. 117–146.

Rousseau, G. S., und Roy Porter (Hg.): *The Ferment of Knowledge. Studies in the Historiography of Eighteenth-Century Science*, Cambridge 1980.

Rudel, Aimé: *Les volcans d'Auvergne*, Clermont-Ferrand 1966.

Rudwick, Martin: „The Emergence of a Visual Language for Geological Science 1760–1840“, *History of Science* 14 (1976), S. 149–195.

Scarth, Alwyn: *Vulcan's Fury: Man against the Volcano*, New Haven und London 1999.

Schmincke, Hans-Ulrich: *Vulkanismus*, Darmstadt ^{2}2000.

Schneemelcher, Wilhelm (Hg.): *Neutestamentliche Apokryphen*, 2 Bände, Tübingen ^{5}1989.

Schneer, Cecil (Hg.): *Toward a History of Geology*, Cambridge (Mass.) 1969.

Schofield, Robert E.: *The Lunar Society of Birmingham. A Social History of Provincial Science in Eighteenth-Century England*, Oxford 1963.

Scott, Jonathan: *Salvator Rosa: His Life and Times*, New Haven etc. 1995.

Sigurdsson, Haraldur: *Melting the Earth: The History of Ideas on Volcanic Eruptions*, Oxford 1999.

Sigurdsson, Haraldur, S. Cashdollar und R. S. J. Sparks: „The Eruption of Vesuvius in A. D. 79: Reconstruction from Historical and Volcanological Evidence“, *American Journal of Archeology* 86 (1982), S. 39–51.

Sleep, Martin W. C.: „Sir William Hamilton (1730–1803): His Work and Influence in Geology“, *Annals of Science* 25 (1969), S. 319–338.

Sloan, Kim: „‚Picture-Mad in Virtu-Land‘: William Hamilton's Collections of Paintings“, in: Kat. London 1996 (Hamilton), S. 75–92.

Smith, Cyril Stanley: „Porcelain and Plutonism“, in: C. Schneer (Hg.), *Toward a History of Geology*, Cambridge (Mass.) 1969, S. 317–338.

Sontag, Susan: *The Volcano Lover*, New York 1992.

Sontag, Susan: „The Pornographic Imagination“, in: Dies., *Styles of Radical Will*, London 1969, S. 35–73.

Sørensen, Bent: „Sir William Hamilton's Vesuvian Apparatus“, *Apollo* 2004, S. 235–243.

Spinosa, Nicola, und Leonardo di Mauro (Hg.): *Vedute napolitane del Settecento*, Neapel 1993.

Stafford, Barbara Maria: *Voyage into Substance: Art, Science, Nature, and the Illustrated Travel Account*, Cambridge (Mass.) und London 1984.

Stärk, Ekkehard: *Kampanien als geistige Landschaft: Interpretationen zum antiken Bild des Golfs von Neapel*, München 1995.

Starobinski, Jean: *1789: Les emblèmes de la raison*, Paris 1979.

Starobinski, Jean: *Jean-Jacques Rousseau: La transparence et l'obstacle*, nouv. éd., Paris 1971.

Stephan, Inge: *Literarischer Jakobinismus in Deutschland (1789–1806)*, Stuttgart 1976.

Stokes, Evelyn: „Volcanic Studies by Members of the Royal Society of London 1665–1780“, *Earth Science Journal* 5 (1971), S. 46–70.

Tamine, Joëlle: „Les métaphores chez Robespierre et Saint-Just“, *Langue française* 15 (1972), S. 47–56.

Taylor, Kenneth L.: „Nicolas Desmarest and Geology in the Eighteenth Century", in: C. Schneer (Hg.), *Toward a History of Geology*, Cambridge (Mass.) und London 1969, S. 339–356.
Taylor, Kenneth L.: „Volcanoes and Accidents. How ‚Natural' were Volcanoes in Eighteenth-Century Naturalists?", in: N. Morello (Hg.), *Volcanoes and History*, Genua 1998, S. 595–618.
Taylor, Kenneth L.: „Buffon, Desmarest and the Ordering of Geological Events in *époques*", in: C. L. E. Lewis und S. J. Knell (Hg.), *The Age of the Earth: From 2004 BC to AD 2002*, London 2001, S. 39–49.
Taylor, Kenneth L.: „Un commentaire anonyme inédit sur les observations et les idées de William Hamilton (1730–1803) rélatives aux phénomènes volcaniques de la région de Naples", *Travaux du Comité français d'histoire de la géologie (COFRHIGEO)*, 3e série, 15 (2001), S. 1–34.
Tex, Émile den: *Een voorspel van de moderne vulkaankunde in West-Europa*, Amsterdam 1998.
Thacker, Christopher: „The Volcano: Culmination of the Landscape Garden", *Eighteenth-Century Life*, N. S. 8 (1983), S. 74–83.
Thacker, Christopher: *Building Towers, Forming Gardens: Landscaping by Hamilton, Hoare and Beckford*, Cambridge 2002.
Thackray, John: „‚The Modern Pliny': Hamilton and Vesuvius", in: Kat. London 1996 (Hamilton), S. 65–74.
Thomas, Keith: *Man and the Natural World: Changing Attitudes in England 1500–1800*, Harmondsworth 1984.
Thüsen, Joachim von der: „The Shaking Walls of Convention: Popular Sentimentalism and Heinrich von Kleist's First Tale", in: *Convention and Innovation in Literature*, hg. von Th. D'haen, R. Grübel und H. Lethen, Amsterdam und Philadelphia 1989, S. 123–149.
Thüsen, Joachim von der: *Het verlangen naar huivering. Over het sublieme, het wrede en het unheimliche*, Amsterdam 1997.
Tort, Michel: „L'Effet Sade", in: *Œuvres complètes de Marquis de Sade*, hg. von Gilbert Lely, Band 16, Paris 1966–1967, S. 587–595.
Toulmin, Stephen, und June Goodfield: *The Discovery of Time*, New York 1965.
Trauzettel, Ludwig: „Chambers' Gartenideen in Dessau-Wörlitz und ihre Wiederherstellung", in: *Sir William Chambers und der Englisch-chinesische Garten in Europa*, hg. von Thomas Weiss, Ostfildern 1997, S. 87–99.
Turner, Jane (Hg.): *The Dictionary of Art*, London 1996.
Tuzet, Hélène: *La Sicile au XVIIIe siècle vue par les voyageurs étrangers*, Straßburg 1955.
Umbach, Maiken: „Visual Culture, Scientific Images and German Small-State Politics in the Late Enlightenment", *Past and Present: A Journal of Scientific History* 158 (1998), S. 110–145.
Vermij, Rienk H.: *Secularisering en natuurwetenschap in de zeventiende en achttiende eeuw: Bernard Nieuwentijt*, Amsterdam 1991.
Vermij, Rienk H.: „Subterranean Fire: Changing Theories of the Earth during the Renaissance", *Early Science and Medicine* 3/4 (1998), S. 315–333.
Vinot, Bernard: *Saint-Just*, Paris 1985.
Vitaliano, Dorothy B.: *Legends of the Earth. Their Geological Origins*, Bloomington 1973.
Vorgrimler, Herbert: *Geschichte der Hölle*, München 1993.
Wagenbreth, Otfried: *Goethe und der Ilmenauer Bergbau*, Weimar 1983.

Wagner, Monika: *Die Industrielandschaft in der englischen Malerei und Grafik 1770–1830*, Frankfurt und Bern 1979.

Walter, Gérard (Hg.): *La Révolution française vue par ses journaux*, Paris 1948.

Weidner, Thomas: *Jakob Philipp Hackert. Landschaftsmaler im 18. Jahrhundert*, Berlin 1998.

Wood, Karen: „Making and Circulating Knowledge through Sir William Hamilton's *Campi phlegraei*", *British Journal for the History of Science* 39 (2006), S. 67–96.

Wyss, Beat: „Der Vesuv von Wörlitz. Illuminierte Aufklärung im kleinstaatlichen Deutschland", in: *Die schöne Kunst der Verschwendung: Fest und Feuerwerk in der europäischen Geschichte*, hg. von Georg Kohler unter Mitarbeit von A. Villon-Lechner, Zürich und München 1988, S. 135–142.

Zelle, Carsten: *„Angenehmes Grauen". Literaturhistorische Beiträge zur Ästhetik des Schrecklichen im achtzehnten Jahrhundert*, Hamburg 1987.

Zittel, Karel Alfred von: *Geschichte der Geologie und Paläontologie bis Ende des 19. Jahrhunderts*, München 1899.

Bildnachweis

Antiquariat Forum, ’t Goy-Houten: 55, 73; Archiv Bilder der Arbeit, Wuppertal: 40; Artothek, Weilheim: 25; Bibliothek der Technischen Universität Delft: 2; Derby Museums & Art Gallery (© 2007): 34, 35; Galerie Bassenge, Berlin: 11; Gerhard van der Heijden: 65; Klassik Stiftung Weimar: 43, 44, 45, 46, 51; Kulturstiftung DessauWörlitz: 15, 23, 48, 49, 50, 53, 54, 71; Science Museum, London: 42; Staatliche Sammlungen, Kassel: 29; Städelsches Kunstinstitut, Frankfurt am Main: 47; Tate Images, London (© 2007): 36; Universitätsbibliothek Leiden: 13, 14, 16, 17, 18, 19, 20, 21, 22, 31, 66; Universitätsbibliothek Utrecht: 1, 3, 4, 7, 41, 64, 67, 68, 69.

Alle übrigen Abbildungen Archiv des Autors.

Register